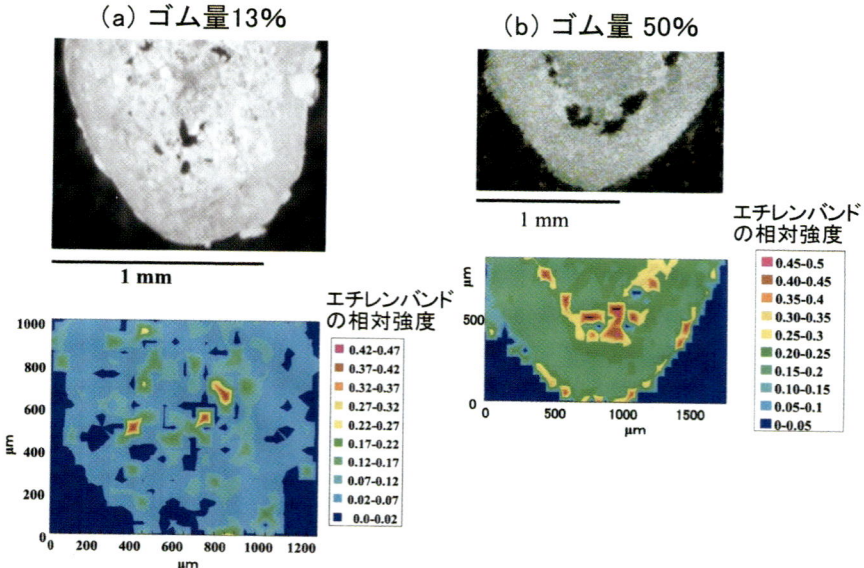

口絵1 ハイインパクトポリプロピレン粒子内のエチレン-プロピレン共重合体の組成分布（図2.14）

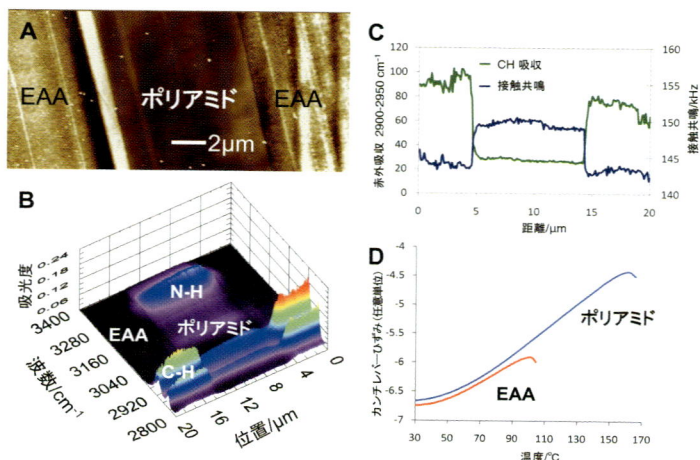

口絵2 ナノ赤外システムによる多層フィルムのトポグラフ，化学的，機械的および熱特性の測定（図2.16）
（A）エチレンアクリル酸共重合体（EAA）とポリアミドで形成された多層フィルムのAFMイメージ，（B）多層フィルムの赤外イメージ，（C）化学的，機械的特性同時計測結果，（D）EAAとポリアミドの局所熱分析結果．

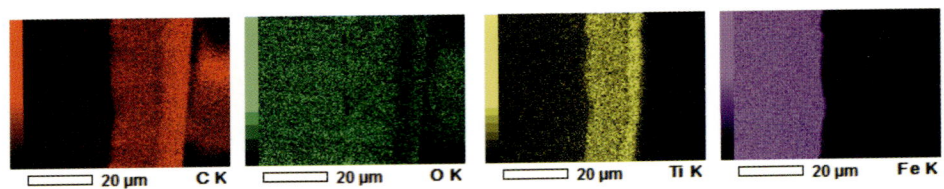

口絵 3 EDS 測定による元素マッピング(図 2.123)

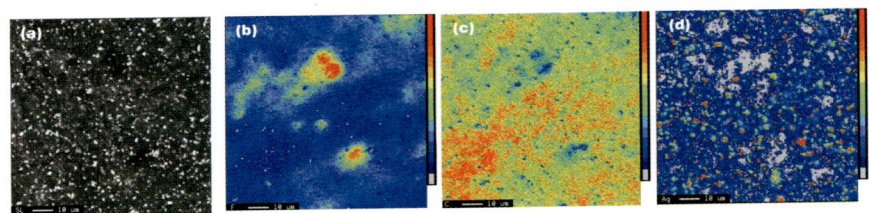

口絵 4 固体高分子型燃料電池電極測定例(図 2.124)
(a)は二次電子像,(b)〜(d)は EPMA により元素マッピング.

口絵 5 内装部品表面外観不良部に存在していた青色物のレーザー顕微鏡写真(図 5.3)

口絵 7 ニードル採取物の顕微鏡写真(下地は KBr 窓板(図 5.8)

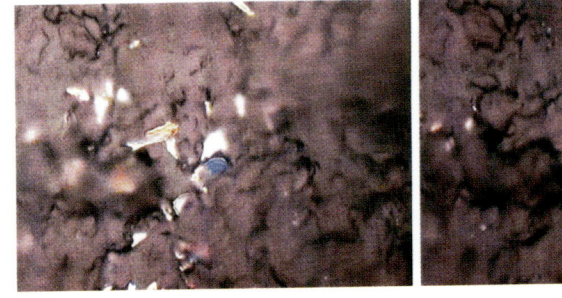
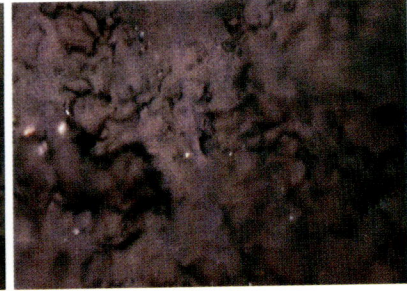

レーザー照射前　　　　　　　　　　レーザー照射後

口絵 6 固体高分子型燃料電池電極測定例外観不良部のレーザー顕微鏡写真(図 5.7)

高分子添加剤分析ガイドブック

西岡利勝 [編]

朝倉書店

執筆者

西岡利勝*	公益社団法人高分子学会フェロー，元・出光興産
朝倉哲郎	東京農工大学大学院共生科学技術研究院
菅沼こと	帝人株式会社構造解析センター
大谷　肇	名古屋工業大学大学院工学研究科ながれ領域
早川禎宏	株式会社島津製作所分析計測事業部　グローバルアプリケーション開発センター
星　孝弘	アルバック・ファイ株式会社営業技術室
敷野　修	株式会社パーキンエルマージャパン EH 分析機器事業部
飯島善時	日本電子株式会社経営戦略室
谷岡力夫	株式会社 UBE 科学分析センター分析部門
石飛　渡	株式会社 UBE 科学分析センター分析部門
澤村実香	株式会社 UBE 科学分析センター分析部門
寶﨑達也	Samsung Cheil
江崎義博	元・出光ユニテック
松山重倫	独立行政法人産業技術総合研究所計測標準研究部門
竹井千香子	NOK 株式会社技術研究部研究四課
植野富和	JSR 株式会社四日市研究センター物性分析室

（執筆順，*は編集者）

序

　高分子に対して熱や光に対する耐久性を向上させたり，あるいは加工特性や物性を改良する目的のために高分子以外の成分が添加されることがある．このような目的で加えられる成分を添加剤と呼ぶ．添加剤には多くの種類があり，通常は一成分だけでなく外的要因に対する耐久性改良や加工性改良および物性改良のために複数の成分が一度に加えられる．

　どの高分子に，どの種類の添加剤を，どの程度添加するかは，材料メーカーや加工メーカーの重要なノウハウであるため公表されない場合が多い．そのため添加剤処方を分析することは，分析担当者にとって非常に重要な研究対象であるが，難しい課題でもある．本書では添加剤分析の仕方を体系的に説明し，分析の進め方をわかりやすく解説した．

　編集の基本方針は次の3点とした．

　① 企業などで初めて実験を任されたとき，どんな分析法があってどれを選べば分析できるかがわかる本．

　② 現場で役立つ，実際の現場レベルで活用できる分析法を，ノウハウを盛り込みながら解説する．

　③ 企業の若手研究者や技術者向けの入門書として役立つ本．

　1章は添加剤分析の意義と目的を述べ，2章では添加剤分析に使用する分析機器の原理と測定法を記載した．3章では高分子材料から添加剤を分離するために必要な前処理の仕方について詳述した．4章では各種添加剤である酸化防止剤，光安定剤，紫外線吸収剤，可塑剤，造核剤（透明化剤），難燃剤，界面活性剤（帯電防止剤），滑剤，加硫剤，加硫促進剤，充填剤およびカーボンブラックの分析法について具体例を多く取り上げ，詳述した．5章では高分子材料における添加剤の状態分析について記述した．

　本書籍は，高分子および高分子分析全般に携わる研究者や技術者から待望されていた技術書である．

　朝倉書店編集部には，本書の企画から出版まで長期にわたりご尽力いただいた．ここに記して厚く感謝申し上げる．

2014年7月

西　岡　利　勝

目　　次

1. 添加剤分析の意義と目的 …………………………………………［西岡利勝］… 1
2. 添加剤分析に使用する測定方法 ………………………………………………… 4
   2.1 赤外分光法 …………………………………………………［西岡利勝］… 4
      2.1.1 赤外分光法の原理 ……………………………………………………… 4
      2.1.2 試料調製法 ……………………………………………………………… 9
      2.1.3 測定法とえられる情報 ………………………………………………… 10
      2.1.4 赤外分光法による高分子添加剤の状態分析例 ……………………… 22
      2.1.5 酸化防止剤の赤外吸収スペクトル …………………………………… 28
   2.2 ラマン分光法 ………………………………………………［西岡利勝］… 29
      2.2.1 測定の原理とえられる情報 …………………………………………… 29
      2.2.2 実際の測定法 …………………………………………………………… 30
      2.2.3 データとその解釈 ……………………………………………………… 33
   2.3 核磁気共鳴法（NMR） ……………………………［朝倉哲郎・菅沼こと］… 43
      2.3.1 NMRの基本 ……………………………………………………………… 43
      2.3.2 測定条件 ………………………………………………………………… 47
   2.4 ガスクロマトグラフィー ……………………………………［大谷　肇］… 53
      2.4.1 高分子添加剤分析におけるGCの位置づけ ………………………… 53
      2.4.2 熱脱着（ヘッドスペース）（熱脱着）GCによる高分子材料分析 … 55
      2.4.3 熱脱着-熱分析（二段階熱分解）GC …………………………………… 57
      2.4.4 反応熱脱着GC …………………………………………………………… 58
   2.5 高速液体クロマトグラフィー ………………………………［早川禎宏］… 65
      2.5.1 HPLCの原理 ……………………………………………………………… 66
      2.5.2 HPLCによる定性分析 …………………………………………………… 67
      2.5.3 HPLCによる定量分析 …………………………………………………… 68
      2.5.4 HPLCのシステム構成 …………………………………………………… 68
      2.5.5 分離モード ……………………………………………………………… 71
      2.5.6 逆相クロマトグラフィーにおける分離調整 ………………………… 75

2.5.7 高分子添加剤の分析上の留意点……………………………………77
2.6 質量分析法……………………………………………………[大谷　肇]…78
　2.6.1 MS の装置構成……………………………………………………79
　2.6.2 マトリックス支援レーザー脱離イオン化-飛行時間型質量分析法
　　　　（MALDI-TOF-MS）……………………………………………80
　2.6.3 固体試料調整法による MALDI-TOF-MS 測定……………………85
2.7 飛行時間型二次イオン質量分析法…………………………[星　孝弘]…93
　2.7.1 TOF-SIMS 装置の動作……………………………………………94
　2.7.2 TOF-SIMS からえられる情報と最新の測定技術…………………96
2.8 高周波プラズマ発光，高周波プラズマ質量分析……………[敷野　修]…108
　2.8.1 高周波プラズマ発光分光分析，高周波プラズマ質量分析法の原理……108
　2.8.2 高分子添加剤の分析例……………………………………………116
2.9 蛍光 X 線分析………………………………………………[飯島善時]…120
　2.9.1 蛍光 X 線発生原理…………………………………………………121
　2.9.2 蛍光 X 線分析装置…………………………………………………122
2.10 走査電子顕微鏡とエネルギー分散 X 線分析，電子プローブマイクロ
　　　アナライザー………………………………………………[飯島善時]…133
　2.10.1 SEM の原理と特徴………………………………………………133
　2.10.2 電子線照射…………………………………………………………136
　2.10.3 試料調整・観察分析条件…………………………………………138
　2.10.4 試料作製…………………………………………………………139
　2.10.5 SEM-EDS，EPMA 測定例………………………………………139
　2.10.6 電子線照射による X 線分析の問題点……………………………142

3. 前　処　理………………………………[谷岡力夫・石飛　渡・澤村実香]…144
3.1 微細化，均質化………………………………………………………144
　3.1.1 粉砕…………………………………………………………………144
　3.1.2 薄片化………………………………………………………………145
3.2 有機系添加剤の一般的な前処理法…………………………………145
　3.2.1 抽出法………………………………………………………………145
　3.2.2 再沈法………………………………………………………………150
　3.2.3 SEC 分取法…………………………………………………………152
　3.2.4 その他の分離法……………………………………………………152
　3.2.5 回収混合物の分離…………………………………………………153
　3.2.6 誘導体化……………………………………………………………153

3.3　無機系添加剤の一般的な前処理法……………………………………154
　　3.3.1　溶解分離法……………………………………………………………154
　　3.3.2　ソックスレー抽出法…………………………………………………154
　　3.3.3　分解法…………………………………………………………………154
　3.4　材料による前処理法の例………………………………………………155
　　3.4.1　PP樹脂中の添加剤分析例……………………………………………155
　　3.4.2　ナイロン樹脂中の添加剤・添加物分析例…………………………155

4. **各種添加剤の分析法**………………………………………………………157
　4.1　酸化防止剤………………………………［谷岡力夫・石飛　渡・澤村実香］…157
　　4.1.1　定性分析………………………………………………………………162
　　4.1.2　定量分析………………………………………………………………168
　　4.1.3　分析の事例……………………………………………………………169
　4.2　光安定剤（紫外線吸収剤，ヒンダードアミン系光安定剤）の分析法
　　　　……………………………………………………………［西岡利勝］…170
　　4.2.1　光安定剤の構造と特性………………………………………………170
　　4.2.2　光安定剤の分析法……………………………………………………176
　4.3　可塑剤……………………………………………［西岡利勝・寳﨑達也］…186
　　4.3.1　可塑剤とは……………………………………………………………186
　　4.3.2　PVC中の可塑剤分離…………………………………………………189
　　4.3.3　ガスクロマトグラフィー（GC）による可塑剤の定性，定量………189
　　4.3.4　液体クロマトグラフィー（LC）による可塑剤の定性，定量………191
　　4.3.5　サイズ排除クロマトグラフィー（SEC）による可塑剤の定性，定量…192
　　4.3.6　可塑剤の局所分析……………………………………………………192
　　4.3.7　実際のクレーム分析例………………………………………………194
　4.4　造核剤・透明化剤の分析法………………………［西岡利勝・江崎義博］…196
　　4.4.1　造核剤・透明化剤の構造……………………………………………196
　　4.4.2　造核剤・透明化剤の分析法…………………………………………196
　4.5　難燃剤……………………………………………………［松山重倫］…203
　　4.5.1　臭素系難燃剤の規制動向……………………………………………203
　　4.5.2　PBB，PBDE分析法……………………………………………………205
　4.6　界面活性剤（帯電防止剤）の分析法……………［西岡利勝・江崎義博］…215
　　4.6.1　帯電防止剤の構造……………………………………………………215
　　4.6.2　帯電防止剤の分析法…………………………………………………216
　　4.6.3　帯電防止剤の分析例…………………………………………………220

- 4.7 滑剤の分析法 ……………………………………[西岡利勝・江崎義博]…223
  - 4.7.1 滑剤の構造 ………………………………………………………………223
  - 4.7.2 滑剤の分析法 ……………………………………………………………225
- 4.8 加硫剤,加硫促進剤の分析法 ………………[西岡利勝・竹井千香子]…228
  - 4.8.1 加硫剤の分析法 …………………………………………………………229
  - 4.8.2 加硫促進剤の分析 ………………………………………………………230
  - 4.8.3 DART-TOFMS による加硫促進剤の分析 ……………………………230
- 4.9 カーボンブラックおよびフィラー(無機充填剤)……………[西岡利勝]…235
  - 4.9.1 カーボンブラック ………………………………………………………235
  - 4.9.2 フィラー(無機充填剤)…………………………………………………238

5. 高分子材料成形品の添加剤状態分析 …………………………………242

- 5.1 赤外・ラマン分光法による添加剤状態分析 ………………[西岡利勝]…242
  - 5.1.1 ポリプロピレン系自動車材料表面の添加剤状態分析 ………………242
  - 5.1.2 アイソタクチックポリプロピレンラミネートフィルムの滑り性低下機構の解析 ……………………………………………………………249
- 5.2 高分子添加剤の分布状態分析(XPS, TOF-SIMS)…………[植野富和]…254
  - 5.2.1 高分子添加剤の種類と分布 ……………………………………………254
  - 5.2.2 表面分析法について ……………………………………………………257
  - 5.2.3 光電子分光法(XPS)……………………………………………………260
  - 5.2.4 飛行時間型二次イオン質量分析法(TOF-SIMS)……………………263
  - 5.2.5 高分子材料のデプスプロファイル分析法 ……………………………265

索 引 ……………………………………………………………………………271

添加剤分析の意義と目的

　添加剤は，プラスチック製品の物理的，化学的強度，特性の向上および機能を付与させるためにさまざまな化学物質を混合してつくられている．添加剤は，プラスチックの種類や用途に応じて選択される．より適切な添加剤を選択することで，より効果的に特性の向上，機能の付与がなされ，付加価値の高いプラスチック製品を開発するのに貢献することができる．添加剤のうち，プラスチックの本来もつ物性や色調などを維持するものを安定剤，難燃性や可塑性など新たな性能を付与させるために添加されるものを機能付加剤（改質剤）とよぶ．おもなプラスチック用安定剤，機能付与剤を使用目的別に分類したものを表 1.1 に示す[1]．

　添加剤には数百といわれるほど非常に多くの種類があり，通常は 1 成分だけでなく，外的要因に対する耐性改良や加工性改良，物性改良のために複数の成分が一度に加えられる．プラスチックに対する添加剤の配合濃度は，可塑剤，難燃剤，充填剤については数十％濃度で配合される場合があるが，その他の添加剤については 0.1％前後と少量である．このように，複数の添加剤が配合されていることから，そのままの分析は困難である．

　通常の分析手順として，最初にポリマーから添加剤を抽出し，抽出したものについてクロマトグラフィーにより各成分に分離後，分離した成分ごとに適した分析機器を用いて定性分析を行うのが一般的である．

　どのプラスチックにどの種類の添加剤をどの程度で添加するかは，材料メーカーや加工メーカーの重要なノウハウであるため，詳細については開示されない場合が多い．そのために添加剤処方を分析的に明らかにすることは非常に重要となっているが，たいへん難しい問題でもある．

　最近は，プラスチックの新しい用途開発のために，機能性の付与や成形加工性の改善を新しい添加剤の開発によって行う方法も盛んになってきている．

　また，安全性や環境汚染の懸念から，従来使用されていた一部の添加剤において，他の添加剤への代替が行われている．いかに機能が優れた添加剤であっても，人体や自然環境に悪影響を与えるものは使用を控える方向になってきており，より安全性の高い添加剤の開発が求められている．

　さらに，プラスチックリサイクルが要求される社会的環境のなかにあって，再生プ

表 1.1 高分子添加剤の分類[2)]

添加剤		タイプ	添加剤例
酸化防止剤		フェノール系	BHT，イルガノックス 1076，イルガノックス 1010
		リン系	イルガフォス 168，サンドブターブ P-EPQ
		イオウ系	スミライザー TPS，スミライザー TPL
耐候剤	紫外線吸収剤	ベンゾトリアゾール系	チヌビン 326，チヌビン 327
	光安定剤	Ni クエンチャー	アンテージ NBC，イルガスタブ 2002
		ヒンダードアミン系	サノール LS770，キアソーブ UV-3346
滑剤	内部滑剤	高級脂肪酸	ステアリン酸
		高級脂肪酸金属塩	ステアリン酸カルシウム，ステアリン酸亜鉛
	外部滑剤	脂肪酸アミド	エルカ酸アミド，オレイン酸アミド
		エステル系	ステアリン酸ブチル
帯電防止剤	アニオン系	スルホン酸塩	アルキルベンゼンスルホン酸ソーダ
	カチオン系	四級アンモニウム塩	アルキルトリメチルアンモニウム塩
	ノニオン系	モノグリ系	エレクトロストリッパー TS5
		アミン系	エレクトロストリッパー TS2
		脂肪酸エステル系	スパン系
防曇剤		脂肪酸エステル系	スパン系
可塑剤		フタル酸エステル系	DOP，DBP
造核剤		ソルビトール系	ゲルオール MD，ゲルオール DH
		その他	PTBBA-Al，マーク Na11
アンチブロッキング剤		無機系	SiO_2
難燃剤		ハロゲン系	塩素化パラフィン，デカブロモジフェニルエーテル
		リン酸エステル系	トリブチルホスフェート，トリフェニルホスフェート
		無機系	三酸化アンチモン
発泡剤		アゾ系	ADCA
		その他	炭酸水素ナトリウム
充填剤		無機系	炭酸カルシウム，TiO_2，タルク，硫酸バリウム，ケイ藻土
		その他	カーボンブラック

ラスチックの機能向上が課題となっているが，廃プラスチックのプラスチック材料への変換やリサイクルを促進するうえでも添加剤の役割はますます大きくなっている．

添加剤分析の目的には，次のような3点がある．

① 自社製品中に，処方どおりに添加剤が配合されているかを調べる．また製品のユーザークレームに対して，実際に自社の製品を使用しているかの確認やクレーム原因と添加剤との因果関係を調べることで，クレームの解決につなげる品質管理的な分析を行う．

② 市場調査のためユーザーで評価の高い製品の添加剤処方の解析を行う．いわゆる他社品の分析．

③ コストダウンや新たな機能付与が目的で処方した添加剤の実用物性を調べていく過程で，添加剤の作用機構や構造変化を解析し，最適処方を確立する．

【西岡利勝】

参考文献

1) 寶崎達也：高分子分析（日本分析化学会編），p.100，丸善出版，2013.
2) 江崎義博：出光技法，48(2)，177，2005.

❷ 添加剤分析に使用する測定方法

2.1 赤外分光法

2.1.1 赤外分光法の原理

a. 基本原理[1]

　赤外分光法の歴史はきわめて古い．まだ電磁波の性質や分子の構造に対する認識がほとんどなかった19世紀初頭に赤外光の存在が発見された．1800年，W. Herschelは太陽光をプリズムで青色から赤色の光に分け，赤色の外側に温度計を置いて熱線を観測しており，温度計の位置を変えると強度変化が生じることを報告している．その後，19世紀末から20世紀初めにかけてある特定の官能基をもつ物質は一定の波長に赤外吸収を示すことが発見され，1905年にはW. W. Coblentzによって131種類の化合物の赤外スペクトルが報告されている．これらのことが発端となって現在の赤外分光法の隆盛があるといえる．

　代表的な高分子化合物の分子はC, H, O, Nのような原子が結合して構成されている．この化学結合は，バネの性質があり結合の長さが伸び縮みしたり結合角が開閉したりするような振動をしており，結果として分子は複雑な振動運動をしている．複雑にみえる振動運動は，いくつかの（振動の自由度に対応）基本的な振動（基準振動）の和で表すことができる．振動に必要なエネルギーは赤外線のオーダーであり，連続した周波数の赤外線を試料に照射すると，各基準振動と同じエネルギーの赤外線が吸収され，各分子特有の吸収パターン（赤外吸収スペクトル）がえられる．スペクトルのパターンから化合物の定性分析が，吸収ピークの強度から定量分析が可能である．

　赤外線の吸収強度は，その振動によって双極子モーメントにどの程度の変化が起きるかに関係するので，双極子モーメントが変化すれば赤外吸収を示し（赤外活性），変化しなければ赤外吸収を示さない（赤外不活性）．赤外吸収スペクトルは分子振動に由来することから振動スペクトルともよばれる．

b. スペクトル図

　赤外スペクトルにおいては，縦軸は透過率（0～100%）または吸光度が用いられ，横軸には波長範囲を波数（cm^{-1}）あるいは波長（μm）のどちらか，または両方で目

盛りをつける．波数と波長の関係式を示す．

$$波数 (cm^{-1}) = \frac{10000}{波長 (\mu m)}$$

透過率（transmittance：T％）は試料に照射された光の何％が試料を透過したかという割合である．測定試料を試料室においた場合と何もおかない場合の検出器で発生する信号の強度比として計測される．吸収の強さを表す指標が吸光度（absorbance：A）であり，両者には次の関係がある．

$$A = \log \frac{100}{T}$$

c. 使用される赤外線の波長範囲

赤外線は波長によって表2.1のように区分される．一般に赤外分光法に使用されるのは中赤外線であり，単に赤外線とよばれることも多い．

表2.1 赤外線の区分

区　分	波数（cm^{-1}）	波長（μm）
近赤外域	12500〜4000	0.8〜2.5
赤外（中赤外）域	4000〜400	2.5〜25
遠赤外域	400〜10	25〜1000

d. 構造とグループ振動数（吸収波数）の関係[2]

例えばCH結合の伸縮振動は3000〜2800 cm^{-1}程度の領域に出現し，OH結合のそれは3500 cm^{-1}付近に現れる．このようにある結合の振動周波数はグループに特有の波数領域に起こることが知られている．これをグループ振動数といい，その周波数から逆に試料を構成する化学結合の種類を知ることができる．このようなグループ振動数を示すものにはCH，NH，OH，C-Cl，Si-H，C=O，NO$_2$，-C=C-，-C≡C-，-C≡N，その他がある．さらにこのグループ振動のなかでも，周囲の結合環境により振動数がシフトするので逆に振動数からグループ振動を示す結合あるいは官能基の周囲の環境を推定できる．シフトの原因は，隣接原子あるいは隣接官能基の電気陰性度や共役効果，立体障害，他の振動とのカップリングがある．このようにグループ振動数は試料の化学構造の推定に多大の寄与をする．赤外吸収スペクトル測定が試料の同定のみならずキャラクタリゼーションに多用されるゆえんである．グループ振動数を図2.1〜図2.3にまとめた[3]．また有機化合物のグループ振動数に関してはLin-Vienらの著書に詳述されているので参照されたい[4]．

e. 赤外吸収スペクトルによるプラスチックの定性法

FT-IR機器メーカーのコンピュータ検索システムを利用することが有効であり，また自前のポリマーデータベースを構築して検索することも有効である．コンピュー

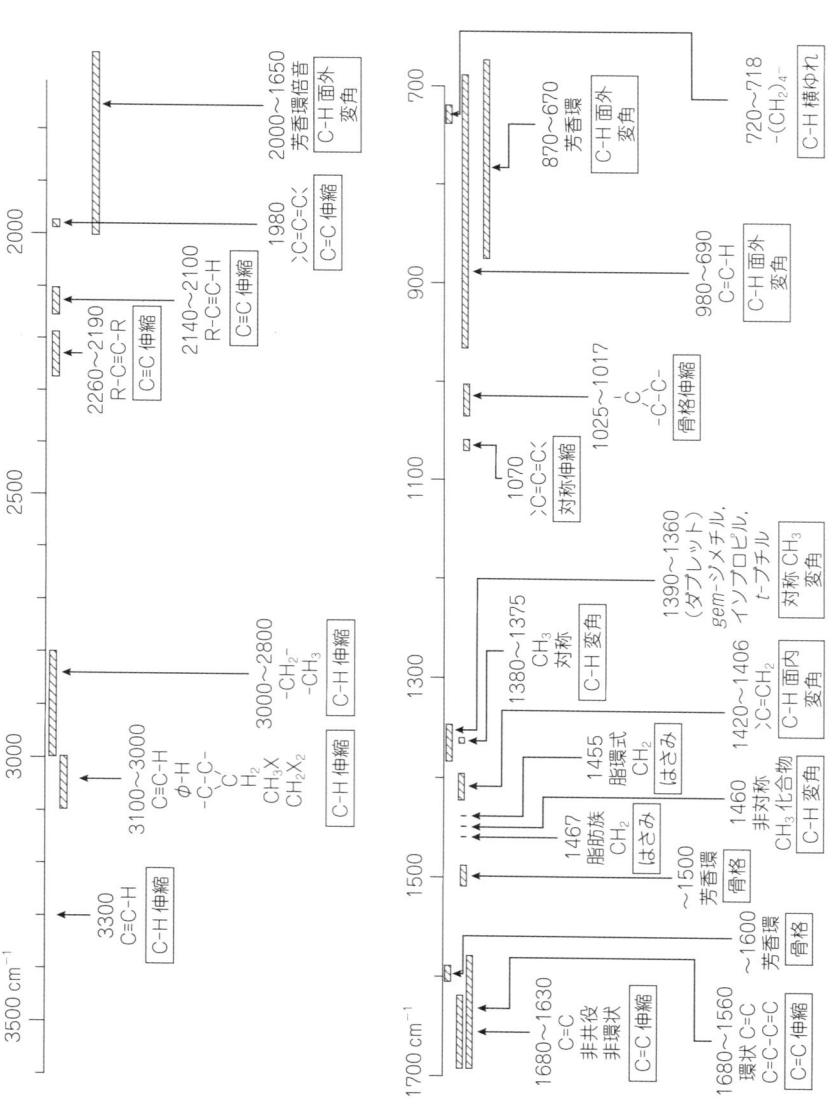

図 2.1 炭化水素化合物の特性吸収帯[4]

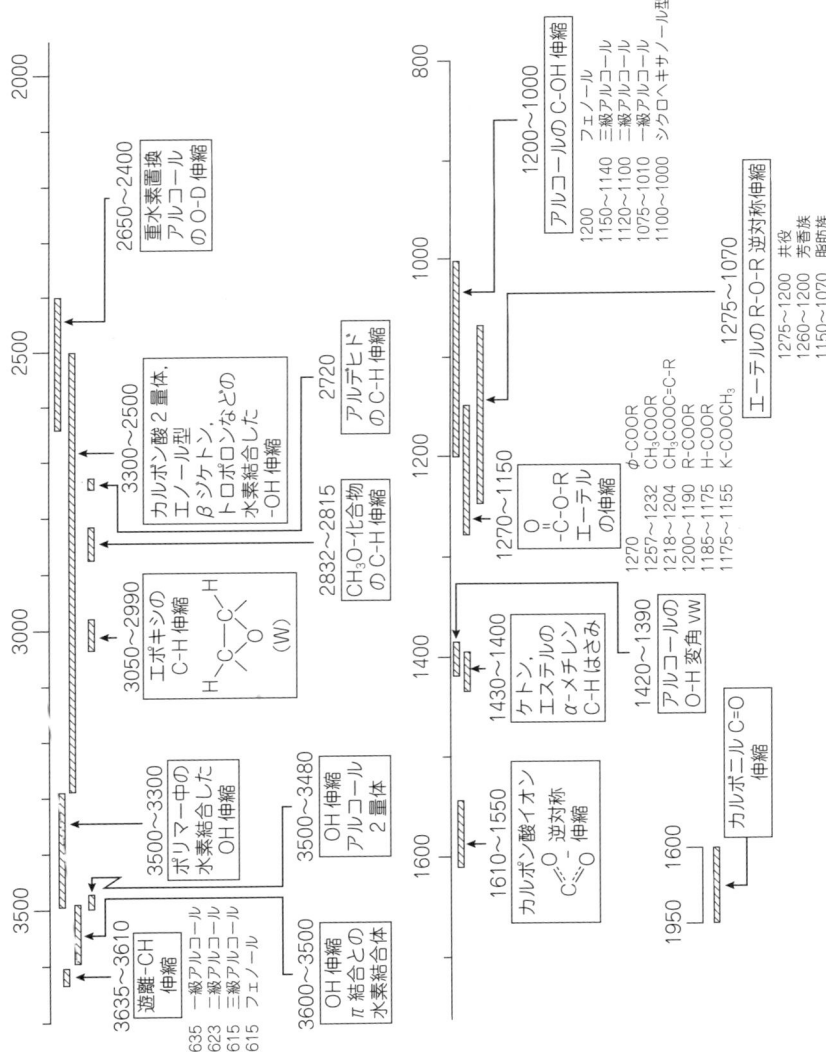

図 2.2 含酸素炭化水素化合物の特性吸収帯[23]

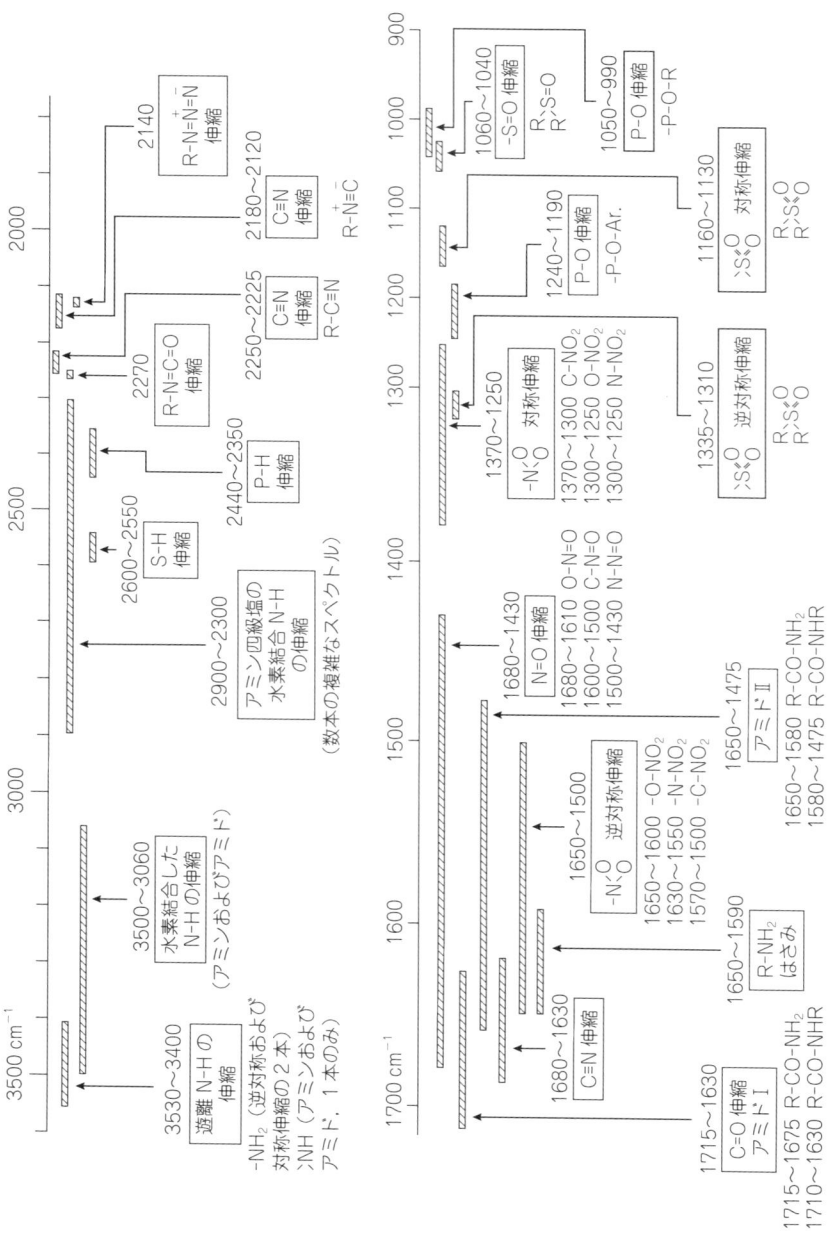

図 2.3 含窒素,リン,イオウ炭化水素化合物の特性吸収帯[24]

タが選んだ候補物質のスペクトルとの照合を試みればよい．ただ試料が混合物の場合には適合率が小さくなり，正答な結果を導き出すことは難しくなる．したがって，代表的なプラスチックの赤外吸収スペクトルの特徴を記憶する習慣を身につけることが肝要である．また試料中に無機物として炭酸カルシウムやタルクを含有しているプラスチック混合物の場合は無機物に由来するバンドが強く観測されるので要注意である．同様な例として塩化ビニル中の可塑剤であるフタル酸エステル類も添加量が多いためにスペクトル解析時に注意する必要がある．

2.1.2 試料調製法[5]

ポリマーの試料性状はさまざまであり，それぞれに適した試料調製法を用いる必要がある．

a. フィルム，シート，薄片を調製する方法

① **熱プレス法**：ヒーターつきの小型油圧プレス（加熱と冷却が別々に行える機種が便利）を用いて試料を薄いシートに加熱成形するもので，熱可塑性プラスチック全般に応用できる．試料は2枚の鉄板（プレス板，厚さ2 mm程度で片面は表面仕上げしたもの）の間に挟んで，鉄板ごと油圧プレスに装填する．プレスされたシートは鉄板から剥がしにくいので，試料と鉄板の間に，テフロンシートを挟んでおく．テフロンシートは200℃以上に加熱でき，また薄いシートがつくりやすく，さらにスペクトル上に干渉縞が現れにくいという利点がある．テフロンシートの代わりにアルミニウム箔（非光沢面に試料をおく）を用いてもよい．剥がせなくなったら，塩酸に浸してアルミニウム箔を溶かす．プレス温度および圧力は，ポリエチレンでは190℃，ポリプロピレンでは200℃で80 kg cm^{-2}程度が一般的であるが，試料の延展状態をみて加減する．

厚みを一定にしたい場合はスペーサーを用いる．例えば0.5 mm厚のシートを作製したい場合は，0.5 mm厚のスペーサーを用いればよい．熱プレス法ではあまり薄いシートは作製できない．厚すぎる場合は，溶液キャスト法または圧延法で対処する．

② **溶液キャスト法**：試料を揮発性の溶媒（メチレンクロライド，クロロホルムなど）に溶かし，溶液をガラス板上に塗布する．風乾すれば塗膜が残るので剥ぎとる．溶液濃度や塗布量を加減すれば，いくらでも薄いフィルムが作製できる．溶媒の蒸発が速すぎれば気泡が発生しやすい．この場合は，ガラス板の上にシャーレなどを斜めにかぶせ，隙間を調整して蒸発速度を調節する．粘着性試料の場合はガラス板から剥がせない．この場合はKBr板上に塗って，KBr板ごと測定する．

③ **切削法**：試料の切削には滑走式ミクロトーム，ウルトラミクロトーム，液体窒素による冷却機能つきクライオウルトラミクロトームおよびマイクロマニュピレータなどを用いる．試料の大小や分析目的に応じて使い分ける．後述する赤外顕微鏡を搭

載した顕微FT-IR装置で測定を行う場合は，試料が微小でも容易にスペクトル測定が可能であることから，顕微鏡下でのカミソリなどを用いた切削，ウルトラミクロトームおよびマイクロマニュピレータによるマイクロサンプリングは有力な試料作製法である．切削法は，加硫ゴムや架橋ポリエチレンのような，熱に溶けず，溶媒にも溶けず，柔軟性があって粉砕しにくい試料に適している．なお，滑走式のミクロトームは試料面に平行な薄片を比較的容易に2cm角程度の面積で切りだすことができる．

④　**ダイヤモンドセルによる圧延法**：ダイヤモンドセルは顕微FT-IR装置を用いた微小部や微小異物などの分析に用いられる．1～数十μm程度の微小試料は，実体顕微鏡下でダイヤモンドセルに装填して加圧することにより数倍の大きさに圧延することが容易にできる．圧延した試料はダイヤモンドセルごと顕微FT-IR装置の試料台へ載せて顕微赤外スペクトルを計測することができる．ダイヤモンドセルは100万円程度で比較的高価であるが，微小試料を頻繁に測定する場合は有力な付属装置である．

b.　錠剤やペーストにする方法

①　**KBr錠剤法**：砕きやすい試料はメノウ乳鉢を用いて粉砕し，KBrと混合してKBr錠剤を作製する．砕きにくい試料でもカミソリなどを用いて削り粉にすればKBr錠剤の作製は可能である．ゴムのような柔らかい試料は液体窒素温度で粉砕すればよく，あるいは前述のダイヤモンドセルによる圧延法をとればよい．

②　**ヌジョール法**：試料を流動パラフィンと乳鉢のなかで混合し薄膜法で測定する．調製は簡単であるが，流動パラフィンのバンドが重なる難点がある．

2.1.3　測定法とえられる情報

赤外分光法は高分子組成分析や高分子材料中に添加されている添加剤の定性分析などに広く応用され，核磁気共鳴法や質量分析などとともに高分子分析法のなかでも古くから用いられている代表的な分析法の1つである．表2.2に高分子材料の赤外分光法の応用についてまとめた．

表2.2　高分子材料の赤外分光法の応用

項　目	何がわかるか（えられる情報）
樹脂分析	樹脂の定性分析，定量分析
樹脂構造解析	官能基，分岐などの不規則結合，共重合連鎖
状態分析	結晶形態，結晶化度，配向
表面分析	成形品表面の組成，状態
局所分析	微小部，微小異物分析
相互作用の解析	水素結合などの相互作用
反応解析	反応中の構造変化を秒単位で解析

2.1 赤外分光法

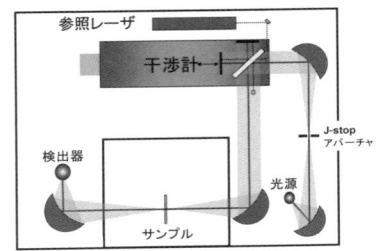

図 2.4 フーリエ変換型赤外分光光度計の光路図[22]

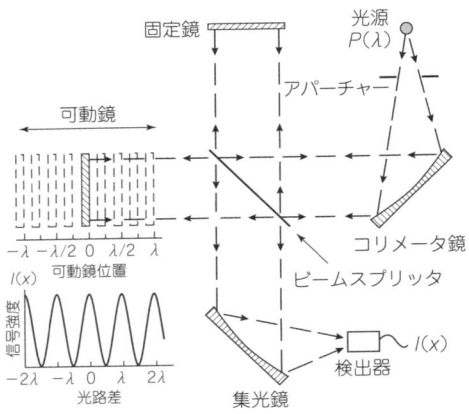

図 2.5 マイケルソン干渉計とインターフェログラム

a. 測定装置

市販のフーリエ変換型赤外分光光度計（FT-IR）の光路図を図2.4に示す．このようなFT-IR装置では，中赤外領域（4000〜400 cm^{-1}）だけを対象としたものである．光源，ビームスプリッタおよび検出器を交換することにより近赤外や遠赤外領域の測定を行えるものもある．図2.5にマイケルソン型干渉計とインターフェログラム，図2.6にインターフェログラムから赤外吸収スペクトルへの変換の概略を示す[6]．光源からの光は干渉計を経て試料を透過し検出器に入る．干渉計中の可動鏡の位置に応じて検出器に入る強度は変わるので，検出器で発生する信号は時間とともに変化する（インターフェログラムとよばれる）．インターフェログラムは時間とともに変化するので時間スペクトルであり，これをフーリエ変換すると周波数スペクトルに変わる．周波数スペクトルは赤外線の周波数に対する強度のパターンであり，とりもなおさず，赤外吸収スペクトルである．詳しい原理は成書を参照されたい．

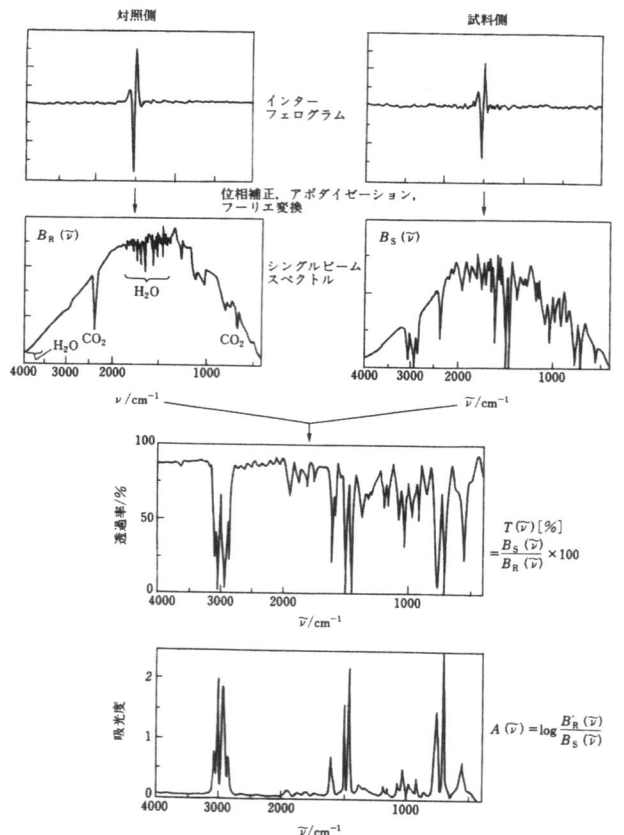

図 2.6　インターフェログラムから赤外吸収スペクトルへの変換の概略

b.　スペクトル測定法の選択基準[7]

　実際の試料の測定ではいろいろな物質を対象として，またえたい情報も多岐にわたることが多い．赤外分光分析法にはさまざまな試料調製法や測定法が存在することは，他の分析法と比較するときの特長の1つである．しかし，初心者にとってはどの方法をどのように選択すればよいのかと悩むこともある．どのような測定法を用いるかは試料形態や求めたい情報によって異なってくる．そうしたスペクトル測定のおおまかな選択基準を表2.3に示す．

　顕微測定法は微小試料（μmオーダー）をはじめすべての試料のスペクトル測定が可能である．その意味では顕微測定法は画期的で有力な測定法といえる．顕微測定法が汎用的に用いられる以前は，微粉末試料が粉砕可能ならばKBr錠剤法をはじめと

表 2.3 測定対象と測定方法

測定対象 \ 測定方法	透過法	全反射吸収法	正反射法	拡散反射法	高感度反射法	発光法	光音響法	顕微測定法
粉末試料	◎	△	×	◎	×	×	◎	◎
塊状試料（硬）	△	△	◎	△	×	×	◎	◎
塊状試料（柔）	×	◎	○	×	×	×	◎	○
金属板上有機薄膜	×	○	◎	×	◎	○	○	○
無機（半導体）上の有機薄膜	△	○	◎	×	○	○	○	○
有機薄膜上有機薄膜	○	○	◎	×	○	○	○	○
水溶液試料	△	◎	×	×	×	×	×	○
微小試料	◎	○	○	○	○	○	○	◎
表面層	△	◎	△	○	◎	○	◎	○

◎ 好適　○ やや適　△ やや難　× 困難

する透過法か拡散反射法，または光音響法が選択できる方法であった．表面が平滑で反射性が高ければ正反射法が，ゴムのように柔らかければ全反射吸収法（ATR 法）が適用できる．光音響法は表面形状によらずに適用できる．金属板上の有機薄膜は正反射法でも高感度反射法（RAS 法）でも発光法でも測定できるが，RAS 法を適用するのが一般的である．微小試料の測定は顕微測定法の独壇場である．試料の表面層だけ検出したい場合は ATR 法や光音響法が用いられる．

c. えられる情報

① **透過法**：KBr 錠剤，ポリマーフィルムや液体セルなどを分光計の試料室内のホルダーに挟んで測定すれば透過スペクトルがえられる．微小，微量試料の場合はダイヤモンドセルを用いるかあるいは実体顕微鏡下で試料を KBr 板上へ装填し，顕微測定法にて測定を行う．

図 2.7 にブロックポリプロピレンの赤外吸収スペクトルを示す．各バンドの帰属を表 2.4 に示す．また図 2.8 に α-シンジオタクチックポリスチレン（α-SPS），β-シンジオタクチックポリスチレン（β-SPS）およびアイソタクチックポリスチレンの遠赤外スペクトルを示す[8]．このように赤外分光法は状態分析として結晶形態の違いを観測することができる．

② **全反射吸収法**[9]：全反射吸収法（attenuated total reflection：ATR 法）はゴム状試料のように不溶，不融の物質のスペクトル測定に好適である．ATR 法は赤外分光の表面計測法のなかではいちばん古く，すでに 1960 年代に Harrick や Fahrenfort らによってその原理が詳細に研究されている．

試料に吸収のない波数域では入射光はそのまま全反射するが，吸収のある領域では

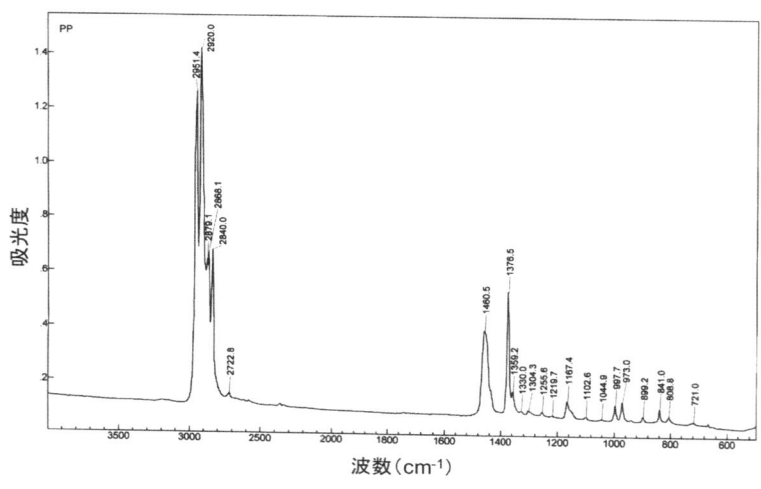

図 2.7 ブロックポリプロピレンの赤外吸収スペクトル

表 2.4 ブロックポリプロピレンのバンドの帰属

1460 cm^{-1}	CH$_3$	非対称変角
1454 cm^{-1}	CH$_3$	非対称変角
1435 cm^{-1}	CH$_2$	挟み
1378 cm^{-1}	CH$_3$	対称変角
1377 cm^{-1}	CH$_3$	対称変角
1365 cm^{-1}	CH$_2$ 縦ゆれ　CH 変角　CH$_3$ 対称変角	
1360 cm^{-1}	CH 変角　CH$_2$ ひねり　CH$_2$ 縦ゆれ　CH$_3$ 非対称変角	
1330 cm^{-1}	CH$_2$ 縦ゆれ　CH 変角	
1326 cm^{-1}	CH 変角	
1304 cm^{-1}	CH$_2$ 縦ゆれ　CH$_2$ ひねり　CH 変角	
1296 cm^{-1}	CH$_2$ 縦ゆれ　CH 変角	
1254 cm^{-1}	CH$_2$ ひねり　CH 変角	
1220 cm^{-1}	CH$_2$ ひねり　CH 変角	
1168 cm^{-1}	CH-CH$_2$ 伸縮　CH$_3$ 横ゆれ	
1155 cm^{-1}	C-CH$_3$ 伸縮　CH 変角	
1103 cm^{-1}	CH$_3$ 横ゆれ　CH-CH$_2$ 伸縮	
1045 cm^{-1}	C-CH$_3$ 伸縮　CH-CH$_2$ 伸縮	
1034 cm^{-1}	C-CH$_3$ 伸縮　CH$_2$ ひねり　CH 変角　CH$_3$ 横ゆれ	
998 cm^{-1}	CH$_3$ 横ゆれ　CH-CH$_3$ 伸縮　CH 変角	
973 cm^{-1}	CH$_3$ 横ゆれ　CH-CH$_3$ 伸縮	
941 cm^{-1}	CH$_3$ 横ゆれ　CH-CH$_2$ 伸縮	
899 cm^{-1}	CH$_3$ 横ゆれ　CH$_2$ 横ゆれ　CH 変角	
842 cm^{-1}	CH$_3$ 横ゆれ　CH-CH$_2$ 伸縮　CH$_2$ 横ゆれ　CH 変角	
809 cm^{-1}	CH$_2$ 横ゆれ　C-CH$_3$ 伸縮　CH-CH$_2$ 伸縮	
721 cm^{-1}	CH$_2$ 横ゆれ	

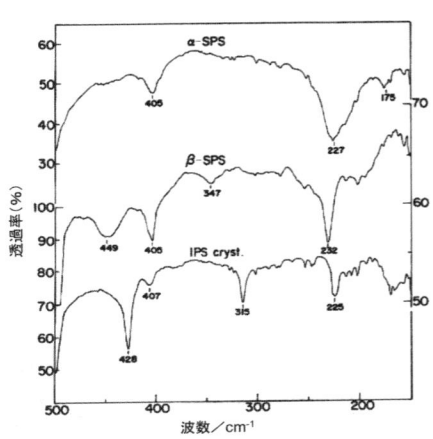

図 2.8 α-SPS，β-SPS およびアイソタクチックポリスチレンの遠赤外スペクトル[8]

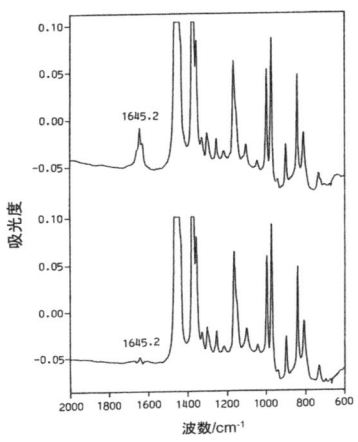

図 2.9 エルカ酸アミドを含有したキャストフィルム（上図）とラミネートフィルム（下図）のFT-IR 全反射吸収スペクトル[23]

吸収の強さに応じて反射光のエネルギーが減少する．この反射光を測定することにより，吸収スペクトルに類似した ATR スペクトルがえられることになる．このとき高屈折率媒質中へ浸み込んだ光の振幅が $1/e$ に低下する深さを侵入深さ（penetration depth）dp と定義すると，光の波数 ν，入射角 θ に対して試料が光を吸収しないとき次式で表される．

$$dp = \frac{1}{2}\pi\nu\left\{\sin^2\theta - \left(\frac{n_2}{n_1}\right)^2\right\}^{1/2}$$

θ が大きいほど，また高屈折率媒質の屈折率 n_1 が大きいほど dp は小さく，より試料表面に近い情報がスペクトルに反映されることになる．これが ATR 法で深さ方向の分析を行うときの基礎となっている．また dp は波長とともに増大し，長波長側ほど表面から深いところの情報がスペクトルに現れることになる．

ATR 法を用いたポリプロピレンラミネートフィルムの滑り性低下機構の解析例を示す[13]．図 2.9 は滑剤としてエルカ酸アミド［$CH_3(CH_2)_7CH=CH(CH_2)_{11}CONH_2$］を添加したポリプロピレンキャストフィルム（上図）とラミネートフィルム（下図）のFT-IR 全反射吸収スペクトルである．1645 cm^{-1} にエルカ酸アミドの C=O 伸縮振動に帰属されるバンドが観測された．図 2.9 の 2 つのスペクトルを比較すると 1500〜600 cm^{-1} 領域のスペクトルパターンはほとんど同一であるが，キャストフィルムの C=O 伸縮振動に比較してラミネートフィルムの C=O 伸縮振動の吸光度が減少してい

ることがわかる．滑剤としてエルカ酸アミドを添加したキャストフィルムからラミネートフィルムを作製した場合，その滑り性が低下した理由は表面層の滑剤濃度が低下したことによる．

次に，偏光 ATR 法を用いた一軸延伸ポリエチレンテレフタレート（PET）フィルムの配向分布解析について述べる[11]．ロール延伸した一軸延伸 PET フィルムの垂直偏光 ATR スペクトルを図 2.10 に示す．分子配向を示すパラメータとして，ピーク

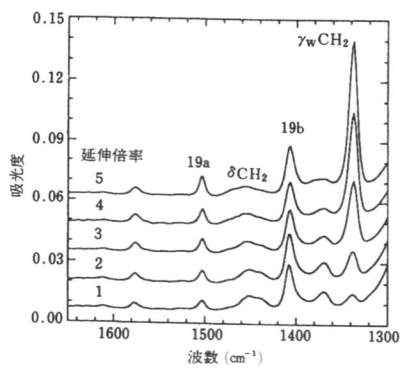

図 2.10 PET 一軸延伸フィルムの全反射吸収スペクトル[11]

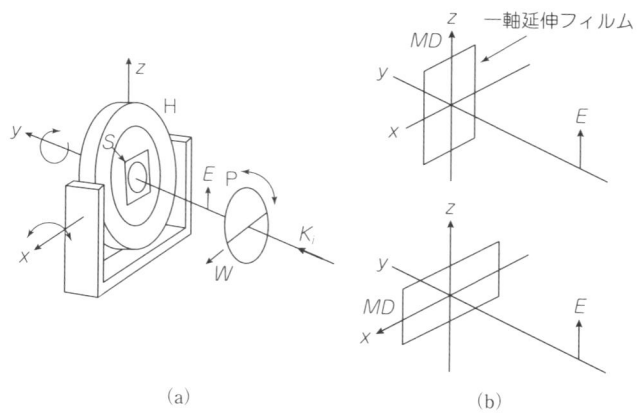

図 2.11 (a) フィルム回転ステージの装置概略図：P：偏光子，H：試料ホルダー，S：フィルム試料，K_i：入射光の波数ベクトル，E：偏光方向，W：ワイヤーグリッドの方向．
(b) 一軸延伸フィルムの配向を測定するときの光学系および試料の幾何学配置．

強度比（1336 cm^{-1}/1407 cm^{-1}）を求めた．延伸倍率と配向パラメータとの関係を求めた．分子配向は延伸方向と平行な方向（MD）は延伸倍率に比例して大きくなり，垂直方向（TD）の変化はきわめて少ないことがわかった．

③　**RAS 法**：RAS（reflection absorption spectroscopy）は反射吸収法，偏光反射法，高感度反射法などといわれ，特に金属基板上の有機薄膜のスペクトル測定にすぐれている．

④　**フィルム回転ステージ**：赤外吸収二色比を測定するためのフィルム回転ステージの模式図を図 2.11(a) に示す．偏光方向はワイヤーグリッド偏光子（P）のワイヤーに対して垂直方向である．試料台（H）は x 軸のまわりに $-45°\sim +45°$，y 軸のまわりに $0\sim 360°$ 回転する機能をもっている．

図 2.11(b) は一軸延伸フィルムの x 方向および z 方向の吸光度 A_x と A_z を測定するさいの光学系である．ワイヤーグリッドの方向を x 軸に平行に設定することによって垂直偏光した入射光をえる．フィルム試料の MD を z 軸に合わせて測定した吸光度が A_z，MD を x 軸に合わせたときが A_x である．このときの二色比 D_1 は次式で定義される．

$$D_1 = \frac{A_x}{A_z}$$

ここで注意すべきことは分光器の偏光特性の影響を避けるために偏光子ではなく，試料を回転させることである．傾斜法による測定方法は二軸延伸フィルムの配向評価を可能にする．

一軸延伸フィルムにおける分子鎖の配向分布は多くの場合，一軸円筒対称であると考えられるので，吸光度楕円体は z 軸（MD）を中心軸とする回転楕円体の形状を有する．したがって，この系の配向を記述するには長軸と短軸，すなわち A_z と A_x だけで十分である．

図 2.12 に延伸比 $\lambda = 3$ のシンジオタクチックポリスチレン（SPS）一軸延伸フィルムの偏光赤外吸収スペクトルを示す．ここでスペクトル（上）と（下）はそれぞれ MD に平行および垂直な吸光度 A_z，A_x を表す．A_z に TT コンホメーションに特有な 1224 cm^{-1} バンドが観測されることから，延伸時に形成された結晶は平面ジグザグ型コンホメーションを有することがわかる．

905 cm^{-1} および 1070 cm^{-1} バンドはそれぞれベンゼン環面外変角および面内変角振動に帰属される．図 2.13 は SPS セグメントにおける 905 cm^{-1} および 1070 cm^{-1} バンドのモードを模式的に表した図であり，905 cm^{-1} は平行二色性，1070 cm^{-1} は垂直二色性バンドに属する．

⑤　**正反射法（鏡面反射法）**：RAS 法では，大きな入射角で平行偏光を試料に入射したが，同様な反射法で古くから行われていたのが正反射（specular reflection）法で，

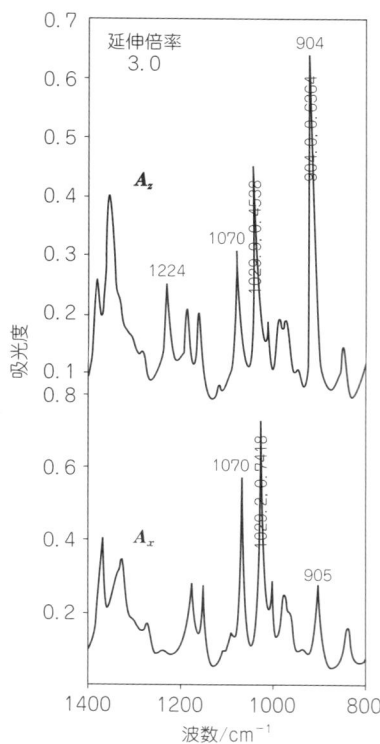

図 2.12 λ=3.0 の一軸延伸フィルムの偏光赤外吸収スペクトル

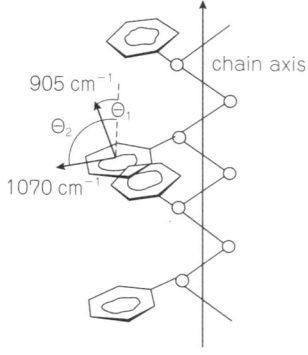

図 2.13 905 cm^{-1} および 1070 cm^{-1} バンドのモードの模式図.
905 cm^{-1}：ベンゼン環面外変角振動
1070 cm^{-1}：ベンゼン環面内変角振動

鏡面反射法ともいわれる．透過測定が困難で，平滑な表面をもつ試料に適用される．

⑥ **拡散反射法**：拡散反射法は DRS (diffuse reflectance spectroscopy)，または DRIFTS (diffuse reflectance infrared Fourier transform spectroscopy) と略され，触媒，表面修飾シリカ，有機物質などの粉体試料や繊維などの粗面をもつ試料の簡便な測定法として広く利用されている．粉体試料の赤外吸収スペクトルの測定法にはヌジョール法や KBr 錠剤法，光音響法なども用いられるが，拡散反射法は KBr 錠剤法のように試料の加圧成形が不要であること，また光音響法と比較すると測定感度が高いという特長をもつ．

⑦ **光音響法**：光音響 (photoacoustic) 測定法は特に固体試料のスペクトル測定に有効な方法で，これを用いた分光測定は光音響分光法 (photoacoustic spectroscopy：PAS) といわれ，その測定原理は光音響効果に基づいている．物質が光を吸収するさい，発光や光化学反応などに寄与しない大部分のエネルギーは無放射遷移過程を経て

最終的に熱に変換され,この熱を測定することによって物質の光学的,熱的性質に関する情報をえることができる.PAS法を利用して,通常の透過法が適用しにくい種々の形態の試料の吸収スペクトル測定,信号の位相変化,変調周波数依存性を利用した試料表面や表面下のスペクトル測定が行われている.

⑧ **顕微赤外法**:1983年,Bio-Rad Laboratories Digilab Division と Spectra-Tech がほぼ同時期にフーリエ変換赤外分光光度計(FTIR)に赤外顕微鏡を組み合わせた顕微 FTIR 装置を開発し,従来,測定が困難であった数十 μm 程度の微小試料の赤外吸収スペクトル測定が可能になった.これは赤外顕微鏡を FTIR と組み合わせたことにより検出感度が分散型の赤外分光光度計を用いた場合と比較して飛躍的に向上し,機器としての操作性と迅速測定が大幅に改良されたためである.顕微赤外分光の空間分解能は 10 μm 程度であり,次のような特長をもっている.①微小試料の赤外吸収スペクトルの測定が可能である.顕微赤外透過測定のほか,顕微赤外全反射測定や顕微赤外高感度反射測定などが比較的簡単にできる.②ほとんどが非破壊分析である.③ミクロトームやマイクロマニュピレータなどを用いる切片作製法により材料のデプスプロファイル測定が可能である.④二次元アレイ検出器やリニアアレイ検出器などを用いた試料のイメージング測定(面分析)ができる[12]~[14].

赤外顕微鏡を他の分析装置と結合させたものとして熱分析(DSC)装置と組み合わせた DSC/FTIR がある.またガスクロマトグラフィー(GC)の検出器として赤外顕

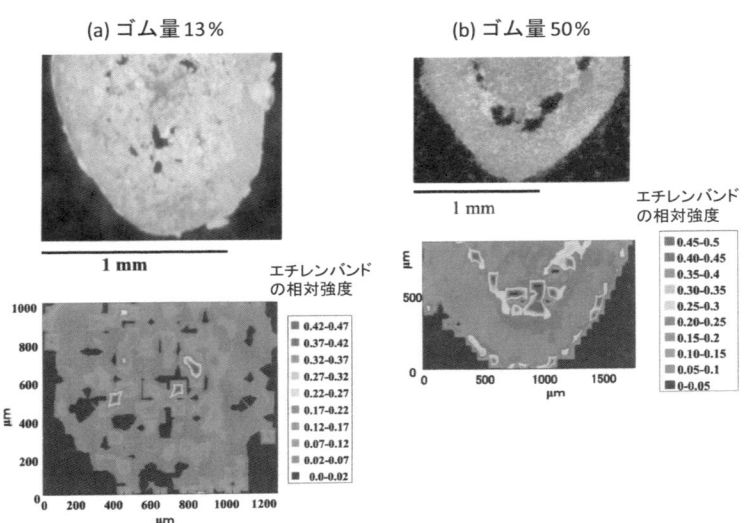

図 2.14 ハイインパクトポリプロピレン粒子内のエチレン-プロピレン共重合体の組成分布(口絵 1)[25]

微鏡を用い，超高感度測定を可能にしたGC/FTIR装置がある．さらにシンクロトロン放射光を光源とした顕微赤外分光装置がSPring-8などを中心として稼働しており，高分子材料の構造解析にも応用されている[15]．

近年では赤外光の回折限界を超えた分光法として近接場顕微赤外分光法が出現し，数百nmの空間分解能を達成している[16]．

顕微赤外法の高分子材料分析への応用例としてハイインパクトポリプロピレン粒子内のエチレン-プロピレン共重合体の組成分布解析について述べる[17],[18]．

SPring-8を光源とした顕微赤外イメージングにより，ハイインパクトポリプロピレン粒子内のエチレン-プロピレン共重合体の組成分布やモルフォロジー形成過程を調べた．パウダーの切片を作製し，顕微赤外イメージング測定により粒子内のエチレン-プロピレン共重合体の組成分布解析を行った．図2.14に粒子内のエチレン-プロピレン共重合体の組成分布測定の一例を示す．ハイインパクトポリプロピレン粒子内部はエチレン濃度分布が均質であり，粒子外周部にはエチレン濃度の高い部位が局在化していることがわかった．また粒子内部にボイドがある場合にはボイド近傍にもエチレン濃度の高い部位が形成されていた．エチレン濃度の高い部位が形成される重合反応機構を明らかにした．

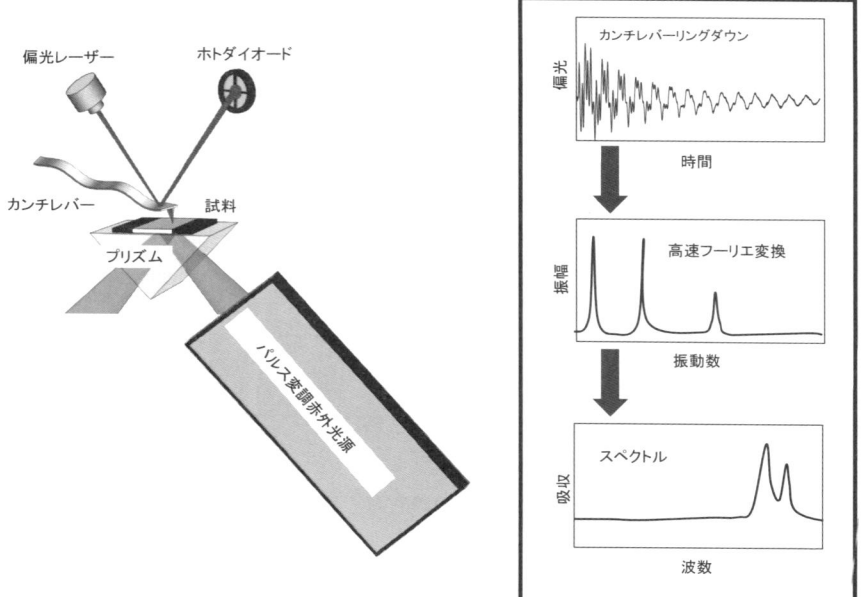

図 2.15　ナノ赤外分光システム[20]

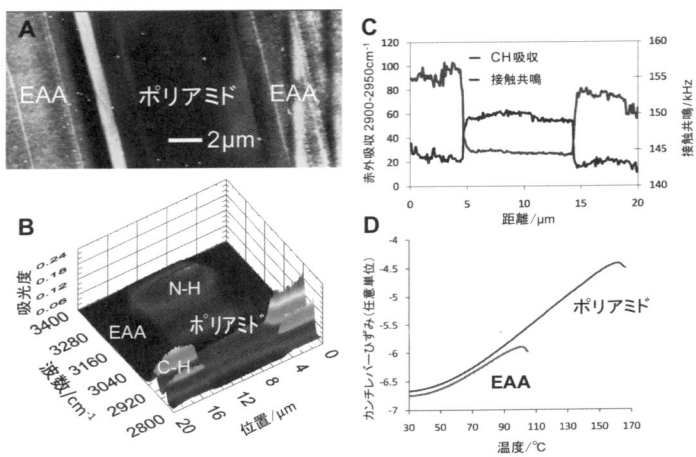

図 2.16 ナノ赤外システムによる多層フィルムのトポグラフ,化学的,機械的および熱特性の測定(口絵 2)[20].(A)エチレンアクリル酸共重合体(EAA)とポリアミドで形成された多層フィルムの AFM イメージ,(B)多層フィルムの赤外イメージ,(C)化学的,機械的特性同時計測結果,(D) EAA とポリアミドの局所熱分析結果.

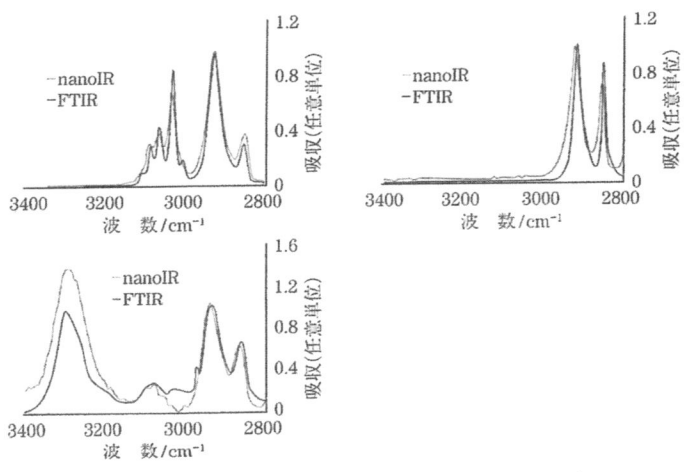

図 2.17 ナノ赤外システムでえられた赤外スペクトル[20]

⑨ **赤外分光法と原子間力顕微鏡の複合装置によるナノ赤外分光法**：最近，ANASYS INSTRUMENTS 社から開発された nanoIR は，局所（ナノスケール）における試料の化学構造を解明するプローブ技術を利用した計測装置で，赤外分光と原子間力顕微鏡（atomic force microscope：AFM）の技術を結合し，光の回折限界を超える空間分解能で赤外スペクトル測定を達成した[19]．

nanoIR は局所熱分析も可能でバルク熱分析装置ではえられない情報を容易に取得することができる．図 2.15 にナノ赤外分光システムの模式図を示す[20]．ZnSe プリズム上におかれた試料の分子吸収を促すためにパルスレーザーを使用している．赤外光は通常の全反射吸収スペクトルと同様にトータル内部反射により試料に照射される．試料が光を吸収すると熱を発生し急速な熱膨張を導く．そしてカンチレバーの共鳴振動を刺激し，誘導振動は特有なリングダウン減衰を示す．リングダウンによる振動の振幅と周波数変化からフーリエ変換にてスペクトルがえられる．カンチレバー振幅の振幅測定は波長を関数とした局所吸収スペクトルに関連し，リングダウンの振動周波数は試料の機械的硬さ特性に関連する．赤外光は単一波長測定にも切り換えられるため，試料表面トポグラフ，機械的特性および選択された吸収帯での赤外吸収スペクトルを同時に観測することができる．

図 2.16 にナノ赤外システムによる多層フィルムのトポグラフ，化学的，機械的および熱特性の測定例を示す．C-H と N-H 吸収バンドが境界部分で明瞭に観測されている．図 2.17 にはナノ赤外システムでえられた赤外スペクトルを示す．nanoIR でえられたナノスケール領域のスペクトルは通常の FT-IR によるバルク試料の結果と一致する．nanoIR システムの空間分解能は数十 nm である．

最近の文献では，ナノ赤外によるポリカーボネート（PC）/ポリアクリロニトリル-ブタジエン-スチレン（ABS）ブレンド材料のナノ構造と題して AFM-IR を用いて，PC/ABS ポリマーブレンドの構造解析に適用している．40 nm の微小な軟質ポリブタジエン相を含む耐衝撃性や成形性などに優れたポリマーブレンドであることを明らかにしている[20]．

2.1.4 赤外分光法による高分子添加剤の状態分析例

自動車バンパーなどの外装材としてポリプロピレン系の材料が使用されている．屋外で長期間曝されることから紫外線吸収剤や光安定剤（ヒンダードアミン系の高分子量化合物）が添加されている．自動車バンパー射出成形品の表面に析出した試料のFT-IR スペクトルを図 2.18 に示す．図 2.18 の FT-IR スペクトルはヒンダードアミン系光安定剤 Sanol LS-770 と滑剤であるステアリン酸との塩である．すなわちポリプロピレン系材料には内部滑剤としてステアリン酸が添加されており，ヒンダードアミン系光安定剤 Sanol LS-770 を添加した系では両者の反応により塩が生成したもの

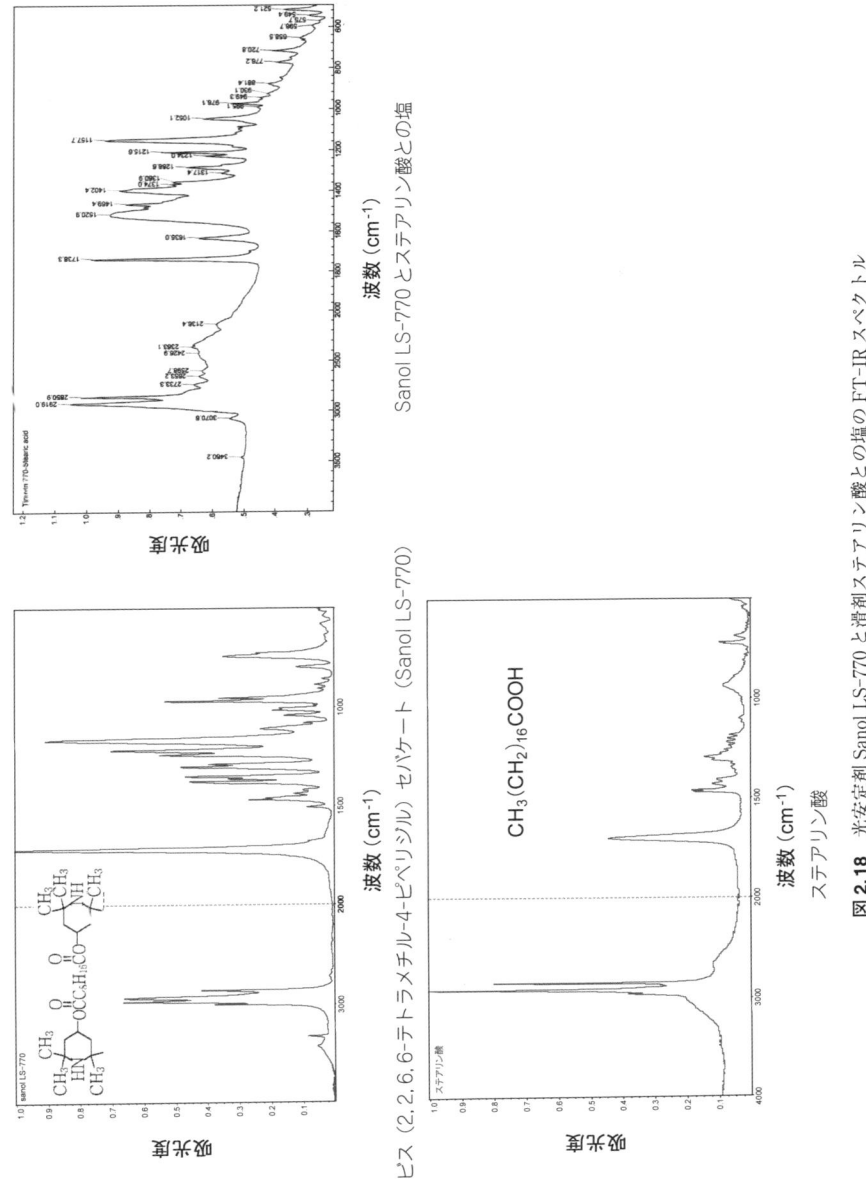

図 2.18 光安定剤 Sanol LS-770 と精製ステアリン酸との塩の FT-IR スペクトル

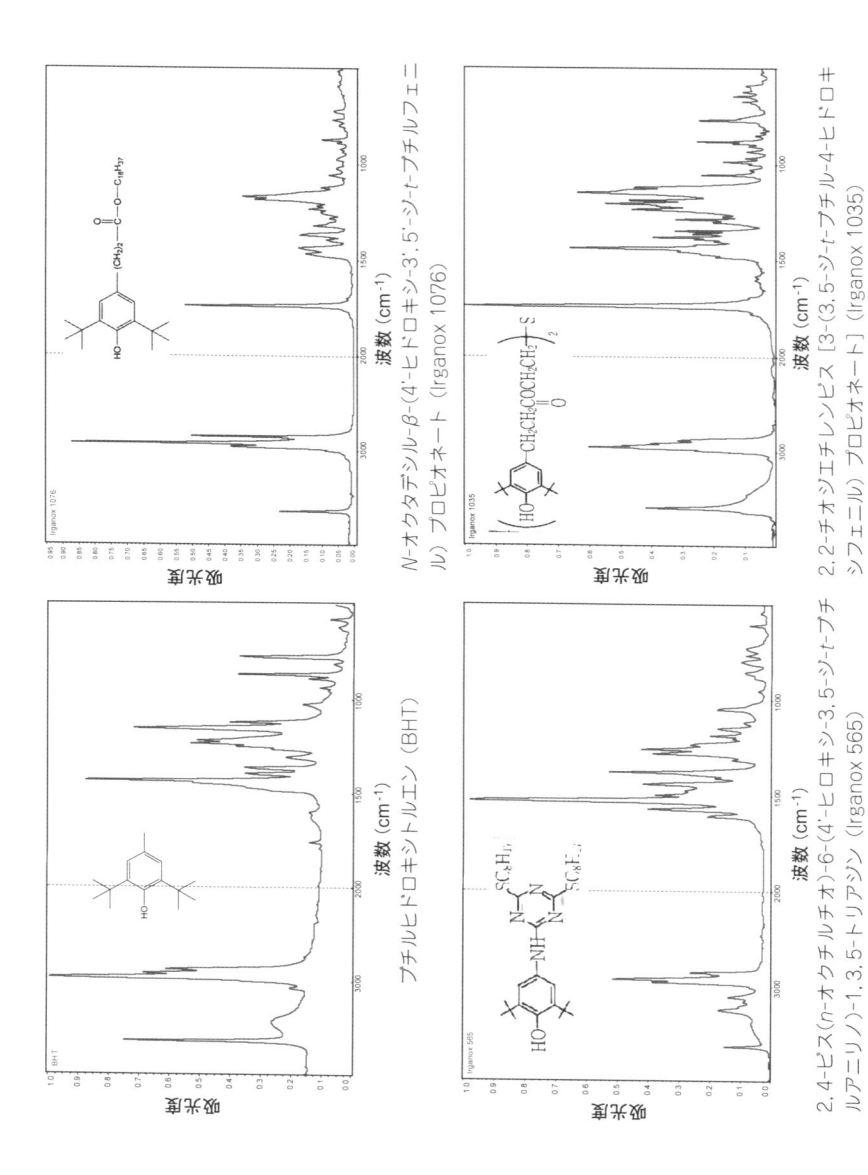

図 2.19 代表的な酸化防止剤の赤外吸収スペクトル

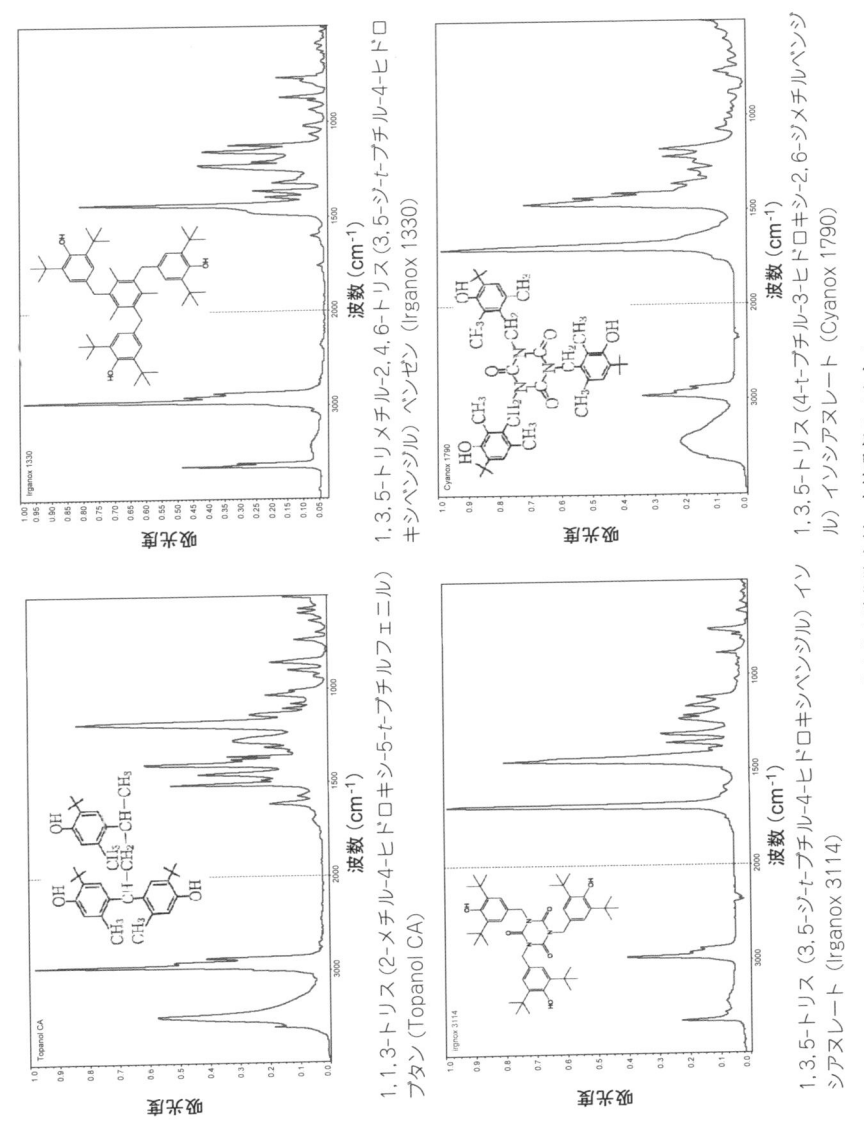

図 2.20 代表的な酸化防止剤の赤外吸収スペクトル

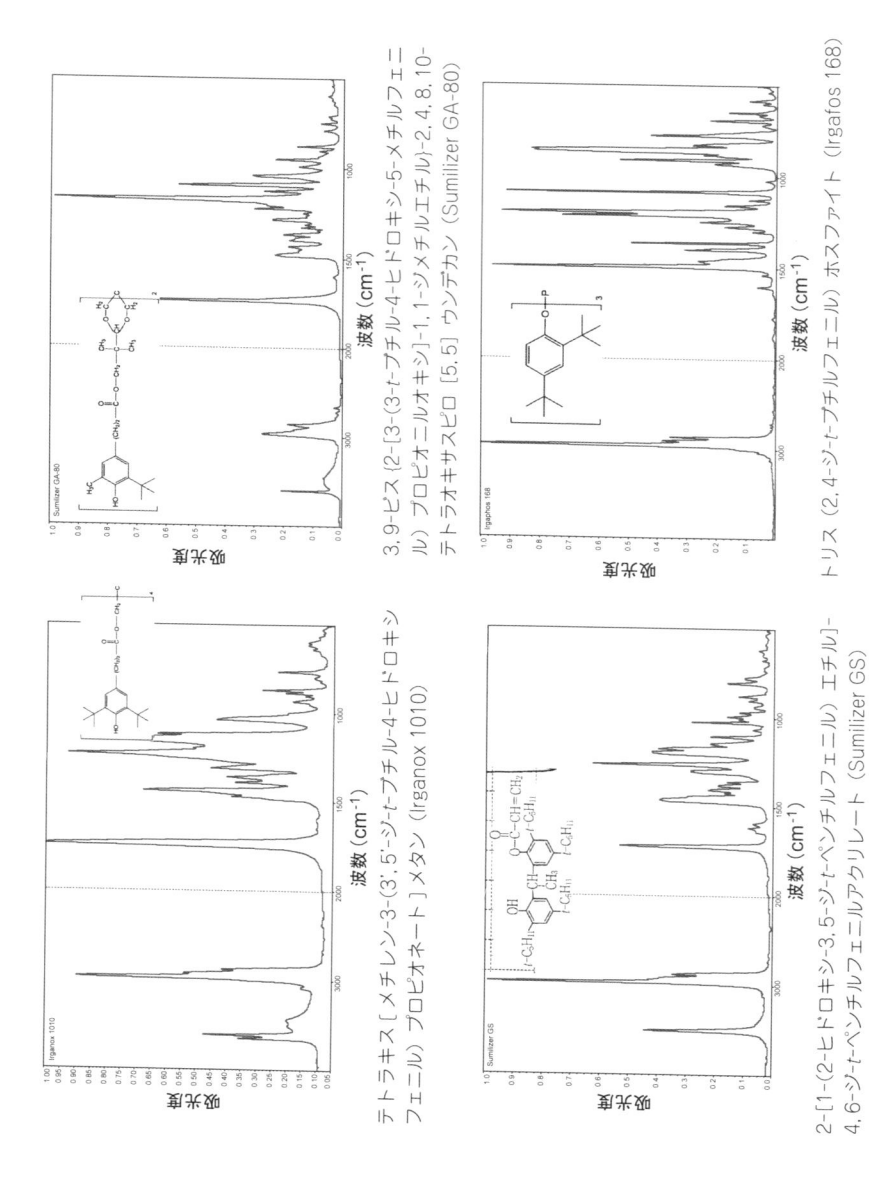

2. 添加剤分析に使用する測定方法

図 2.21 代表的な酸化防止剤の赤外吸収スペクトル

テトラキス[メチレン-3-(3′,5′-ジ-t-ブチル-4-ヒドロキシフェニル) プロピオネート]メタン (Irganox 1010)

2-[1-(2-ヒドロキシ-3,5-ジ-t-ペンチルフェニル) エチル]-4,6-ジ-t-ペンチルフェニルアクリレート (Sumilizer GS)

3,9-ビス{2-[3-(3-t-ブチル-4-ヒドロキシ-5-メチルフェニル) プロピオニルオキシ]-1,1-ジメチルエチル}-2,4,8,10-テトラオキサスピロ[5.5] ウンデカン (Sumilizer GA-80)

トリス (2,4-ジ-t-ブチルフェニル) ホスファイト (Irgafos 168)

2.1 赤外分光法

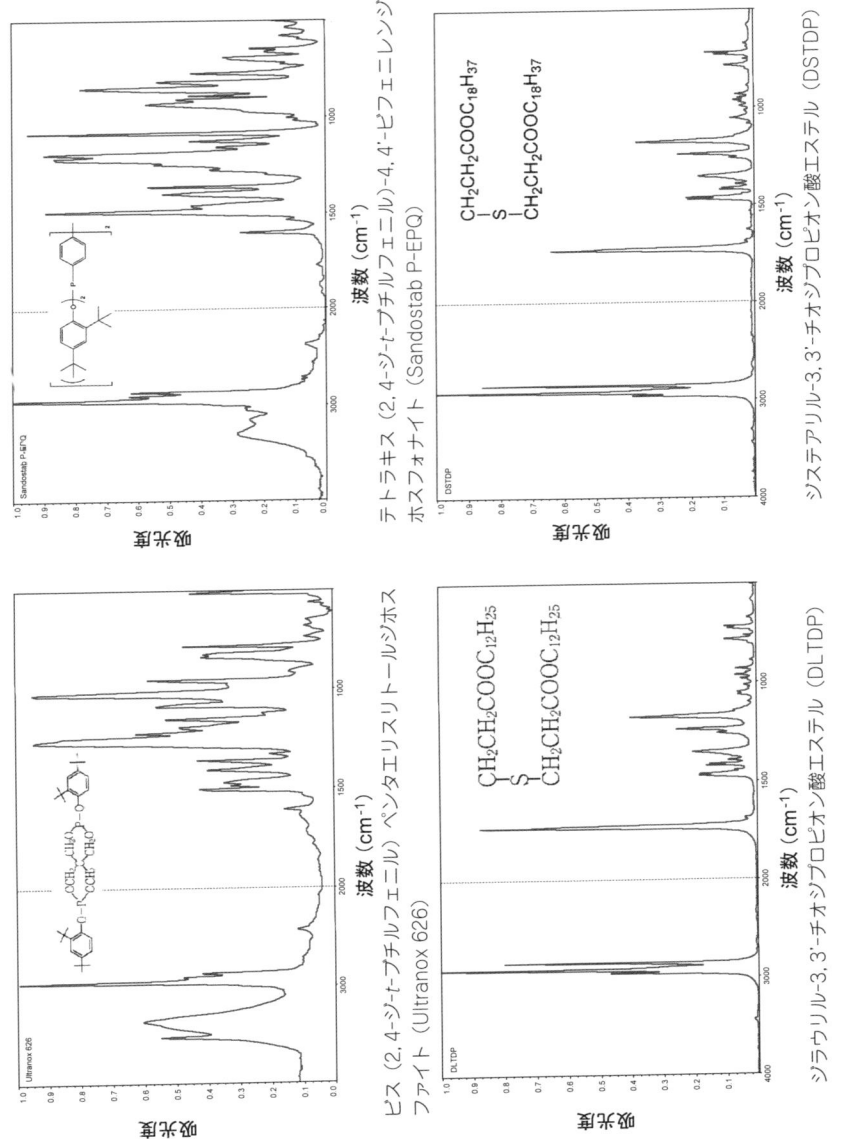

図 2.22 代表的な酸化防止剤の赤外吸収スペクトル

ビス(2,4-ジ-t-ブチルフェニル)ペンタエリスリトールジホスファイト (Ultranox 626)

テトラキス(2,4-ジ-t-ブチルフェニル)-4,4'-ビフェニレンジホスフォナイト (Sandostab P-EPQ)

ジラウリル-3,3'-チオジプロピオン酸エステル (DLTDP)

ジステアリル-3,3'-チオジプロピオン酸エステル (DSTDP)

と推定された．またポリプロピレン系材料には安定剤としてステアリン酸カルシウムが添加される場合があり，この場合でも同様な反応により，塩が生成する可能性がある．

2.1.5 酸化防止剤の赤外吸収スペクトル

代表的な酸化防止剤の赤外吸収スペクトルを図2.19～図2.22に示す．

【西岡利勝】

参考文献

1) 田中誠之，寺前紀夫：赤外分光法，p.6，共立出版，1993．
2) 錦田晃一：顕微赤外・顕微ラマン分光法の基礎と応用（西岡利勝，錦田晃一，寺前紀夫編），pp.8-9，技術情報協会，2008．
3) R. N. Jones : *NRC Bulletin*, No. 6, Chart I & II, National Research Council, Ottawa, Canada, 1959.
4) D. Lin-Vien, N. B. Colthup, W. G. Fateley and J. G. Grasselli : The Handbook of Infrared and Raman Characteristic Frequencies of Organic Molecules, Academic Press, 1991.
5) 高山　森：高分子分析ハンドブック（日本分析化学会高分子分析研究懇談会編），p.148，朝倉書店，2008．
6) 田中誠之，寺前紀夫：赤外分光法，p.26，p.37，共立出版，1993．
7) 田中誠之，寺前紀夫：赤外分光法，pp.62-63，共立出版，1993．
8) M. Kobayashi, T. Nakaoki and N. Ishihara : *Macromolecules*, **22**, 4377, 1989.
9) 西岡利勝：出光技法，**38**(3)，85-92，1995．
10) T. Nishioka, Y. Tanaka, K. Kume, K. Satoh, N. Teramae and Y. Gohshi : *J. Appl. Polym. Sci.*, **49**, 711, 1993.
11) 正田訓弘，片桐　元，石田英之：第43回日本分析化学会年会講演要旨集，2E05，1994．
12) M. A. Harthcock and S. C. Atkin : Infrared Microspectroscopy : Theory and Application, Marcel Dekker (R. G. Messerschmidt, M. A. Harthcock, eds.), p.21, 1988.
13) 西岡利勝：分析化学，**40**，T21，1991．
14) 西岡利勝：顕微赤外分光法（西岡利勝，寺前紀夫編），p.131，アイピーシー，2003．
15) T. Nishioka, M. Oota, Y. Kaneko, K. Tanaka, K. Nakacho and Y. Ikemoto : SPring-8 User Experiment Report, No. 12, p. 222, 2003B.
16) 高澤信明，白澤　淳，林　知征，方城康利，鈴木　寛：第346回高分子研究懇談会講演要旨集，2009．
17) T. Nishioka, K. Katayama, S. Tanase, M. Oota, K. Tanaka, T. Konakazawa and Y. Ikemoto : Modeling of Particle Growth and Composition Distribution in the Gas Phase Copolymerization of Propylene and Ethylene using Synchrotron Infrared Microspectroscopy Imaging, 4th International Workshop on Infrared Microscopy and Spectroscopy with Accelerator Based Sources (WIRMS2007), p. 131, Program & Abstracts, 2007.
18) 片山清和，棚瀬省二朗，大田正勝，田中健吉，小中澤岳仁，石原伸英，池本夕佳，西岡利勝：シンクロトロン放射光を光源とした顕微赤外イメージングによるハイインパクトポリプロピレン粒子内の組成分布分析，分析化学，**59**，531，2010．
19) C. Mayet, A. Dazzi, R. Prazeres, J. M. Ortega and D. Jaillard : *Analyst*, **1-7**, 2010.
20) ㈱日本サーマル・コンサルティング技術資料，2010．
21) Jiping Ye, Hiromi Midorikawa, Tadashi Awatani, Curtis Marcott, Michael Lo, Kevin Kjoller

and Roshan Shetty : Nanoscale Infrared Spectroscopy and AFM Imaging of a Polycarbonate/Acrylonitrile-Styrene/butadiene Blend, Microscopy and Analysis SPM issue April, p. 24, 2012.
22) Nicolet 6700 FT-IR サーモフィッシャーサイエンティフィック社製.
23) R. N. Jones : *NRC Bulletin*, No. 6 Chart III & IV, National Research Council, Ottawa, Canada, 1959.
24) R. N. Jones : *NRC Bulletin*, No. 6 Chart V & VI, National Research Council, Ottawa, Canada, 1959.

2.2 ラマン分光法

2.2.1 測定の原理とえられる情報

ラマン分光法は赤外吸収法と同様に，分子や結晶の振動モードを測定する手法であり，振動分光法の1つである．ラマン分光法からは試料の化学構造，結晶構造，官能基，配向，結晶性，コンホメーションなど多様な情報をえることができ，高分子材料に関しても古くから多くの応用例がある[1)〜3),5)].

振動数 ν で振動している分子にレーザー光などの単色光（振動数 ν_0）を照射すると，照射光と同じ振動数の ν_0 のレーリー散乱光，および振動数が $\nu_0 \pm \nu$ のラマン散乱光が生ずる（図2.23）．ラマン散乱光のうち $\nu_0+\nu$ のものをアンチストークス線，$\nu_0-\nu$ のものをストークス線とよぶ．通常はストークス線について，その強度を縦軸に，照射光からのエネルギーのシフト（ラマンシフト）を横軸として表示したものをラマンスペクトルという．ラマンシフトは物質の振動モードのエネルギーに対応していることから，ラマンスペクトルは赤外吸収（infrared : IR）スペクトルと同様の振動スペクトルであり，スペクトルのパターンにより化合物を同定したり，ラマンバンドの位置や形状，強度比などにより，物質の結晶性や配向など状態に関する知見をえることができる．

赤外吸収が分子振動にともなう双極子モーメントの変化により生ずるのに対し，ラ

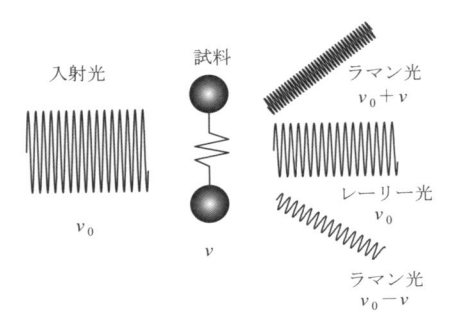

図 2.23 ラマン散乱の原理

マン散乱は分子振動にともなう分極率の変化により生ずるため,一般にIRスペクトルとラマンスペクトルは互いに補助的であり,同一の物質でも全く異なったパターンを示す.特に対称中心のある分子や結晶ではIR活性（不活性）な振動モードはラマン不活性（活性）であるという交互禁制律が成立し,物質によりIRスペクトルとラマンスペクトルを使い分けることが必要な場合がある.

えられるラマンスペクトルは縦軸にラマン散乱強度,横軸に励起光のエネルギーからのシフト（ラマンシフト）をとる.光学配置やレーザー光の照射強度などによって,ラマン散乱強度の絶対値は大きく変化するため,ラマンスペクトルの縦軸は任意軸（arb. unit）として表記することが多い.横軸には波数（wavenumber, cm）を用いる.従来は赤外吸収スペクトルとの対比から,波数を右から左に大きくなるように表記することが多かったが,最近では,左から右に大きくなる表記も一般的である.えられたラマンスペクトルのピークのことを"ラマンバンド"とよぶ.ラマンバンドは分子の振動モードや結晶振動に対応しており,バンド位置やバンド形状は分子構造を反映してさまざまに変化する.

2.2.2 実際の測定法

ラマン分光装置は学術用途に用いられるきわめて特殊なものを含めると,非常に多岐にわたっている.ここでは一般に市販されている連続発振（continuous wave：cw）レーザーを用いたラマン分光装置と実際の測定方法に限定する.

a. 装置構成

ラマンスペクトルの測定はレーザーを光源とし,散乱光を分光器により検出することにより行う.ラマン分光器は基本的には,レーザー光源,試料室,分光器,検出器およびデータ処理用のコンピュータから構成されている.ラマン分光器の代表的な構成を図2.24に示す.

励起光源としてはAr^+レーザー（514.5, 488.0, 457.9 nm）やHe-Neレーザー（632.8 nm）が一般的である.また,近赤外や紫外レーザーが用いられることもある.さまざまな励起光が用いられる理由はおもに2つある.1つは励起エネルギーを試料の電子励起エネルギーと一致させることによって共鳴効果を起こし,ラマン散乱強度を増大させたり,電子励起状態の構造をスペクトルに反映させたりするためである.もう1つは,試料に蛍光物質が含まれる場合にその発光領域を避けてラマンスペクトルを測定するためである.

試料室はマクロサンプル室と顕微サンプル室に分かれている.通常,マクロモードの空間分解能は100～500 μm程度であり,顕微モードの空間分解能は1～30 μm程度である.試料に合わせて適切なモードを選択することができる.

検出器にはCCD（charge coupled device）が主として用いられる.CCD検出器は

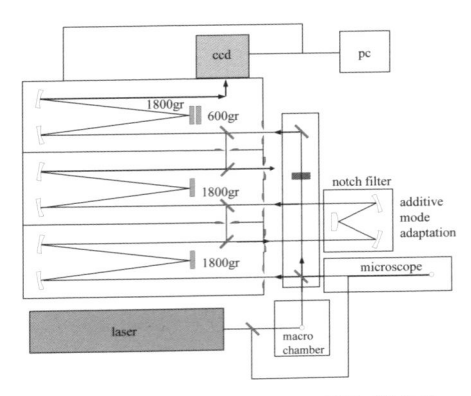

図 2.24 ラマン分光装置の光学配置図（堀場ジョバンイボン社製/T64000）

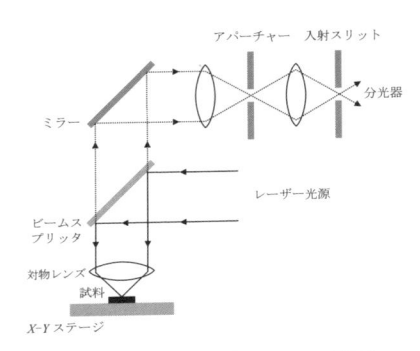

図 2.25 一般的な顕微ラマンの光学系

いわゆるマルチチャンネル検出器であり，ある程度の領域のスペクトルを一度に測定することができる．近年のラマン分析装置の進歩はこの CCD 検出器の進歩に負うところが大きく，従来の光電子倍増管では考えられないほど短時間に良質のスペクトルをえることができるようになった．

b. 顕微ラマン分光装置

顕微ラマン分光装置は，光学顕微鏡とラマン分光器とを組み合わせた装置である[6),7)]．図 2.25 に一般的な顕微ラマン光学系の概略図を示す．レーザー光はビームスプリッタで反射され光学顕微鏡用の対物レンズで 1 μm 程度のビーム径で試料に照射される．試料からのラマン散乱光は同じ対物レンズによって集光され，ビームスプリッタ，アパーチャーを通って分光器に入射する．試料ステージには，通常 X-Y 電動ステージが用いられており，ライン分析やマッピング測定が可能になっている．顕微ラマンでは反射光が直接検出器に入射することになるため，迷光除去能力の高いダブルモノクロメータやトリプルモノクロメータ，あるいは強いレーリー散乱光を遮断するノッチフィルタやエッジフィルタが用いられている．検出器には高感度でノイズレベルの低い CCD 検出器が広く普及している．誘電体多層膜を用いた高精度のノッチフィルタと高感度 CCD 検出器の開発により，安価で高感度なシングル分光器を用いた装置が開発されたことが，顕微ラマンの普及に大きく貢献している．顕微ラマンの最大の特徴はその空間分解能の高さにある．レーザー光をレンズによって集光する場合，そのビーム径は理論的にレンズ径が有限なために起こる光の回折現象で決まってしまう．レンズの開口部分に平行光が入射した場合，回折現象によって中央のスポットと同心円からなるエアリー像が焦点面にできる．回折光の強度が最初に 0 になる点を中央のスポット径と考えると，その半径 d は次式で与えられる[8)]．

$$d \approx \frac{0.610\lambda}{a} \tag{2.1}$$

ここで，λ はレーザーの波長であり，a は用いたレンズの開口数である．この半径はレーリー限界とよばれ，光学顕微鏡の空間分解能の限界とされている．理論的には $2d$ が顕微ラマン分光法のビーム径ということになる．したがって，顕微ラマン分光法の空間分解能は，入射光の波長が短いほど，また用いる対物レンズの開口数が大きいほど大きくなる．100倍の対物レンズ（$a=0.9$）を用いて Ar^+ レーザーの 514.5 nm の発振線により測定する場合，ビーム径は $2d \approx 0.70$ μm となる．ただし，これはあくまで理想的な場合の空間分解能であり，試料測定時の実質的な空間分解能は，試料の吸収係数や形態に大きく影響される．一般的に吸収係数が小さい透明試料では，試料内部への光の侵入深さが大きくなり，吸収係数の大きな試料と比べると空間分解能は低くなってしまう．

c. 測定の条件設定

条件設定としてのおもなキーポイントは次のとおりである．ラマン散乱は入射されるレーザ光よりもはるかに微弱であり，装置調整と条件設定がきわめて重要である[9]．

1) 測定モードの選択　平均的な情報がえたい場合や液体試料などではマクロモード（空間分解能 100〜500 μm）を，微小部の測定には顕微ラマン（空間分解能〜1 μm）を用いる．また，低波数領域を測定するためには，トリプル分光器を用いる必要がある．また，要求されるスペクトルの分解能に合わせて，グレーティングの刻線数を選択する．

2) 励起波長の選択　上述したように励起波長の選択は共鳴ラマン効果や蛍光の除去などの観点から重要である．ただし，励起波長が異なる場合には，グレーティングやノッチフィルタ，検出器などの光学素子の分光特性が変化するので，スペクトルの相対強度が変化することを考慮して解析する必要がある．

3) 照射系と検出系の光路調整　反射ミラーの角度や照射レンズ，集光レンズの位置を調整して光路調整を行う．通常のラマン分析装置はテレビモニターでレーザーの照射位置が確認できるようになっている．大まかにレーザー照射位置を調整したあとは，シリコン基板など比較的ラマン散乱強度が大きく，表面の粗さの小さい試料を用いて，リアルタイムで測定しながらラマンバンドが最大になるようにレーザースポットの位置調整を行う．

4) 波数校正　ラマンスペクトルでは回折格子の駆動時のバックラッシュや測定環境の変化などにより横軸（波数）の絶対値は微妙に異なってくる．波数位置の絶対値を議論するさいには波数校正は必須であり，より厳密な測定には波数校正用の輝線も同時に測定しておく．波数校正には低圧水銀灯やネオン管などの輝線，励起レーザー光そのものや誘導放出線などを用いることができる．

5） レーザー照射強度　液体など透明な試料ではあまり問題にならないが，着色試料や顕微モードなどではレーザーによって試料がダメージを受けてしまう．このような場合，レーザーの照射強度は可能な限り小さくする．ただし，小さくしすぎると長時間積算しても良好なS/Nで測定することは難しくなる．ダメージが懸念される場合には，照射強度を変更しスペクトルが変化しないことを確認しておく必要がある．

6） 露光時間と積算回数　露光時間や積算回数を長くとることによってスペクトルのS/Nは向上する．検出器の信号読み取りによる電気ノイズの影響があるため，同一の測定時間であれば，露光時間をできる限り長くとることが望ましい．

2.2.3　データとその解釈

ラマン分光法は，非常に自由度の大きい手法であり，ラマン分光法の高分子および高分子材料への応用は多岐にわたっている．ここでは，ラマン分光法の高分子材料へ適用した場合にえられる情報や事例について述べる．

a.　ラマン分光法による組成分析

赤外吸収スペクトルと同様に，官能基や分子構造によってラマンバンドの出現する位置はおおよそ定まっており，グループ振動の考え方からどのような官能基や構造が存在しているのかを調べることが可能である．また，スペクトルパターンはそれぞれの物質に対して固有のものであり，スペクトルパターンの照合により物質の特定が可能なケースもある．特に，顕微ラマンを用いた場合，1 µm程度の微小部の測定が可能なことから，空間分解能を生かして，微小部分の組成分析などに応用されている．ただし，ラマン分光法による組成分析には，①蛍光などの問題で測定できない場合がある，②標準スペクトルが少ない，③物質による感度差が著しい，④骨格に比べて側鎖・官能基の強度が小さい，などの問題がある．すべての場合で適用できるわけではないことに注意する必要がある．

b.　ラマン分光法による高分子の配向解析

赤外2色性と同様に，ラマンバンド強度の異方性から，高分子の配向解析を行うことが可能である[10]．レーザーラマン分光法は，空間分解能が高いことや，赤外分光法のようにサンプリングする必要がなく，試料形態の制限が少ないなど，高分子の配向解析に有利である．一例として，PET（poly-(ethylene terephthalate)）の配向解析を行った事例を紹介する．1615 cm^{-1}付近のラマンバンドはベンゼン環のC=C伸縮振動（νC=C）に帰属される[11]．このモードのラマンテンソルの長軸はほぼ分子鎖方向に向いている．延伸倍率の異なる一軸延伸PETフィルムについてラマンスペクトルから求めた配向パラメータと高分子の配向の尺度として頻繁に用いられる複屈折率（Δn）との比較を行った．延伸軸方向とそれに垂直な方向で測定した偏光ラマンスペ

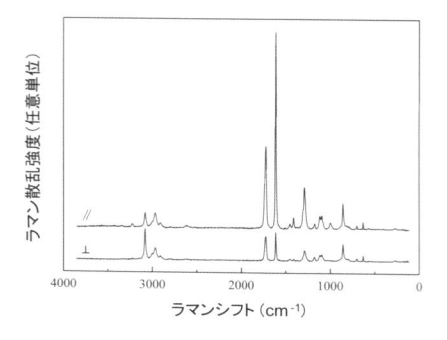

図 2.26 一軸延伸したポリエチレンテレフタレートフィルムの偏光ラマンスペクトル[4]. ∥ は延伸方向に平行な偏光配置で測定, ⊥ は延伸方向に垂直な偏光配置で測定.

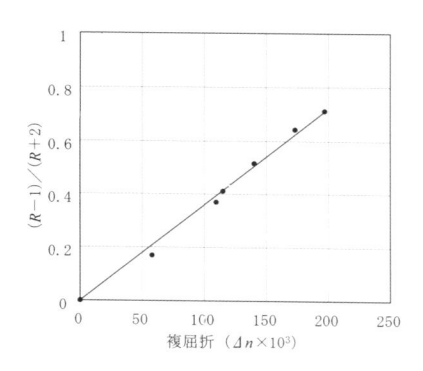

図 2.27 一軸延伸したポリエチレンテレフタレートフィルムのラマンバンド配向パラメータと複屈折のの関係[4]

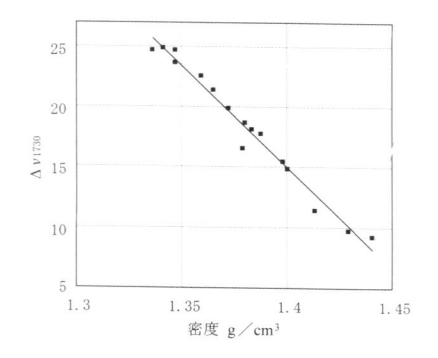

図 2.28 ポリエチレンテレフタレートの $1730\,\mathrm{cm}^{-1}$ 付近のラマンバンドの半値幅と密度の関係[4]

クトルを図 2.26 に示す. ラマンバンド絶対強度比 $R = I_{YY}/I_{XX}$ から求めた, 配向パラメータ $(R-1)/(R+2)$ と Δn との関係を図 2.27 に示す. Δn とラマンバンドから求めた配向パラメータとはほぼ比例する関係にあることがわかる. 異方性の大きなラマンバンドの場合には, 赤外 2 色性と同様に, 配向パラメータ $(R-1)/(R+2)$ は分子配向を表現するパラメータ $\langle P_2(\theta) \rangle$ にほぼ比例する. ラマンスペクトルを用いて, PET の定量的な配向解析が行える.

c. ラマン分光法による高分子の結晶性解析

PET や Nylon などの結晶性ポリマーは, 製造過程の条件によって結晶性が変化することが知られている. ラマンスペクトルではポリマーの結晶性の変化に対応して,

バンドの強度や半値幅が変化する場合がある．PET の 1730 cm^{-1} 付近のラマンバンドは結晶性によって半値幅が変化する好例であり，古くから密度との相関が知られている[12]．図 2.28 に種々の PET 材料について求められた半値幅と密度との関係を示す．ほぼ直線的な相関がえられており，ラマンバンドの半値幅から PET の結晶性が評価可能であることがわかる．ラマンバンドに幅が生じる原因には単一の分子が本質的に有している幅，いわゆる均一幅と，分子間の環境の違いによってバンド位置が変化するために生じる幅，不均一幅とがある．ラマンバンドが結晶性によって変化する理由は，不均一幅が結晶化度によって変化するためである．非晶の場合，分子鎖はゴーシュやトランスなどさまざまなコンホメーション，分子間の相互作用をとっており，それに対応してモードの振動数も分布している．この分布がラマンバンドの幅となって観測されると考えることができる．一方，結晶化度が高くなると，それぞれの分子のコンホメーションは揃ってくる．対応する振動数も均一になるため，バンド幅が小さくなると考えられる．ただし，ラマン分光法による結晶性の評価はあくまで現象論的なものであり，絶対的に結晶性を議論できるわけではないことに注意する必要がある．

d. 顕微ラマン分光法（共焦点光学系を用いた深さ方向の組成分析）

顕微ラマンは，高分子の微小領域の組成分析，構造解析に威力を発揮する．特に，ラマン分光法は赤外分光法のように試料の形状によるスペクトルの歪みがなく，微小なバンド位置や半値幅を計測する必要のある高次構造解析に大きな威力を発揮する．通常，顕微ラマン分光装置は分光器の手前にアパーチャーが設置されている．アパーチャーをピンホールとすることによって容易に共焦点光学系を実現できる．この場合，試料の焦点外から発生するラマン散乱光はピンホールで焦点を結ばずに排除されるため，深さ方向の空間分解能が飛躍的に上昇する[13),14)]（図 2.29）．共焦点光学系では，焦点位置を内部にずらしていくことによって，特定深度の情報をえることが可能になる．この方法はオプティカルセクショニングとよばれており，ポリマー多層膜の分析

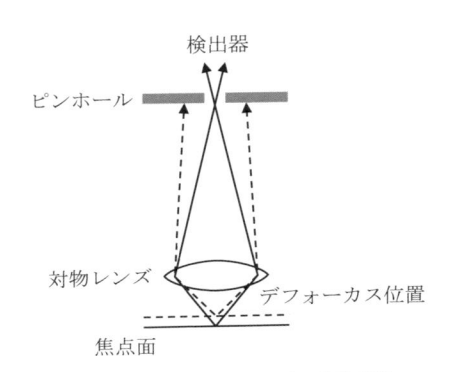

図 2.29 共焦点光学顕微鏡の光学配置

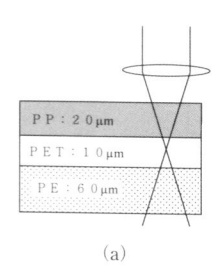

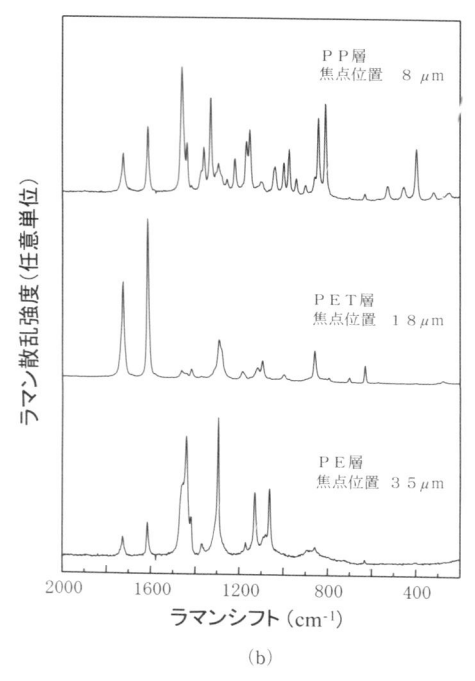

図 2.30 共焦点光学系を用いた食品用多層フィルムの深さ方向分析[4]

や,生体試料の in-situ 測定などさまざまな応用例がある.図 2.30 に食品用ポリマー多層フィルムについて,共焦点光学系を用いて各層のラマンスペクトルを測定した事例を示す.

e. 顕微ラマンによる高分子の結晶性・配向性解析

一例として,PET ボトルについて厚さ方向の配向度,結晶化度分布を評価した結果を紹介する.測定は PET ミニボトルの上部,側面部,下部について行った(図 2.31).配向性の評価には $1615\ \mathrm{cm}^{-1}$ 付近のベンゼン環 C=C 伸縮振動モードを用い,ボトル

の縦方向と,厚さ方向の偏光ラマンスペクトルの強度比を用いた.結晶性の評価には,上述した1730 cm^{-1}付近のカルボニルモードの半値幅を用いた.厚さ方向の配向度,結晶化度分布についてそれぞれ図 2.32(a),(b) に示す[15].

測定結果によると,ボトルの厚さ方向の配向度,結晶化度は内側と外側で異なっており,大きな傾斜構造をもっていることがわかる.また,各部位における配向度分布はそれぞれ異なっている.配向分布についてはすべての部位について,内側のほうが外側に比べて配向度が高い傾向にある.ただし,側面部,上部,底部の順で配向度が大きくなっており,特に配向度の大きな底部では表面付近で配向度が上昇していることがわかる.

興味深いのは結晶化度の分布である.側面部と底部では外側で結晶化度が上昇する傾向にあるのに対して,上部では内側のほうで結晶化度が高い.つまり,側面部と底部は配向度と結晶化度が逆相関の関係にあるが,上部のみ正の相関が認められる.こ

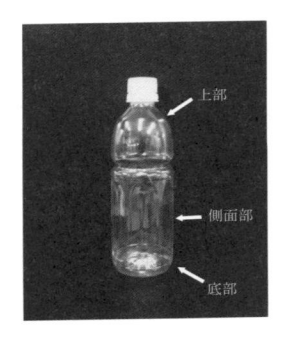

図 2.31 ペットボトルと測定場所[4]

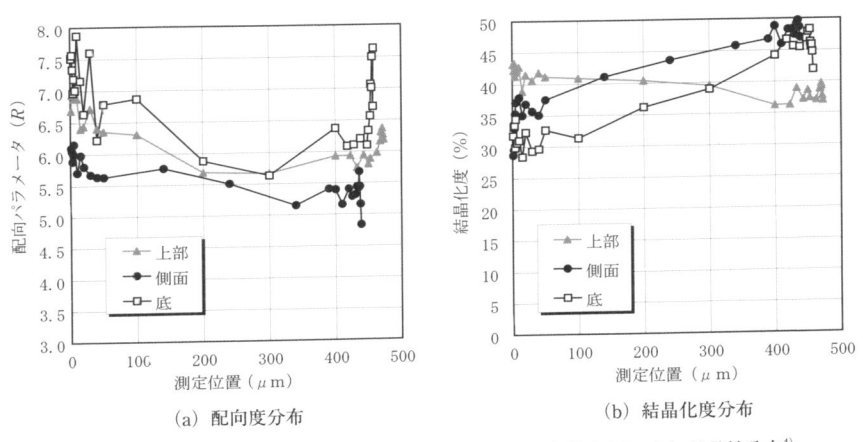

図 2.32 ペットボトル各測定位置の深さ方向の (a) 配向性分布と (b) 結晶性分布[4]

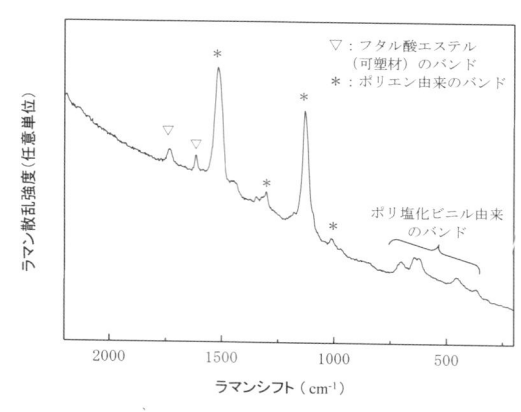

図 2.33 劣化したポリ塩化ビニルのラマンスペクトル[4]

のような結晶化度と配向度分布の違いはブロー成形加工時の延伸挙動や熱履歴挙動と関連があると推定され興味深い現象である.

f. 共鳴ラマン分光法の利用

ラマン分光法の特徴の1つが着色物に対する共鳴ラマン効果を用いた高感度・高選択性分析である. 上述したように, 共鳴ラマンによる感度増強効果は非常に大きいため, 高分子材料中にわずかに含まれる微量な着色成分を選択的に分析することが可能である. 一例として, 劣化したポリ塩化ビニル (PVC) 中に存在するポリエン構造をラマンスペクトルで測定した事例を示す (図2.33). 1530 cm^{-1} と 1100 cm^{-1} 付近のラマンバンドが PVC からの脱塩酸反応により生成したポリエン構造に由来するラマンバンドである. また, 高分子そのものが可視域に電子遷移を有するような導電性高分子などは, それ自体のラマンスペクトルが増強される. 数 nm 程度の極薄膜でもラマンスペクトルの測定が可能になるなど高感度の分析が可能になる.

g. 二次元ラマン相関分光法によるアタクチックポリスチレン (PS) とポリ (2,6-ジメチル-1,4-フェニレンエーテル) (PPE) 混合物の立体配座変化と相互作用[16]

一般化二次元ラマン相関分光法をポリマーアロイの相溶化研究へ応用した例を紹介する. 相溶系である PS/PPE アロイの立体配座および相互作用の解析を行った.

PS と PPE およびそれらの異なった組成物 PS/PPE = 90/10, 70/30, 50/50, 30/70, 10/90 の FT-ラマンスペクトルを測定した. 混合物の組成に依存したスペクトル変化は一般化二次元相関分光法により解析し, 混合物の立体配座変化および特殊な相互作用を調べた. 二次元同時相関解析は PS バンドと PPE バンドを区別することができ, そして PS と PPE の一次元スペクトルではほとんど定性ができないようなバンドを

検出することができる．PSの主鎖の立体配座はPPEと混合したとき劇的な変化をへる．メチレン骨格振動に由来する1448 cm^{-1}と1329 cm^{-1}バンドおよびC-C伸縮振動に由来する1070 cm^{-1}バンドの異常な挙動に反映している．

二次元異時相関解析はセットA（PS含有量が高い組み合わせ：PS/PPE＝100/0, 90/10, 70/30）とセットB（PPE含有量が高い組み合わせ：PS/PPE＝50/50, 30/70, 10/90）において逆の傾向を示した多くの面外バンド変化を示す．PPEに由来する1614, 1590, 1378, 1305, 1131, 1112, 1093, 1004, 572および241 cm^{-1}バンドとPSに由来する1602, 1031, 1000および202 cm^{-1}バンドはセットAとセットBに共通の特殊な相互作用を暗示することがわかった．セットAまたはセットBにおける特別な分子相互作用に注目すべきバンドはセットAでは1606 cm^{-1}そしてセットBでは1309 cm^{-1}バンドであることを示した．PSとPPEのフェニル環のみならずPSの芳香環とPPEのメチル基が混合物の生成において重要な役割を果たしていることが異時相関スペクトルからわかった．

確立した技術はポリマーアロイの開発研究において，相溶化評価技術の1つとして振動スペクトルの二次元相関解析が有効であることを実用試料で実証した．PS,

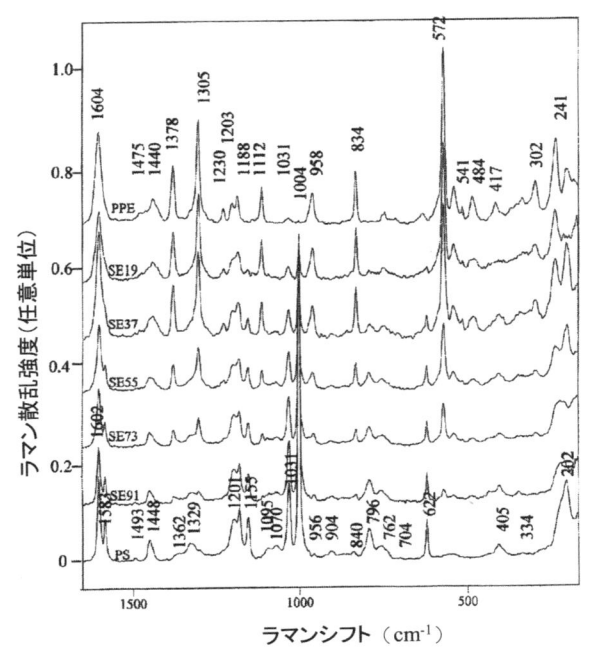

図 **2.34** PS, PPEおよびそれらの混合物のFT-ラマンスペクトル (PS/PPE ＝ 90/10, 70/30, 50/50, 30/70, 10/90)[16)]

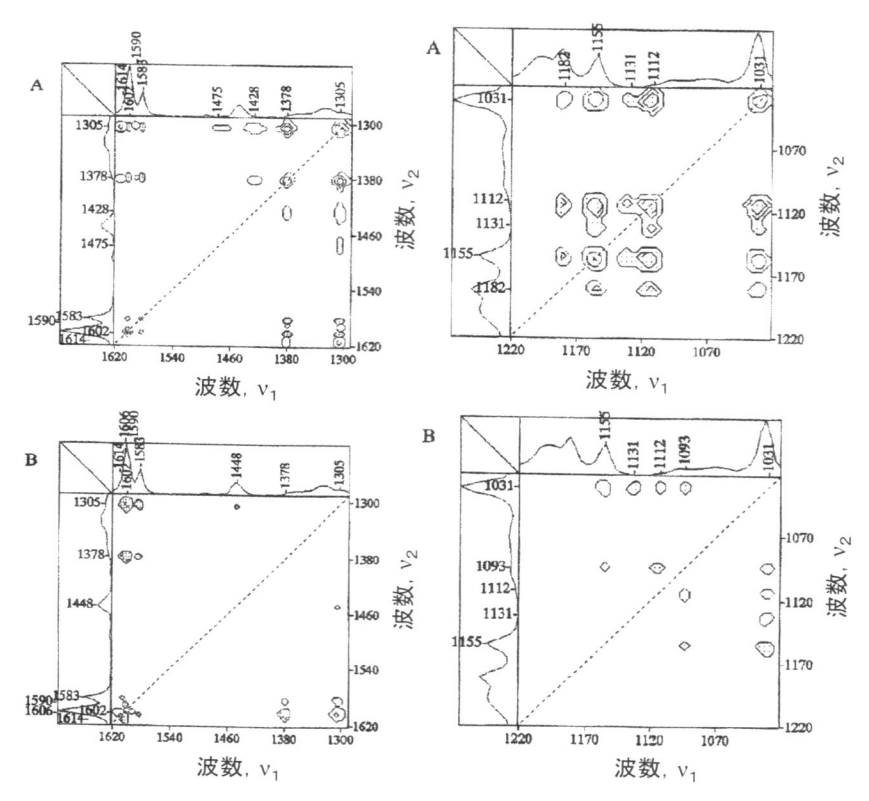

図 2.35 セット A（PS/PPE＝100/0, 90/10, 70/30）から構成した 1620〜1290 cm^{-1} および 1220〜1020 cm^{-1} 領域の同時および異時二次元 FT-ラマン相関スペクトル[16]

PPE およびそれらの混合物の FT-ラマンスペクトルを図 2.34 に示す．図 2.35 にセット A（PS/PPE＝100/0, 90/10, 70/30）から構成した 1620〜1290 cm^{-1} および 1220〜1020 cm^{-1} 領域の同時および異時二次元 FT-ラマン相関スペクトルを示す．

h. 顕微ラマン分光法の添加剤分析への応用

パソコンのハウジングや複写機部品などの材料にポリカーボネート（PC）組成物が使用されている．顕微ラマン分光法の応用として複写機の部品を射出成形した成形品表層部に微小な異物が混入し不良率が大きくなった一例を示す．図 2.36 に PC 組成物表層部の黒筋（微小黒色物）の分析結果を示す．黒筋は実体顕微鏡観察から 1 µm 程度の微小黒色物の集合体であり，試料の切削とウルトラミクロトームによる面出しにより顕微ラマン分析に供した．微小黒色物の顕微ラマンスペクトルから，微小黒色物はアモルファスカーボンと酸化チタンとの混合物であることがわかった．酸

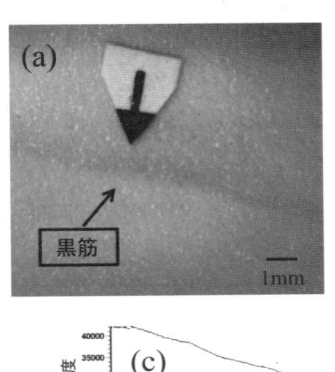

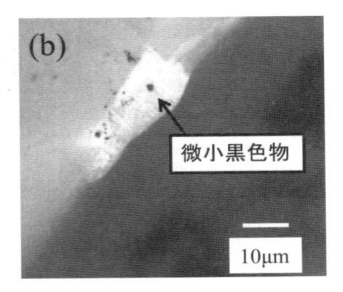

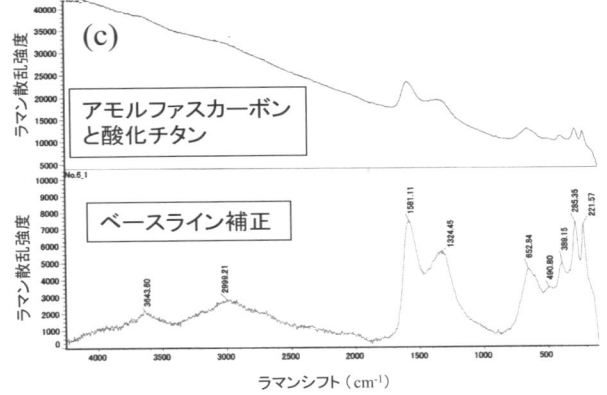

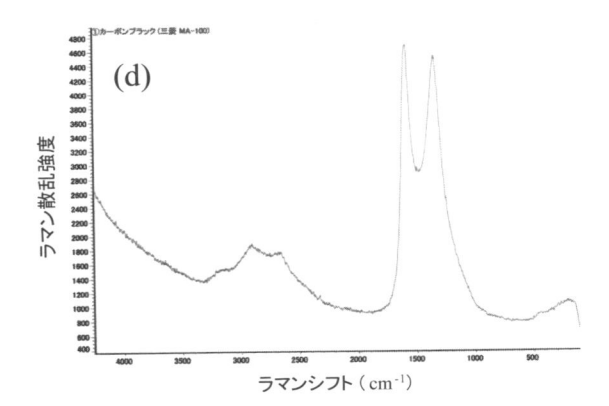

図 **2.36** PC 組成物表層部の黒筋（微小黒色物）の分析結果
(a) PC 組成物表層部の黒筋の実体顕微鏡写真
(b) 黒筋の面出し部分のレーザー顕微鏡写真
(c) 微小黒色物の顕微ラマンスペクトル
(d) カーボンブラック（三菱 MA-100）の顕微ラマンスペクトル

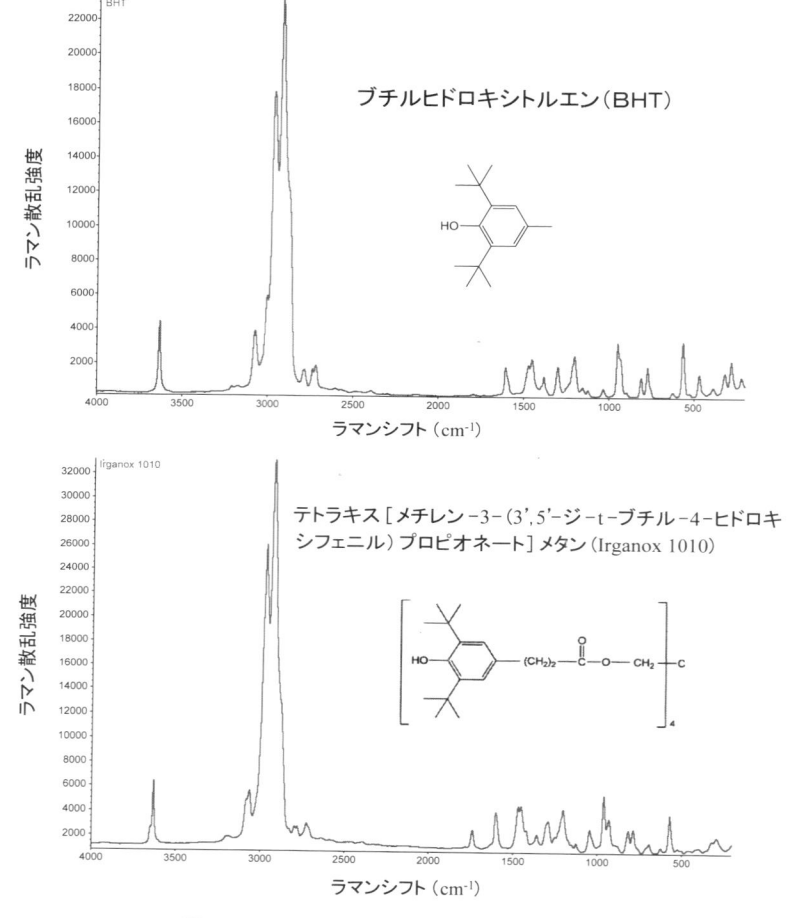

図 2.37 代表的な酸化防止剤のラマンスペクトル

化チタンが検出された理由は射出成形品が白色に着色されており，顔料として酸化チタンが添加されていることに由来する．

i. 高分子添加剤のラマンスペクトル測定

代表的な酸化防止剤のラマンスペクトルを図 2.37 に示す．

【西岡利勝】

参考文献

1) 石田英之：*The TRC News*, **41**, 13, 1992.
2) 浜口宏夫：ラマン分光法，Vol. 17, 学会出版社，1988.
3) 村木直樹，青木靖仁：*The TRC News*, **89**, 45-46, 2004.

4) 村木直樹：実用プラスチック分析（西岡利勝，寳﨑達也編），オーム社，2011．
5) 坪井正道，田中誠之，田隅三生編：赤外・ラマン振動 1・2・3，南江堂，1983．
6) P. Dhamelincourt：*Raman Microscopy*, Vol. 2, Wiliy, West Sussex, 2002.
7) P. Dhamelincourt, F. Wallart, M. Leclercq, A. T. N'Guyen and D. O. Landon：*Analytical Chemistry*, **51**, 414A-421A, 1979.
8) M. Born and E. Wolf：*Principles of Optics*, Vol. 2, Tokaidaigakushuppan, 1975.
9) 日本化学会編：実験化学講座（15）上，8章 ラマン分光法，丸善，2005．
10) F. J. Boerio, S. K. Baul and G. E. McGraw：*Journal of Polymer Science Part B-Polymer Physics*, **14**, 1029, 1976.
11) J. Stokr, B. Schneider, D. Doskocilova and J. Lovy：*Polymer*, **23**, 714, 1982.
12) A. J. Melveger：*Journal of Polymer Science Part A-2-Polymer Physics*, **10**, 317-322, 1972.
13) J. Sacristan, C. Mijangos, H. Reinecke, S. Spells and J. Yarwood：*Macromolecular Rapid Communications*, **21**, 2000.
14) J. L. Bruneel, J. C. Lassengues and C. Sourisseau：*Journal of Raman Spectroscopy*, **33**, 815-828, 2002.
15) 村木直樹，石田英之：成型加工，**11**，89，1999．
16) Y. Ren, T. Murakami, T. Nishioka, K. Nakashima, I. Noda and Y. Ozaki：Two-Dimensional Fourier Transform Raman Correlation Spectroscopy Studies of Polymer Blends：Conformational Changes and Specific Interactions in Blends of Atactic Polystyrene and Poly (2,6-dimethyl-1,4-phenylene ether), *Macromolecules*, **32**, 6307-6318, 1999.

2.3 核磁気共鳴法（NMR）

2.3.1 NMR の基本

a. NMR の原理

NMR 装置の概略図を図 2.38 に示す．NMR 装置は，超電導磁石，分光計，検出器，

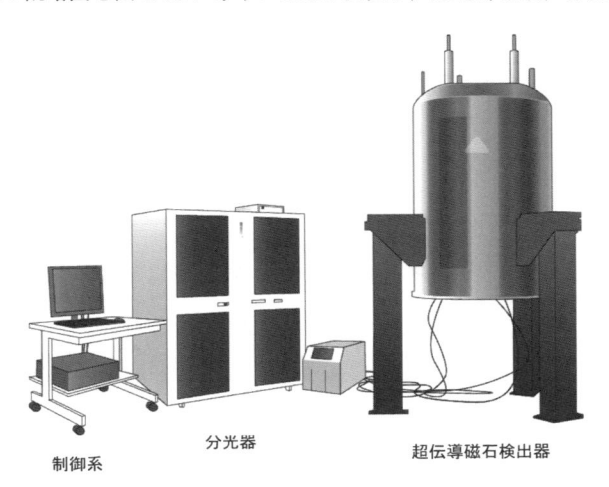

図 2.38 NMR 装置の概略図

表 2.5 おもな核種とその性質[1]

核種	スピン量子数 I	磁気回転比 γ (10^7 rad T^{-1} s^{-1})	天然存在比（%）	相対感度 (^{13}C = 1.00)
^{1}H	1/2	26.8	99.99	5.67×10^3
^{13}C	1/2	6.7	1.11	1.00
^{15}N	1/2	-2.7	0.37	0.02
^{17}O	5/2	-3.6	0.04	0.06
^{19}F	1/2	25.2	100.00	4.73×10^3
^{29}Si	1/2	-5.3	4.70	2.10
^{31}P	1/2	10.8	100.00	3.77×10^2
^{33}S	3/2	2.1	0.76	0.10
^{35}Cl	3/2	2.6	75.53	2.02×10

制御系などからなる．サンプルを超電導磁石のなかにセットし，観察したい原子核の共鳴周波数を与えるラジオ波を印加し，えられた信号を検出，増幅してデータ処理することでNMRスペクトルがえられる．共鳴周波数は原子核の種類によって異なる．また，同一核種でも，原子核周辺の電子雲による磁場の遮蔽により，共鳴周波数にわずかな差が生じる．この遮蔽の度合いは分子の構造を反映した電子密度により変化するため，NMR測定を行うことで分子の構造情報をえることができる．

スピン量子数 I が0の核，すなわち磁気モーメントをもっていない核以外の核であれば，原理的にはNMR測定が可能である．表2.5に代表的な核種について，スピン量子数 I，磁気回転比 γ，天然存在比および相対感度を示す．I が1/2かそれ以上か，γ がプラスかマイナスか，天然存在比が高いか低いか，によって測定条件や測定のさいの注意点が異なるため，測定する核の性質を把握しておくことは重要である．

b．化学シフト

検出器でえられるのはアナログ信号（自由誘電減衰信号（FID））であり，それをデジタル化し，フーリエ変換（FT）することでNMRスペクトルがえられる．えられるスペクトルの横軸は周波数であるが，共鳴周波数は使用される外部磁場の大きさによって変化するため，外部磁場の大きさの異なる分光計間でデータを比較するときはきわめて不便である．そこで，通常は基準物質の共鳴周波数との差を基準物質の共鳴周波数で割った値を横軸とし，ppm単位で示す．これを化学シフトという．化学シフトの値は，結合状態や分子構造によって異なるため，構造を特定するさいの重要なパラメータとなる．また，同じサンプルであっても，測定溶媒や測定温度，試料濃度や混在する他の成分などによって，化学シフトの位置がわずかに異なる．

c．多核測定

^{1}H および ^{13}C 以外の核種をNMRでは多核とよぶ．添加剤には，ケイ素やフッ素，リンなどの炭素や水素以外の核を含むサンプルも多く存在するため，そのような核種

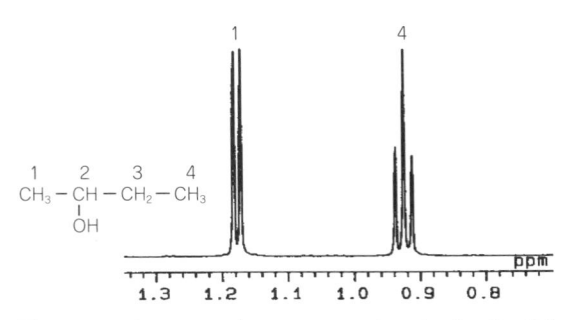

図 2.39　2-ブタノールの ^{1}H NMR スペクトル（メチル基の部分の拡大図）

を含む添加剤については，多核測定が有効である．多核のなかには，緩和時間が 20 秒以上と長い核や化学シフトの範囲がとても広い核などがあるため，測定の対象とする核に応じて測定条件を設定する必要がある．なお，緩和時間が長い核種を測定する場合には緩和試薬を添加することで緩和時間が短くなり，測定時間を短縮させることができる．

d. スピン結合

NMR スペクトルにおいて，化学結合を通したスピン-スピン間相互作用によりピークが分裂する．この相互作用をスピン結合，あるいはスピンカップリングという．スピン量子数 I である隣接する等価な n 個の核とスピンカップリングしていると，$2nI+1$ 本に分裂して検出される．例えば，2-ブタノールの ^{1}H ($I=1/2$) NMR スペクトルの一部拡大図を図 2.39 に示す．同じメチル基でも，CH の隣にあるメチル基 1 のピークは，隣接するプロトンの数が 1 個であるため二重線に，CH_2 の隣にあるメチル基 4 のピークは，隣接するプロトンの数が 2 個であるため三重線に，それぞれ分裂して検出されている．このように，ピークの分裂の状況は構造を特定するうえで重要な情報となる．

e. デカップリングモード

通常，^{13}C NMR を測定するさいには，プロトンを常に照射して測定する（図 2.40 上）．これによって，^{13}C NMR では，プロトンとのスピンカップリングによるピークの分裂は検出されない．また，常にプロトンを照射することで，NOE により ^{13}C のピーク強度が増加する．^{13}C は，天然存在比が少ないため感度が低く，プロトンデカップリングは，感度を上げるうえで有効である．しかしながら，NOE 効果は，各 ^{13}C 原子の置かれた環境によって異なるため，ピークの増加する割合は各 ^{13}C 原子によって異なることとなる．これは，ピークの面積比が核の数に比例しない，つまり，定量性がなくなることを意味する．

^{13}C NMR で定量性が必要な場合には,逆ゲーテッドデカップリングモードで測定する(図 2.40 下).この方法は,FID の取り込み時間帯のみプロトンを照射することによって,プロトンのデカップリングのみを行う方法であり,NOE によるピークの増加はない.この方法で測定することにより,^{13}C NMR でも定量性を確保することができる.なお通常の ^{13}C NMR 測定では,感度を上げるためパルス繰り返し待ち時間を比較的短くして測定するのが一般的であるが,^{13}C NMR で定量を行うさいには,すべての核が平衡値に回復するのに十分なパルス繰り返し待ち時間で測定する必要である.

また,逆ゲーテッドデカップリングモードでの測定は,磁気回転比 γ がマイナスの核を測定するさいに有効である.γ がマイナスの核では,NOE はマイナスになり,

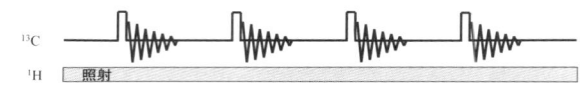

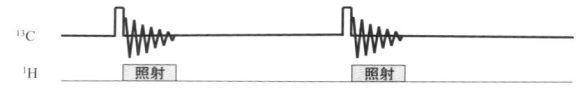

図 2.40 完全デカップリングモードと逆ゲーテッドデカップリングモード

$2nI + 1 = 2 \times 1 \times 1/2 + 1 = 2$

主ピークと同じ形状で両側に現れる

● サテライトピーク

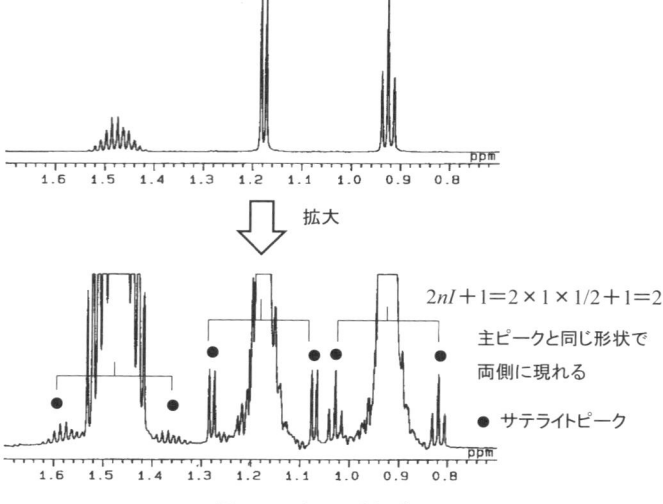

図 2.41 サテライトピーク

完全デカップリングモードではピーク強度は低下してしまう．このため，プロトンのデカップリングが必要な場合には，完全デカップリングモードではなく，逆ゲーテッドデカップリングモードで測定する必要がある．

f. サテライトピーク

炭素原子のうち，天然存在比が98.9%である^{12}C核は$I=0$であり，^{1}H核と^{12}C核との間にスピンカップリングは起こらない．一方，天然存在比1.1%で存在する^{13}Cと^{1}Hとの間にはスピンカップリングが生じるため，^{1}H NMR スペクトルに^{13}Cと結合した^{1}Hによるピークが二重線に分裂して検出される．^{13}Cとスピンカップリングして検出されるピークをサテライトピークという．ピーク全体の面積比100%のうち，約1%の面積比がサテライトピークとして検出され，それが二重線で検出されるため，主ピークの両側に約0.5%ずつの面積比で検出される（図2.41）．このためサテライトピークは微量成分のピーク強度の基準として用いることができるが，主ピークに対してかなり微小なピークであり，微量添加されている添加剤由来のピークと間違えないよう注意が必要である．

2.3.2 測定条件

NMR測定を行うさい，測定溶媒，測定温度，試料濃度などの測定条件を注意深く設定することが必要である．これによって，ピークの分離能を上げたり，感度を向上させることができ，良好なスペクトルをえることができる．

a. 測定溶媒

表2.6に，NMR測定で使用されるおもな重水素化溶媒を示す．測定溶媒を選択するさいには，まずは試料を溶解できる溶媒を選択する．その溶媒が複数ある場合には，目的のピークと溶媒のピークが重ならないもの，測定に必要な試料濃度を確保できるもの，目的のピークが分離よく検出できるものなど，目的を達成するためにより良好な溶媒を選択する．さらに，単独では目的とするスペクトルがえられない場合でも，他の溶媒と混合することでえられる場合も多いため，複数の溶媒を混合した溶媒系の使用も有効な手段である．なお，重水素化溶媒は，装置の性能にもよるが10%程度含まれていればロックをかけて測定できるため，溶媒すべてが重水素化溶媒である必要はない．また，二重管（図2.42）を用いることで，試料を直接，重水素化溶媒を含んだ溶媒に溶解させなくてもよいため，溶媒の制限が減る．

b. その他の条件

測定温度は，高いほど試料の溶解性が上がる場合が多く，また，溶液の粘度が下がり，分解能のよいスペクトルをえることができる場合が多い．なお，交換性のプロトンは，温度が上がると交換速度が上がり，ピーク位置が大きくシフトしたり，ピークがブロードになったりする場合がある．

表 2.6 おもな重水素化溶媒[2]

重水素化溶媒	化学シフト値		液体の温度範囲 (℃)
	^{1}H NMR	^{13}C NMR	
アセトニトリル-d_3	2.0	1.3 117.7	−44〜82
アセトン-d_6	2.1	29.2 204.1	−95〜56
塩化メチレン-d_2	5.3	53.6	−95〜40
クロロホルム-d_1	7.3	76.9	−64〜61
ジメチルスルホキシド-d_6	2.6	39.6	19〜189
N,N-ジメチルホルムアミド-d_7	2.9 3.0 8.0	31.0 36.0 162.4	−60〜153
重水	4.7	—	0〜100
テトラヒドロフラン-d_8	1.9 3.8	25.8 67.9	−108〜66
トリフルオロ酢酸-d_1	11.3	114.5 161.5	−15〜72
ベンゼン-d_6	7.2	128.4	6〜80
メタノール-d_4	3.4 4.9	49.3	−98〜65

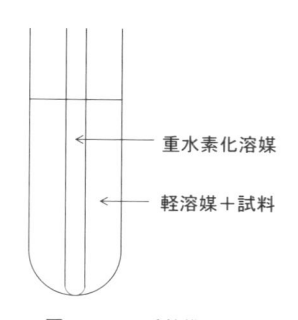

図 2.42 二重管構造の例

試料濃度については,感度の高い核(^{1}Hや^{19}F)を測定する場合には,比較的濃度は低くても測定可能であるが,感度の低い核を測定する場合や感度の高い核でも微量成分を検出したい場合は,濃度を高くする必要がある.しかしながら,濃度を高くすると,溶液の粘度が上がり,ピークがブロードになるため分解能は低下する.

c. 前処理

　添加剤は多くの場合，ポリマーに対してその含有量は微量（数%以下）である．このため，試料をそのまま測定すると，ポリマー由来の大きいピークに重なってしまい，添加剤由来のピークを同定することが困難な場合がある．また，NMRは，もともと感度が低い分析装置であるため，微量添加の添加剤は，濃縮しなければ検出できない場合も多い．このため，添加剤を分析する場合は，ポリマーの除去や添加剤成分の濃縮など，測定する前の前処理が有効である．以下に代表的な前処理の方法をあげる．ただし，いずれにおいても，溶媒に溶解するさいや溶媒を除去するさいなど，前処理中に添加剤が構造変化してしまう場合があるため，十分注意を払う必要がある．

　1) 抽　出　ポリマーの貧溶媒かつ添加剤の良溶媒に試料を入れ，撹拌したり超音波をかけることで，添加剤を選択的に溶媒に溶解させることが可能である．そのような条件を満たす重水素化溶媒があれば，それで抽出すれば，抽出液をそのままNMRで測定することが可能である．添加剤の量が微量の場合は，大量の試料から軽溶媒を用いて抽出し，えられた抽出液から溶媒を除去することで，添加剤を濃縮することができる．抽出するさいには，表面積を大きくするため，試料を粉砕すると抽出効率を上げることができる．

　2) 再沈殿　ポリマーと添加剤の良溶媒に試料全体を溶解し，そこにポリマーの貧溶媒でかつ添加剤の良溶媒である溶媒を少しずつ添加していくと，徐々にポリマーが沈殿してくる．ポリマーは沈殿し，添加剤は溶液に溶解しているため，沈殿したポリマーと液を濾過や遠心分離などで分別することで，ポリマーと添加剤を分別することが可能である．添加剤は液側に溶解しているため，溶媒を除去することで，添加剤を分離してえることができる．

　3) クロマトグラフィー　クロマトグラフィーを用いてポリマーと添加剤を分別し，添加剤部分のみを分離分取することが可能である．添加剤は低分子成分である場合が多いため，ポリマーと添加剤を分離するにはSEC（サイズ排除クロマトグラフィー）が有効な場合が多い．また，添加剤は複数含まれている場合が多いため，ポリマーから分別しても，そのままNMR測定したのでは解析が困難な場合が多い．このようなときには，抽出や再沈処理によって濃縮した添加剤をさらにクロマトグラフィーによって分離することで，解析が容易になる．

d. 添加剤の解析例

　1) エチレン-ノルボルネン共重合体中の酸化防止剤の定量　酸化防止剤は多くの高分子材料に添加されており，溶液NMRによって定量が可能である．図2.43にエチレン-ノルボルネン共重合体の ^{1}H NMRスペクトルを示す．図2.43の拡大スペクトルから，酸化防止剤である"イルガノックス1010"が添加されていることがわかる．また，エチレン-ノルボルネン共重合体ポリマーにおけるエチレンとノルボル

イルガノックス1010　　　　エチレン-ノルボルネン共重合体ポリマー

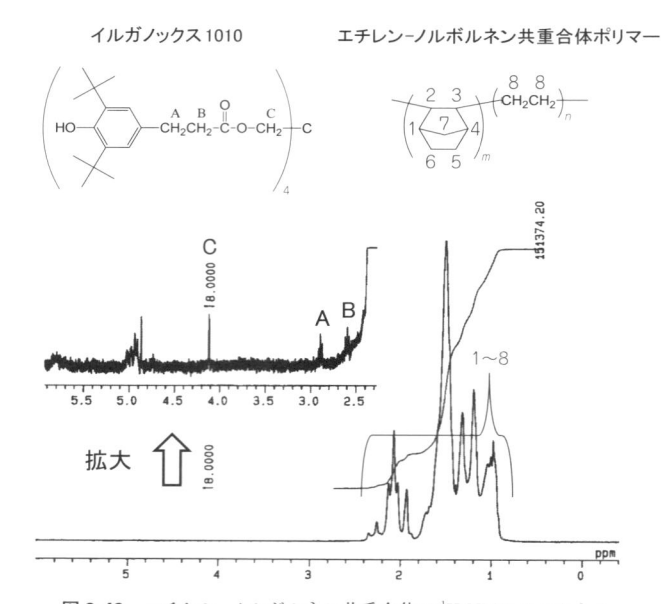

図 2.43　エチレン-ノルボルネン共重合体の ^{1}H NMR スペクトル

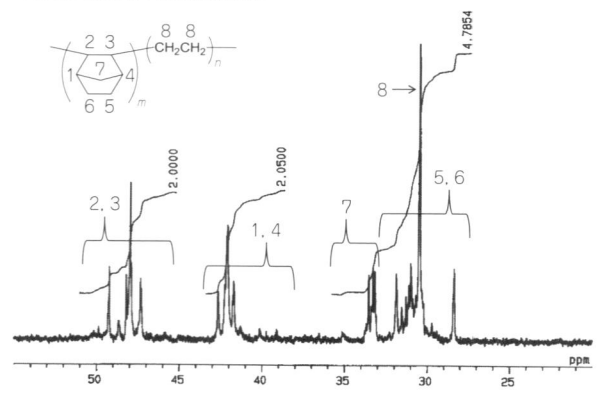

図 2.44　エチレン-ノルボルネン共重合体の ^{13}C NMR スペクトル
（逆ゲートデカップルモード）

ネンの共重合比率は，逆ゲートデカップルモードで測定した ^{13}C NMR スペクトルから算出することが可能であり，図2.44より，エチレン/ノルボルネン＝46/54（mol%）と算出された．この結果と，^{1}H NMR スペクトルにおけるポリマー全体の積分比とイ

ルガノックス 1010 の積分比から,ポリマー 100 mass% に対して,"イルガノックス 1010" は 0.1 mass% 添加されていることがわかる.

2) リン系添加剤の構造解析　酸化防止剤のなかに,リン系化合物があり,リン系酸化防止剤は,図2.45 のような働きをし,自身が酸化されることでポリマーの酸化を防いでいる.つまり,リン系酸化防止剤はホスファイト系化合物であり,酸化するとリン酸エステルに変化して,酸化防止性能を失う.ポリマー中にホスファイトがどの程度残存しているかを確認することは,ポリマーの寿命を把握するうえで重要である.リン系酸化防止剤がホスファイトであるか,酸化されてリン酸エステルに変化しているかは,^{31}P NMR スペクトルで確認することが可能である.図2.46 にリン系酸化防止剤"スミライザー GP"を添加したサンプルについて,溶融成形前と溶融成形後の ^{31}P NMR スペクトルを比較したものを示す.図2.46 からわかるように,溶融成形前は,"スミライザー GP"の構造(ホスファイト)のみが検出されているのに対し,溶融成形後には,ホスファイト構造の他に"スミライザー GP"が酸化した構造(リン酸エステル)も検出されている.これは,溶融成形するさいに加えた熱によって,"スミライザー GP"が酸化されたものと考えられる.また,溶融成形後にもホスファイト構造が残存していることから,溶融成形後も酸化防止能を保有していると考えることができる.

3) DOSY 測定の活用　ポリマー材料中には複数の添加剤が含まれている場合が多い.複数の添加剤が含まれている場合,えられる ^{1}H NMR スペクトルはそれらの重ね合わせになり,構造を同定することが難しくなる.このような場合,DOSY

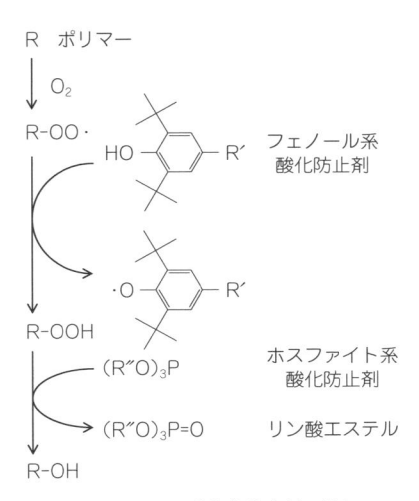

図 2.45　リン系酸化防止剤の働き

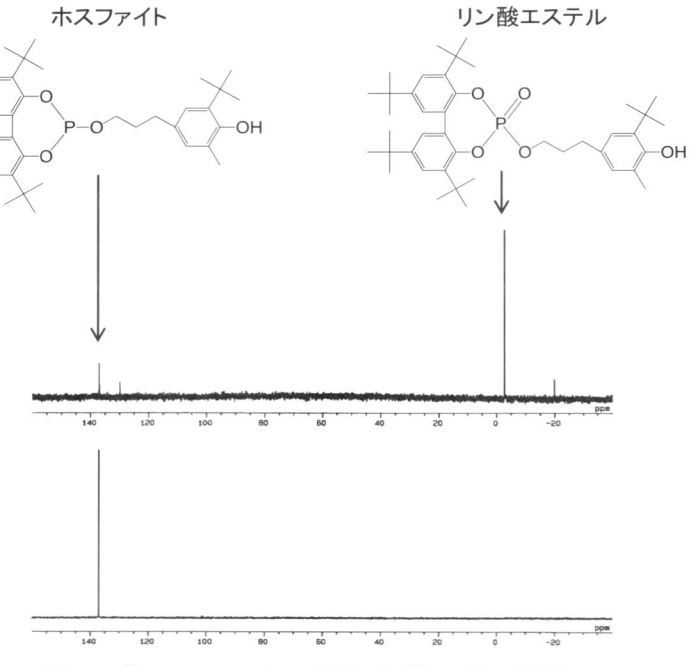

図 2.46　^{31}P NMR スペクトル（上段；成形後，下段；成形前）

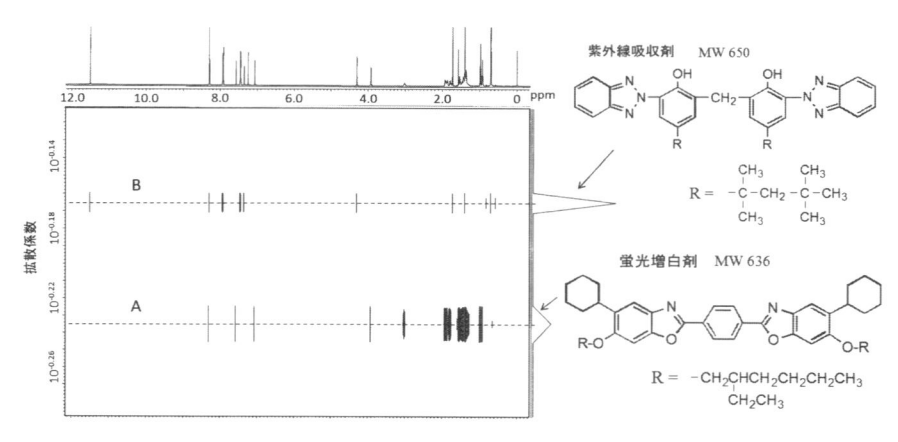

図 2.47　DOSY スペクトル

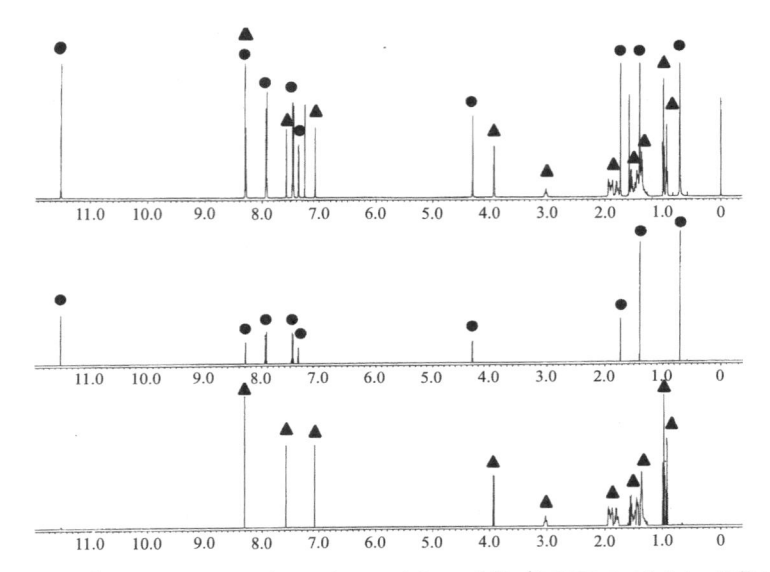

図 2.48 ¹H NMR スペクトルとスライススペクトル．上段；¹H NMR スペクトル，中段；図 2.47B のスライススペクトル，下段；図 2.47A のスライススペクトル．

測定が有用である．図 2.47 に 2 つの添加剤の混合物の DOSY スペクトルを示す．図 2.47 に示すとおり，紫外線吸収剤と蛍光増白剤を DOSY によって分離することができる．さらに，それぞれのスライススペクトルをえることによって（図 2.48），それぞれの添加剤の ¹H NMR スペクトルをえることができ，構造を特定することが容易になる．

【朝倉哲郎・菅沼こと】

参考文献

1) J. W. Akitt：NMR 入門 第 3 版，pp.3-5，東京化学同人，1975.
2) 日本化学会編：第 5 版 実験化学講座 8，NMR・ESR，p.79，丸善，2006.

2.4 ガスクロマトグラフィー

ガスクロマトグラフィー（gas chromatography；GC）は移動相にキャリヤーガスとよばれる窒素やヘリウムなどを用いるクロマトグラフィーの総称である．GC は比較的揮発性に富んだ混合系成分の分離分析に適用されており，次のような特長がある．

① 迅速性：固定相（液体あるいは固体）と移動相（キャリヤーガス）の間における試料成分の分配あるいは吸着平衡が非常に速く達成されるため，分析に要する時間を著しく短縮することができる．

② 高分離能：GCカラムの分離効率は各種クロマトグラフィーのなかで最高であり，近接した沸点をもつ各種異性体などの分離にも適用することができる．
③ 高感度・高選択的検出：気相中の微量成分の検出には，高感度かつ高選択的な検出器が利用できることから，GCでは諸クロマトグラフィーのなかで最も豊富な検出器を目的に応じて活用することができる．

こうした特性から，今日では，GCは化学に関係するほとんどの研究室や工場の実験室において，最も汎用的な分析手法の1つとして日常的に活用されている．このようにGCの基本的な技術は，現在までに長足の進歩を示しており，高分子添加剤のGC分析もこれらの恩恵を受けて著しい発展を遂げてきている．本節では，GCによる高分子添加剤分析について概説する．

2.4.1 高分子添加剤分析における GC の位置づけ

GCは，その原理からして，通常は室温〜約400℃の分離カラム温度で数torr以上の蒸気圧をもちうる分子にその適用が限定されている．一般に，分析対象としてわれわれが手にする高分子材料試料は，表2.7に示すように，いくつかの素材の組み合わせからなる混合物であり，それらの構成は添加剤を含めた低分子化合物と重合体に大別することができる．

重合体については，蒸気圧や熱安定性などの点から，通常そのままではGC分析の対象とはなりえないため，揮発性を有する大きさにまで分解してからGC分析する方法が一般的である．一方，低分子化合物については，抽出や再沈殿などにより重合体と分離したのち，そのまま，あるいはエステル化などの誘導体化を併用して，比較的簡単にGC分析の対象となるものが多い．したがって，添加剤についても分子量500程度までであれば，こうした方法によりGC分析することができる．

表 2.7 高分子材料の構成成分とガスクロマトグラフィーの適用[9]

分析対象成分	試料の前処理法および適用法
低分子化合物 　未反応モノマー，残存溶媒， 　重合添加剤（開始剤，停止剤， 　分散剤，乳化剤，触媒など） 　配合添加剤（可塑剤，安定化剤， 　充填剤，加硫剤，着色剤など）	(1) 溶媒抽出法　⎫ (2) 再沈殿法　　⎬（誘導体化） (3) ヘッドスペース法（熱脱着法） (4) その他
重合体 　高分子重合体（MW≧10000） 　オリゴマー（MW＜10000）	(5) 分解法 ⎰ 化学分解法 　　　　　 ⎱ 熱分解法 　　　　　　 その他 (6) 逆ガスクロマトグラフィー

2.4.2 熱脱着（ヘッドスペース）（熱脱着）GC による高分子材料分析

2.5.1 項で述べたように，高分子材料中の添加剤などの低分子化合物の GC 分析のための前処理法としては，溶媒抽出や再沈殿などがよく用いられるが，一般に操作が煩雑であるうえ，比較的多量の試料や溶媒を必要とし，また，成分によっては十分な分離効率がえられないこともある．そこで，こうした前処理を要しない簡便な方法として利用されているのが，熱脱着（ヘッドスペース）法である．この方法では，試料の素材高分子は分解しないが共存する低分子化合物は揮発する程度の温度（150〜300℃）に加熱したとき，熱脱着され蒸気となってヘッドスペースあるいはキャリヤーガス中に移行する成分が GC 分析される．このヘッドスペース法は，材料中に配合された添加剤のほか，残存する溶媒やモノマーの分析など，かなり広い活用範囲をもっている．

図 2.49 に模式的に示したように，ヘッドスペース GC は 2 つの方式に大きく分類される．1 つは，試料を適当な密閉容器中に設置し，試料マトリックスと容器上部の気相空間（すなわち「ヘッドスペース」）との間で，揮発性の目的成分の平衡状態が達成されたのち，気相部分の一定量をシリンジで採取して GC に導入し目的成分を分析する，スタティックヘッドスペース法である．この方法は，装置も比較的簡単でかつ分析精度も高く，また平衡状態で気相に脱着された揮発性成分のみを分析の対象とするため，分析カラムの汚染も少なく保守が簡単であるなどの特徴をもっている．しかしながら，最終的な GC 分析に供されるのは平衡状態にある気相の一部であることなどのため，試料中の当該成分の絶対定量を行うことは容易ではない．さらに，目的

ダイナミック ヘッドスペース法

スタティック ヘッドスペース法

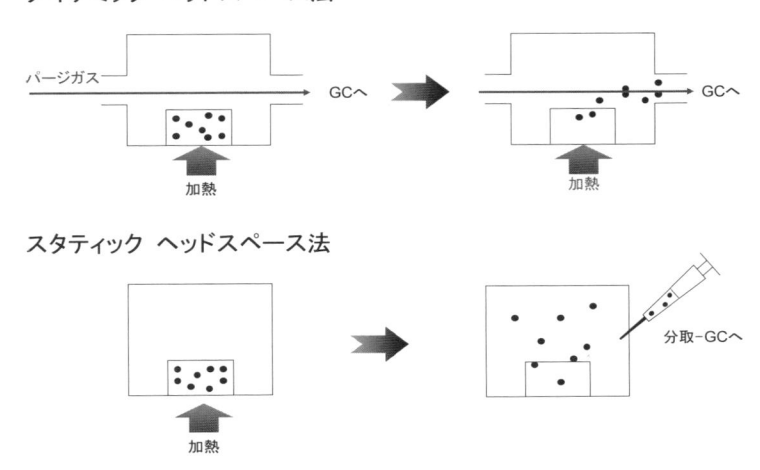

図 2.49　2 種類のヘッドスペース法[10]

成分が比較的高沸点の場合,容器内でその平衡蒸気圧が低く濃度が小さすぎたり,シリンジの器壁に凝縮したりするおそれもある.

このような場合に活用されるのが,ダイナミックヘッドスペース(あるいは熱脱着)法とよばれるもう1つの方法である.この方法では一般に,まず試料を窒素またはヘリウムキャリヤーガスなどの不活性気流下で,素材高分子の分解がほとんど起こらない範囲内で所定の温度まで加熱し,目的成分を脱着(パージ)させる.次に脱着された成分を,適当な吸着剤が充填されているか,または冷媒などで強制冷却されたプレカラム中にいったん捕集し,その後捕集部を再加熱して目的成分をGC分離カラムに導入し,分離・分析が行われる.また,目的成分の揮発性がそれほど高くない場合には,特にトラップ部を設けなくとも,分離カラムの初期温度を室温付近に設定しておけば,熱脱着された成分は分離カラム入口付近で捕集・濃縮される.この方式では,適切な条件設定を行えば,試料マトリックス中に含まれる目的成分のほぼ全量を選択的に捕集してGCに導入できるため,かなり蒸気圧の低い極微量の成分でも分析することができる.また,種々の高分子添加剤などを始めとする,かなり高沸点の成分にまで拡張できるという利点ももっている.

熱脱着GC測定は,専用の熱脱着装置を備えたGCシステムのほか,加熱炉型熱分解装置を備えた熱分解GCシステムを用いて,加熱温度を調整することによっても行うことができる.一例として図2.50に,可塑剤,老化防止剤,加硫促進剤などを含む加硫ゴム試料について,熱脱着GC測定によりえられたクロマトグラムを示す[1].沸点400℃を超えるリン酸トリクレジル(TCP)にいたるまでの多種類の添加剤が同時分析されている.

しかし,実際の高分子材料分析においては,添加剤と基質の双方の分析が望まれる場合がある.また,そのままではGC分析できないかなり高分子量の添加剤も近年はよく使用されており,それらを通常の熱脱着GCで解析することは困難である.そこ

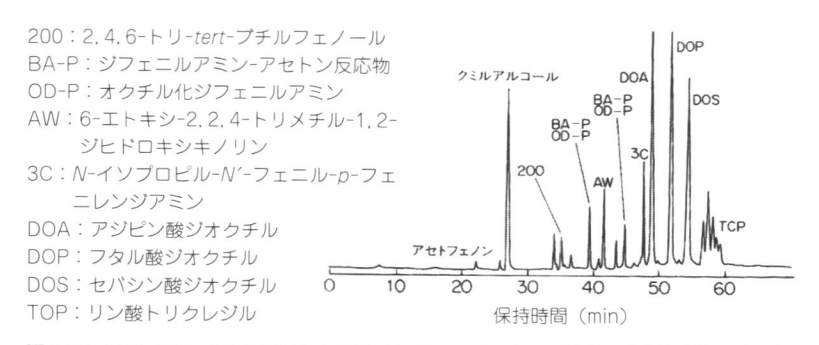

200:2,4,6-トリ-tert-ブチルフェノール
BA-P:ジフェニルアミン-アセトン反応物
OD-P:オクチル化ジフェニルアミン
AW:6-エトキシ-2,2,4-トリメチル-1,2-
　　　ジヒドロキシキノリン
3C:N-イソプロピル-N´-フェニル-p-フェ
　　ニレンジアミン
DOA:アジピン酸ジオクチル
DOP:フタル酸ジオクチル
DOS:セバシン酸ジオクチル
TOP:リン酸トリクレジル

図2.50　熱脱着GCにより測定した加硫ブタジエンゴム中の可塑剤・老化防止剤・加硫促進剤の典型的なクロマトグラム[1]

で次に，これらに対応できる拡張した手法として，熱脱着-熱分解（二段階熱分解）GC および反応熱脱着 GC 分析の手法とその応用例を紹介する．

2.4.3 熱脱着-熱分解（二段階熱分解）GC

通常の高分子材料は，実用段階では種々の配合剤や添加剤などの低分子化合物と，素材の高重合体からなる一種の複合材料である．残存溶媒なども含めた，添加剤などの低分子化合物と高重合体の両方を含む高分子材料を，抽出などの前処理をしないでそのまま熱分解 GC 測定した場合，熱分解過程で試料中の揮発性成分の気化と高重合体の熱分解が競合して進行し，結果として観測されるクロマトグラムがかなり複雑になって，解釈が困難になることがしばしばある．このような場合に，200～300℃における熱脱着と500～600℃での熱分解を段階的に行い，それぞれについて GC 分離してえられるクロマトグラムから，揮発性成分と高重合体を識別して分析する手法が有効である[2]．こうした操作に対応できる加熱炉型の熱分解装置を備えた熱分解 GC システムを用いる場合には，まず，試料ホルダー（カップ）を切り離さずに熱脱着温度に設定した熱分解炉に挿入して目的成分の熱脱着を行ったのち，ホルダーをいったん引き上げて GC 測定を行い，その後設定温度を熱分解温度まで上昇させた炉内にホルダーを切り離して導入して熱分解 GC 測定する方法（ダブルショット法）が行われる．

図 2.51 に，こうした機能を有する熱分解装置（ダブルショット・パイロライザー）の概略図と操作手順を示す．例えば，試料片を入れたホルダーを，サンプラーに装着したまま加熱炉に導入し，炉の温度をまず100～300℃程度まで昇温加熱する過程で試料中から揮発してくる成分のクロマトグラムを測定する．この GC 測定の間，カップは常温付近の待機位置に引き上げるとともに，加熱炉の温度を550℃まで上昇させ

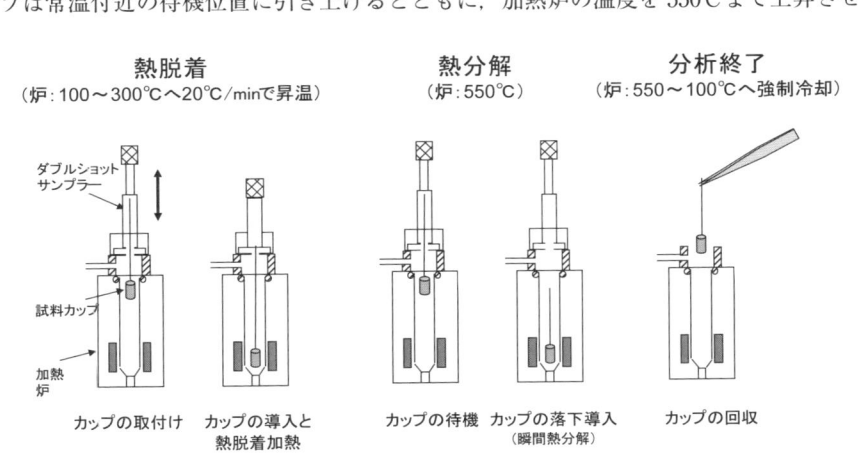

図 2.51 二段階熱脱着-熱分解 GC の操作手順（フロンティア・ラボ社技術資料）

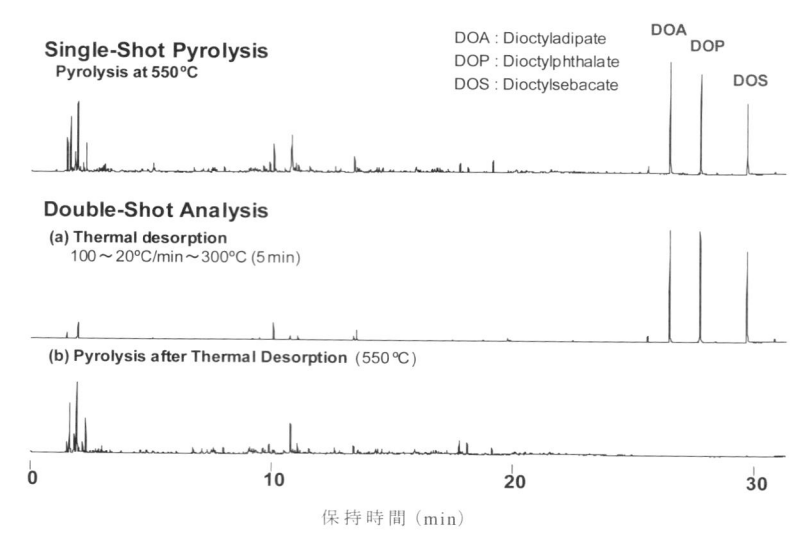

図 2.52 通常の熱分解 GC および二段階熱脱着-熱分解 GC による配合ニトリルゴムの測定結果の比較（フロンティア・ラボ社技術資料）

る．最初のクロマトグラム測定が終了後，引き続いて同一試料を 550℃ に設定した加熱炉に落下導入すれば，残留した重合体のパイログラムを測定することができる．図 2.52 に，可塑剤を含むニトリルゴム（NBR）の解析にこの方法を適用した例を，試料を直接 550℃ で熱分解して観測される結果と比較して示す．二段階法では，可塑剤成分とポリマー分が互いに妨害することなく，それぞれ個別に測定されていることがわかる．

2.4.4　反応熱脱着 GC

テトラメチルピペリジンを基本構造とするヒンダードアミン系光安定剤（HALS）は，基質ポリマーに対して 1% 以下というわずかな添加量で大きな光酸化防止効果を発揮することが知られており，各種塗料・塗膜や自動車用部品をはじめとして，屋外で使用される樹脂・ポリマー材料には欠かせない添加剤となっている．実用的には，基質ポリマーからの揮散を抑制し，光酸化防止効果を長時間持続させるために，平均分子量数千程度の高分子量 HALS がしばしば用いられている．

それらの分析を行うさいに，熱脱着 GC の手法は，基質ポリマー中の比較的低分子量の HALS の定量などには非常に有効であるが[3)]，揮発性の低い高分子量 HALS の定量に直接適用することはできない．また，溶媒抽出などにより基質ポリマーから添加剤成分を溶媒抽出したのちに，GC や高速液体クロマトグラフィーで測定する手法

を用いても，高分子量 HALS などについては，目的成分の抽出分離が必ずしも定量的に行われないなどの問題があった．そこで，筆者らは，反応熱分解 GC を応用した，有機アルカリ共存下での化学反応を加味した熱脱着 GC，すなわち反応熱脱着 GC を用いて，ポリプロピレン（PP）基質中に含まれる高分子量 HALS を，そのままの試料形態で高感度に定量する方法を開発した[4]．

a. 反応熱脱着 GC 測定システムの構成と測定手順

近年，有機アルカリの一種である水酸化テトラメチルアンモニウム（TMAH；$[(CH_3)_4NOH]$）共存下で，試料のエステル結合やカーボネート結合を選択的に開裂するとともに分解生成物をメチル誘導体に変換し，オンラインで GC 分析する反応熱分解 GC が，ポリエステルやポリカーボネートなどの精密組成分析や微細構造解析に広く活用されている．そこで，筆者らは，この手法を応用した，有機アルカリ共存下での化学反応を加味した熱脱着 GC，すなわち反応熱脱着 GC を考案した．

図 2.53 に反応熱脱着 GC の装置構成図を示す．このシステムは，基本的に通常の熱分解 GC と同じである．ここでは，添加試薬との高い反応効率をえるために凍結粉砕して微細粉末にした，PP 微粒子試料約 0.1 mg を試料カップに秤取し，TMAH の 25% メタノール溶液を 2 μL 程度添加したのち，300℃に設定した加熱炉型熱分解装置に導入して，キャリヤーガス中で加熱する．これによって，基質 PP はほとんど分解することなく，HALS 中のエステル結合のみが TMAH の作用により選択的に開裂し，低分子化した反応生成物が試料基質から脱着する．この生成物は，オンラインで GC 分離され，通常は水素炎イオン化検出器（FID）で，また，含窒素化合物である HALS の分解生成物を高感度かつ高選択的に検出する場合には，窒素リン検出器

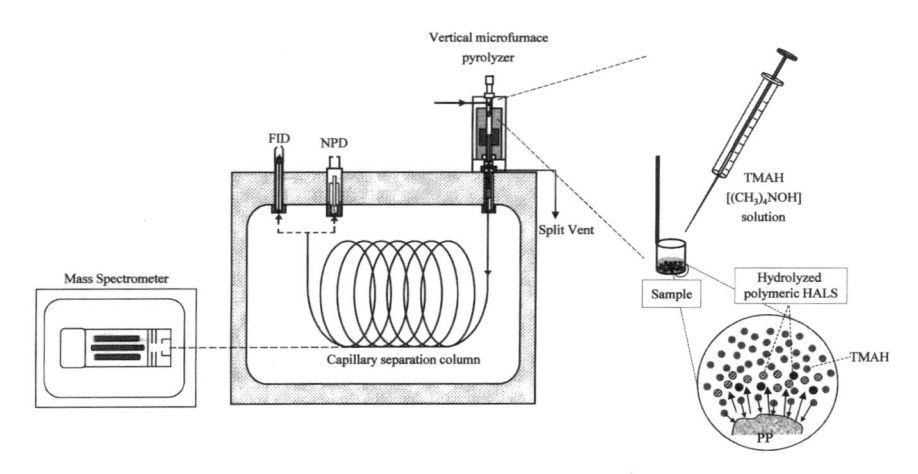

図 2.53 反応熱脱着 GC のシステム図[11]

(NPD) により,さらに生成物の同定を目的とする場合には質量分析計 (MS) を用いて検出される.

b. PP 中の高分子量 HALS の高感度直接分析

商品名アデカスタブ LA-68LD として工業的に使用されている,図 2.54 に構造式を示した平均分子量約 1900 の高分子量 HALS を,実用的な添加範囲である 0.01～5 wt% 添加・混練して調製した PP モデル試料を用いて,反応熱脱着 GC による当該 HALS の分析を検討した.図 2.55 に,300℃での反応熱脱着 GC 測定(FID 検出)によりえられた,HALS を 1.0 wt% 含む PP モデル試料のクロマトグラムを示す.HALS の基本構造であるテトラメチルピペリジン単位由来のピーク 1 および 2,ならびにアデカスタブ LA-68LD に特有の骨格(スピロ環)構造に由来するピーク 3 および 4 が,PP の熱分解生成物による妨害をほとんど受けることなく,はっきりと観測されている.また,0.1～5.0% の添加範囲について,HALS の添加量と,これらの 4 本の特性ピーク強度を合算して試料量で規格化した値との間には,相関係数 $r = 0.999$ でほぼ原点を通るよい直線関係がえられた.したがって,これを検量線として用いる

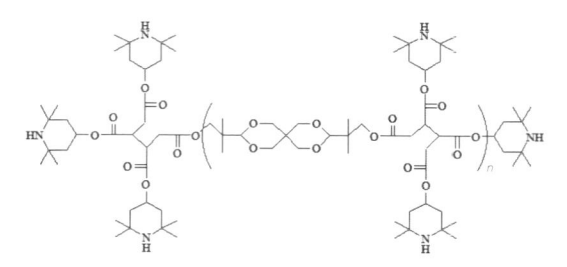

図 2.54 アデカスタブ LA-68LD の化学構造

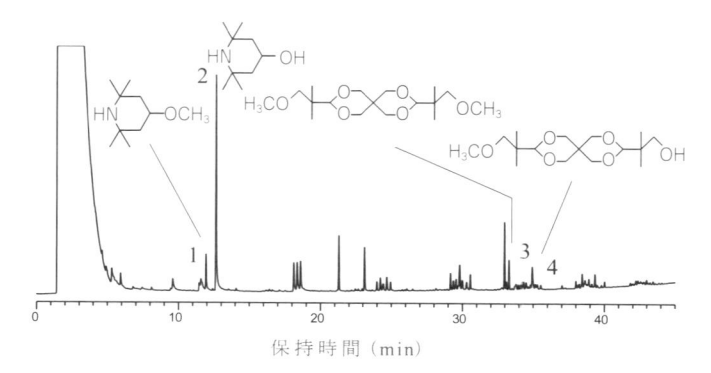

図 2.55 反応熱脱着 GC によりえられた PP モデル試料のクロマトグラム[5]
HALS 添加量:1.0 wt%,反応熱脱着温度 300℃.

ことにより，少なくとも上記の添加範囲について PP 試料中の HALS 含有量を精度よく定量することができる[5]．

さらに，テトラメチルピペリジン構造に由来する反応熱脱着生成物に注目し，HALS 添加量がさらに少ない場合にも適用できる，より高感度な測定を行うことを試みた．ここでは，含窒素化合物に対して選択的かつ高感度に応答を示す窒素・リン検出器および当該生成物が極微量の場合にもカラム中での吸着などの影響が少ない強極性ポリエチレングリコール固定相の分離カラムを併用する測定システムを用いた．その結果，反応熱脱着 GC による HALS の定量下限をさらに小さくすることができ，PP 材料中に当該 HALS がわずか 0.01 wt% 程度の極微量にしか含まれていない試料についても，その定量分析が可能となった[6]．

c. 紫外線照射に伴う PP 中の HALS の化学構造変化

HALS の卓越した安定化効果は，基本構造であるテトラメチルピペリジンが酸化されて生じるニトロキシルラジカルを経由して発現すると考えられているが，高分子量 HALS に関しての具体的な解析はほとんどなされていなかった．そこで，反応熱脱着 GC の手法を応用して，PP 中に含まれる高分子量 HALS の紫外線照射に伴う化学構造変化を追跡することにより，高分子量 HALS によるポリマー材料の安定化機構を実証的に解析することを試みた[7]．ここでは，上述した高分子量 HALS を 1.0 wt% 含む PP モデル試料を，熱プレスにより厚さ約 200 μm のフィルムにしたのちに，フェードメーター内で 63℃ にて波長 300 nm 以上の紫外線を 100〜700 時間照射（屋外暴露約 0.5〜3.5 年相当）したものを解析対象として用いた．

図 2.56 に，紫外線を 350 時間照射した PP モデル試料を，反応熱脱着 GC 測定してえられたクロマトグラムを示す．照射後の試料のクロマトグラムは，図 2.55 に示した照射前の試料のクロマトグラムとよく似ており，ピペリジン構造およびスピロ環

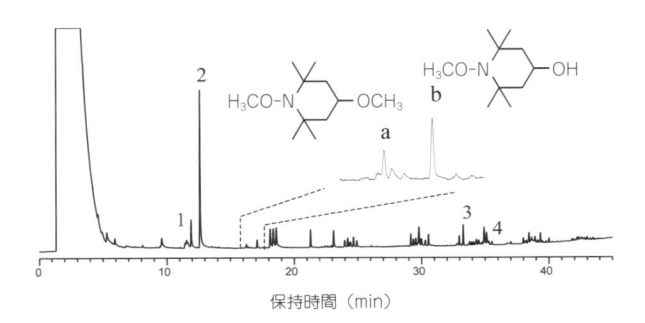

図 2.56 紫外線を照射した PP モデル試料のクロマトグラム[7]
紫外線 350 時間照射後．HALS 添加量：1.0 wt%，
反応熱脱着温度：300℃．

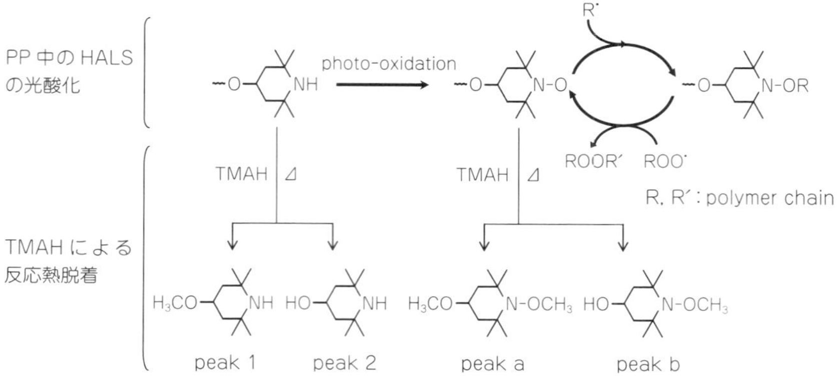

図 2.57 HALSによる樹脂の光安定化過程と反応熱脱着 GC で観測される特性的な分解生成物との関係[7]

構造に由来するピーク1〜4がほぼ同様に観測されている．しかし，図2.56のクロマトグラム上には，これらに加えて，微小ではあるがメチルアミノエーテル類のピークaおよびbが新たに観測されている．

図2.57に，PP基質中で予想される HALS の安定化作用と，反応熱脱着 GC で観測される特徴的な分解物の生成過程とを関連づけて示した．この図に示すように，一般的に提案されている安定化過程では，光照射によりまず HALS 自身が酸化されてニトロキシルラジカルになり，これが基質ポリマーから生成したラジカルを捕捉すると考えられている．一方，反応熱脱着 GC により観測されるメチルアミノエーテル類（ピークaおよびb）は，HALSの酸化により生じたニトロキシルラジカルが照射後の試料中に存在していることを裏づけており，上記の安定化作用を支持している．

さらに図2.58に，クロマトグラム上に観測されるこれらの特性的な分解生成物の単位試料重量あたりの相対生成量（ピーク強度）と，紫外線照射時間との関係を示した．元の HALS 由来の分解物（ピーク1および2）の総生成量は，照射時間の増加に伴って単調減少しており，紫外線照射によりテトラメチルピペリジン構造が光酸化されることを示している．一方，HALSの酸化により生じたニトロキシルラジカル由来の分解物（ピークaおよびb）の総生成量は，350時間までは照射時間に伴ってわずかに増加しているが，それらの生成量は元の HALS 由来の成分の減少量よりもかなり小さく，350時間を超える照射では，生成量はわずかながらかえって減少に転じている．これらの観測結果は，紫外線照射に伴って HALS から生成したニトロキシルラジカルは，基質ポリマーラジカルを捕捉することなどにより，かなりの割合で異なった化学種へと変化していることを示唆している．

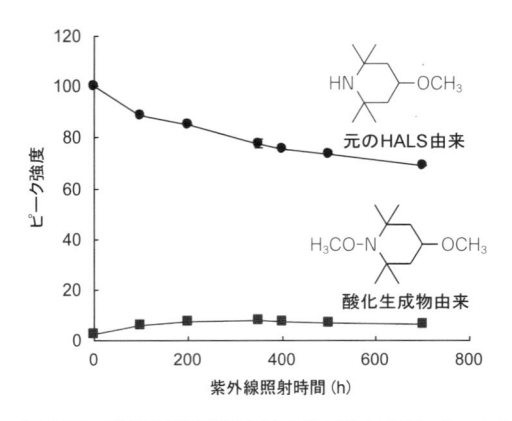

図2.58 紫外線照射時間と元のHALSおよびニトロキシルラジカルからそれぞれ生成する反応熱脱着生成物の相対量（ピーク強度）との関係[7]．HALS添加量1.0 wt%のPP試料（紫外線未照射のPP試料で観測されるピーク1および2のモル感度補正後の総面積を100として規格化）．

d. 無機系難燃剤を含むPP中の高分子量HALSの分析

実用的な高分子材料には，HALSと基質ポリマー以外にもさまざまな配合剤が含まれていることが多く，高分子量HALSの定量にさいしてそれらの影響が無視できない場合が想定される．そこで，無機系難燃剤が共存するPP材料中に微量に含まれる高分子量HALSを，反応熱脱着GCにより定量することを試み，そのさいの難燃剤の影響について検討を行った[8]．

ここでは，図2.59に示すように，安定化効果を長期間持続させるために，テトラメチルピペリジン単位が主鎖骨格中に取り込まれた構造をもつ，Tinuvin 622として市販されている平均分子量約4000の高分子量HALSを用いた．重量換算で，基質PP 100部に対して，このHALSを0.05〜5部，および脂肪酸類で表面処理した水酸化マグネシウム系難燃剤を0〜250部添加し，溶融混練により調製したモデル試料を凍結粉砕により微小粉末状にしたのちに反応熱脱着GC測定に供した．図2.60に，0.5部のHALSを含み，無機系難燃剤を含まない試料（a），および難燃剤を50部含む試料（b）を，それぞれ熱脱着GC測定してえたクロマトグラムを示す．いずれのクロマトグラム上にも，HALS分子中のエステル結合の選択的な加水分解とそれに続くメ

図2.59 Tinuvin 622の化学構造

(a) 無機系難燃剤無添加

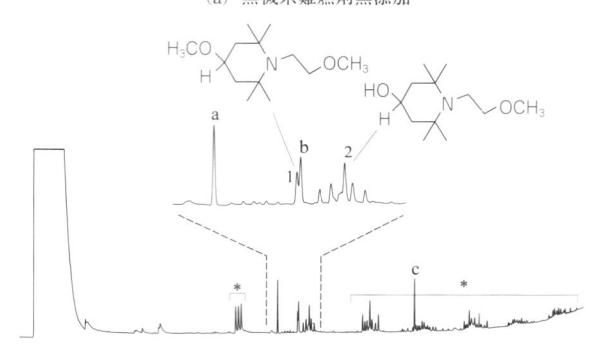

(b) 無機系難燃剤50部添加

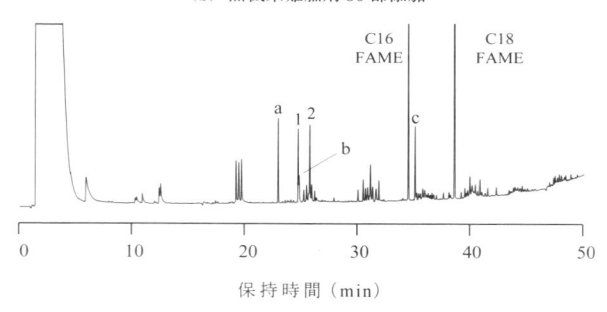

図2.60 基質100部に対してTinuvin 622を0.5部含むPP試料の反応熱脱着温度300℃におけるクロマトグラム[8]．a，bおよびc：混練時に添加された酸化防止剤由来，C_{16}およびC_{18} FAME：難燃剤の表面処理に用いられた脂肪酸成分のメチルエステル．＊：基質PD由来のプロピレンオリゴマー．

チル誘導体化によって特徴的に生成した化合物のピーク1および2が，PPの熱分解物による妨害をほとんど受けることなく観測された．しかし，難燃剤を含まない(a)の場合，それらの回収率は20%程度であったが，水酸化マグネシウム系難燃剤が50部共存する(b)の場合には，回収率は約60%にまで上昇した．このように難燃剤の含有量の増加に伴いHALSの回収率が上昇し，PPと同量の難燃剤が存在する試料では，HALSがほぼ定量的にクロマトグラム上に観測された．これらの結果は，水酸化マグネシウム系難燃剤を加えてPP試料を溶融混練するさいに，難燃剤と基質PPとの界面に当該高分子量HALSが偏在し，凍結粉砕により微粉化した試料の表面にHALSが露出しやすくなるために，TMAHとの反応性が向上したためであると考えられる．しかし，難燃剤の含有量が一定であれば，高分子量HALSの添加量とクロ

マトグラム上に観測されたピーク強度との間にはよい直線関係がえられることから，無機系難燃剤を含む PP 材料についても，難燃剤量を規定することにより反応熱脱着 GC を用いて高分子量 HALS の定量を行うことは十分可能である．　　【大谷　肇】

参考文献

1) 柘植　新，大谷　肇：ヘッドスペースガスクロマトグラフィーの新展開，化学，**44**，212-213，1989．
2) C. Watanabe, K. Teraishi, S. Tsuge, H. Ohtani, K. Kashimoto : Development of a New Pyrolyzer for Thermal Desorption and/or Pyrolysis-Gas Chromatography of Polymeric Materials, *J. High Res. Chromatogr.*, **14**, 269-272, 1991.
3) S. Tsuge, K. Kuriyama, H. Ohtani : Dynamic headspace analysis of trace volatile components in polymeric materials by wide bore capillary gas chromatography, *J. High Res. Chromatogr.*, **12**, 727-731, 1989.
4) 大谷　肇：熱分解 GC および MALDI-MS による樹脂中安定剤の直接分析，塗装工学，**47**，336-344，2012．
5) K. Kimura, T. Yoshikawa, Y. Taguchi, Y. Ishida, H. Ohtani, S. Tsuge : Direct determination of a polymeric hindered amine light stabilizer in polypropylene by thermal desorption-gas chromatography assisted by in-line chemical reaction, *Analyst*, **125**, 465, 2000.
6) Y. Taguchi, Y. Ishida, H. Ohtani, S. Tsuge, K. Kimura, T. Yoshikawa : Highly sensitive determination of a polymeric hindered amine light stabilizer in polypropylene by reactive thermal desorption-gas chromatography using nitrogen-specific detection, *J. Chromatogr. A*, **993**, 137-142, 2003.
7) Y. Taguchi, Y. Ishida, H. Ohtani, S. Tsuge, K. Kimura, T. Yoshikawa, H. Matsubara : Structural change of a polymeric hindered amine light stabilizer in polypropylene during UV-irradiation studied by reactive thermal desorption-gas chromatography, *Polym. Degrad. Stab.*, **83**, 221-227, 2004.
8) Y. Taguchi, Y. Ishida, H. Ohtani, H. Bekku, H. Sera : Determination of a Polymeric Hindered Amine Light Stabilizer in Polypropylene Formurated with Manganese Hydroxide Flame Retardant by Reactive Thermal Desorption-Gas Chromatography, *Anal. Sci.*, **20**, 495-499, 2004.
9) 日本分析化学会高分子分析研究懇談会編：高分子分析ハンドブック，p.30，朝倉書店，1985．
10) 日本分析化学会編：分析化学実技シリーズ 高分子分析，p.146，共立出版，2013．
11) 大谷　肇，田口嘉彦，柘植　新，石田　康：高分子加工，**53**，451-456，2004．

2.5　高速液体クロマトグラフィー

　クロマトグラフィーは 1906 年にロシアの植物学者である Michael Tswett が色素の分離に用いたことを起源としている．その後，J. J. Kirkland らによって現在の高速液体クロマトグラフィー（high performance liquid chromatography：HPLC）の基礎が築かれた．HPLC の最大の利点は，どのような物質であってもサンプルが液体としてえられれば原理的には分析対象とすることが可能であり，また，目的成分以外の夾雑物質が含まれる試料から目的成分を分離して同定（定性），定量することができ

ることである.また,さまざまな分析対象や目的にあわせて各種の分離モードや検出法が開発されていることも HPLC が広く使用されている背景となっている.

高分子材料分野においては,高分子そのものからモノマーや添加剤などの低分子有機化合物の分析まで幅広く利用されるとともに,マトリックス支援レーザー脱離イオン化飛行時間型質量分析計(MALDI-TOF-MS)による定性解析のための前処理としても広く応用されている.このような HPLC の有用性を活かしてよりよい分析を行うためには,HPLC の有する多様な分離・検出技術を理解し分析目的にあわせて活用する必要がある.したがって,本節では HPLC の原理から分析方法について解説する.

2.5.1 HPLC の原理

HPLC における分離場は固定相と移動相の 2 つの相から構成され,この 2 つの相に対するサンプル中の各種成分の分布状態の違いを利用して複雑な混合物を分離し,その中から目的成分を検出する分離分析法である.固定相とはカラムとよばれるステンレススチール製または樹脂製の管に詰められた微細な固体粉末(充填剤)の表面に形成された薄層のことであり,もう一方の移動相とはこの上(カラムの中)を流れる液体のことをさす.サンプル中の各成分は移動相とともに固定相上を移動する過程で,各相への溶解度や分子の大きさの違いに応じて 2 つの相間でそれぞれ異なった分布平衡を示す.その結果,移動する速度に差が生じて相互に分離される.これを模式的に

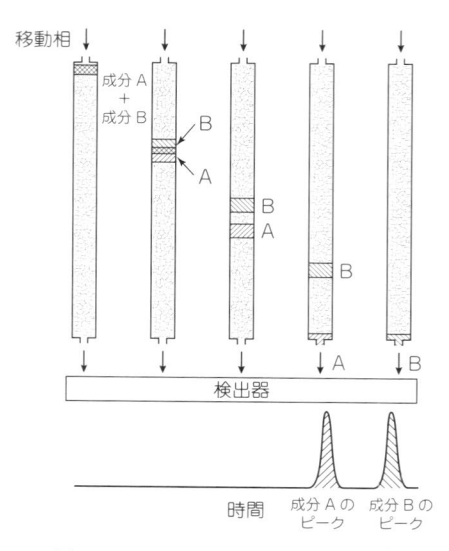

図 2.61 HPLC における分離の模式図[1]

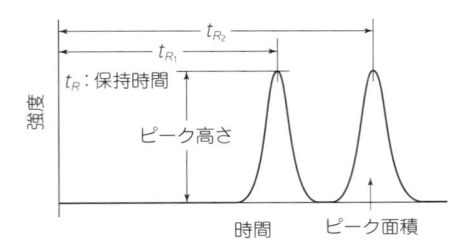

図 2.62 HPLC によりえられるクロマトグラム

示したものが図 2.61 である[1]．

　図 2.61 に示した縦長の管がカラムであり，移動相は送液ポンプによってカラムの入口から一定の速度で送り込まれる．サンプルはカラム入口付近に取りつけられたオートサンプラ（またはマニュアルインジェクター）から移動相中に注入され，移動相とともにカラム内に送り込まれる．カラム内に送り込まれたサンプル中の各成分は固定相と移動相の間を行き来しながらカラム内を移動するが，カラム内での移動は物質が移動相中に存在するときのみ発生し，固定相上に存在するときには物質は移動しない．そのため，移動相に分布しやすい成分は早くカラム出口に到達し，逆に，固定相に分布しやすい成分はカラム出口への到達が遅くなる．カラムの出口に検出器を接続し，カラムから物質の溶出をモニターしておくと図 2.62 のようなグラフがえられ，カラム内での移動速度の差により分離された各成分を検出することができる．このグラフをクロマトグラムとよび，クロマトグラムにおいて成分が溶出したさいにえられる"山"をピークとよぶ．

2.5.2　HPLC による定性分析

　クロマトグラムにおいてサンプル注入時から各成分のピーク頂上までの時間を保持時間とよぶ．保持時間は分析条件に応じた各成分固有の値となることから成分を同定（定性）する指標として用いることができる．ただし，保持時間は分析条件によって変化するものであり，厳密には HPLC で定性分析を行うことはできない．さらにサンプル中の夾雑成分が目的成分とまったく同じ保持時間を示すこともある．しかしながら，実際の分析においては対象とするサンプルの状態などは一定の範囲に限定されており，十分な基礎実験により夾雑物質との分離（特異性）を検証しておくことで，かなりの確度で定性的判断（同定）を行うことができる．なお，保持時間以外での定性手法としては検出器として，フォトダイオードアレイ検出器による吸光度スペクトルの取得や質量分析計（LC/MS）による質量解析を組み合わせる方法もある．高分子添加剤として用いられる紫外線吸収剤などは特徴的な吸光度スペクトルを有する成分もあり，検出にフォトダイオードアレイ検出器を使用することも有効である．

2.5.3 HPLCによる定量分析

HPLCによる目的成分の含有量測定（定量分析）は，基本的には標準サンプルと未知サンプルを一連で分析し，そのさいにえられる目的成分のピーク面積（またはピーク高さ）をおのおので比較することで行い，これには外部標準法と内部標準法がある．

外部標準法は目的成分の含有量が既知の標準サンプルを調製・分析し，その目的成分の濃度とピーク面積（またはピーク高さ）から検量線を作成しておき，未知サンプルの分析によりえられた目的成分のピーク面積（またはピーク高さ）をその検量線にあてはめて目的成分の含有量を求める方法である．この方法ではサンプル注入量や前処理における希釈容量や回収率が一定になるようにして行わなくては定量値の精度は悪くなる．

もう一方の内部標準法は目的成分とピークとして重ならない成分を標準試料と未知試料のいずれにも一定量添加する方法である．この添加する成分を内部標準物質とよぶ．内部標準法では，内部標準物質のピーク面積（またはピーク高さ）に対する目的成分のピーク面積（またはピーク高さ）の比（ピーク面積比またはピーク高さ比）と目的成分の濃度から検量線を作成し，未知サンプルの分析によりえられたピーク面積（またはピーク高さ）比をその検量線にあてはめて目的成分の含有量を求める方法である．内部標準法では内部標準物質を精度よく添加することで，試料注入量や前処理における希釈容量や回収率の変動が補正されることで定量値の精度向上が期待でき，クロマトグラフィーでは広く利用されている．

2.5.4 HPLCのシステム構成

高速液体クロマトグラフは送液部，サンプル導入部，分離部，検出部およびデータ処理部から構成される（図2.63）．

a. 送液部

移動相リザーバ，脱気ユニットおよび送液ポンプから構成され，移動相を設定された流量でカラムに安定して送液する役割を担っている．脱気ユニットは減圧やヘリウ

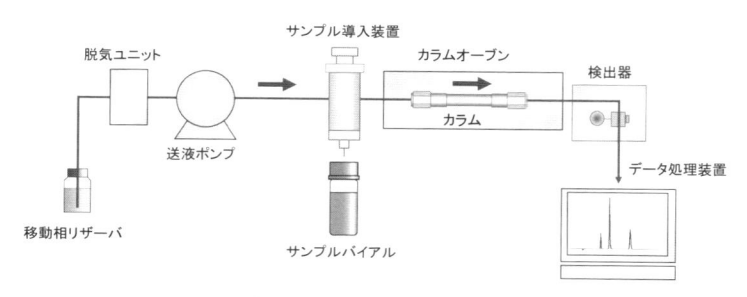

図 2.63 HPLCのシステム構成

ムガスのバブリングにより移動相中に溶け込んでいる空気を取り除き,安定した流量とバックグラウンドをえるための装置である.送液ポンプはカラムの流れ抵抗に抗して,高圧下でも一定流量で脈動の少ない連続送液が可能なように,2つのプランジャを用いてその位相をずらして往復動作させる設計となっているものが一般的である.送液できる移動相流量範囲によって,いくつかのタイプに分類されるが高分子添加剤の分析であれば通常の分析用送液ユニット(流量範囲 0.01~2 mL/min 程度)で分析可能であることが多い.また,移動相中の成分組成を分析中一定に保つアイソクラティック溶離法と分析中に時間の経過とともに変化させるグラジエント溶離法があるが,グラジエント溶離法に対応可能な送液ポンプはアイソクラティック溶離法でも使用できる.

高分子添加剤の分析にはこの後に紹介する逆相モードを使用することが多いが,さらに,複数成分の一斉分析では逆相クロマトグラフィーとグラジエント溶離法の組合せを使用することが効果的であることが多い.

b. サンプル導入部

サンプルを送液部から送られてきた移動相中に入れ,移動相とともにカラムに導入する役割を担い,マイクロシリンジを用いて要手法でサンプルを注入するマニュアルインジェクターと自動的にサンプル注入するオートサンプラに大別される.マニュアルインジェクターはサンプル溶液を目でみながらマイクロシリンジに採って注入できることから余剰のサンプル溶液量が極微量であっても注入可能であるメリットがあるが,定量分析のための注入精度を高めるためには熟練を要することや自動連続分析ができないことから,今日ではオートサンプラが主流となっている.サンプル注入量範囲や一度にセットできるサンプル数,サンプル冷却機能の有無など機能面において種々の製品がある.

高分子添加剤の分析では,高分子からの添加剤の抽出のためにテトラヒドロフラン(THF)などの有機溶媒を使用することが多くある.逆相クロマトグラフィーではこのような有機溶媒サンプルを大量注入するとピーク形状が崩れることが多く,注入量上限が制限される.このために,オートサンプラを選択するさいには,サンプル溶媒に対する耐性や少ない注入量での精度を確認することが望ましい.

c. 分 離 部

分離部はカラムとカラムオーブンから構成される.カラムについては分離モードにて紹介するが,カラムオーブンは分離に影響をおよぼすカラムの温度を一定に保ち,安定した分離をえるためのユニットである.カラムオーブンの機能指標には,温調範囲や収納できるカラム本数などがある.高分子そのものの分析によく用いられるサイズ排除クロマトグラフィーでは長さ 30 cm のカラムを 3 本接続して使用するケースがあり,カラム収納本数が重要なポイントとなるが,高分子添加剤分析では複数のカ

ラムを接続することは少ないため,温調範囲として冷却機能の有無が機能面での選択ポイントとなる.高分子添加剤分析では極端な高温や低温で分離することは少ないが,室温(25℃)で分離することも必要となることが考えられるため,冷却機能を有することが望ましい.

d. 検 出 部

カラムからの成分の溶出をモニターする役割を担い,カラムから出てきた移動相中に成分が存在することによってえられた応答を電気信号に変換してデータ処理装置に出力する.おもな検出器としては吸光度検出器(フォトダイオードアレイ検出器を含む),蛍光検出器,示差屈折率検出器,蒸発光散乱検出器,電気伝導度検出器,電気化学検出器および質量分析器などがあり,測定対象成分や分析目的に応じて適切な検出器を選択する.

このなかでも吸光度検出器(フォトダイオードアレイ検出器を含む)は最もよく用いられており,目的成分が光(紫外線または可視光線)吸収性を有することを原理として検出する.検出波長により感度や選択性が異なるが,選択性の観点では長波長側の極大吸収波長でモニターすることが望ましい.吸光度検出器の一種であるフォトダ

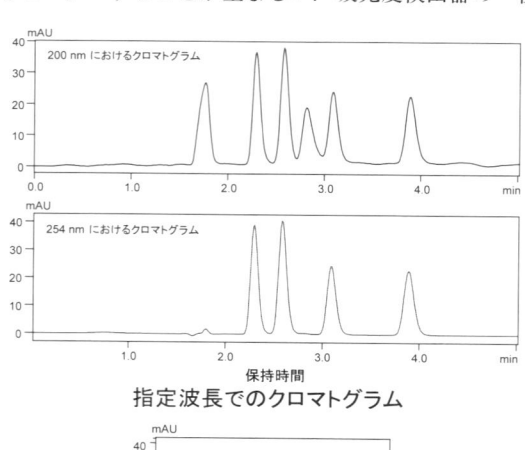

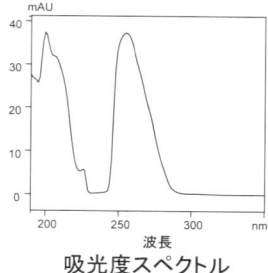

図 2.64 フォトダイオードアレイ検出器のデータ

イオードアレイ検出器では各種波長を同時にモニターしているため，分析終了後に波長を変更して解析することや吸光度スペクトルにより成分同定を行うことも可能である（図2.64）．

また，光吸収を有しない成分の分析では示差屈折率検出器または蒸発光散乱検出器が使用されるが，示差屈折率検出器はアイソクラティック溶離法に限定されるため，サイズ排除クロマトグラフィーによる高分子の分子量分布解析や高分子と添加剤の分離モニターには使用されるが，光吸収を有しない添加剤の分析では蒸発光散乱検出器を使用することが多い．蒸発光散乱検出器はグラジエント溶離法が使用できるため，示差屈折率検出器と比較して一斉分析性において優れるが，揮発性成分が検出できない点と使用できる移動相が揮発性を有するものに限定される点に注意すべきである．

e. データ処理部

検出器から出力された信号をクロマトグラムとして記録し，えられたクロマトグラムを基にピーク面積，保持時間などを自動的に算出し成分同定・定量計算する機能を有する．フォトダイオードアレイ検出器を用いた場合には，設定された波長範囲での検出器信号がすべて記録され，データ解析において特定波長のクロマトグラムをえることができる．また，検出されたピークが単一成分に基づくピークであるかを確認すること（ピーク純度検定）や保持時間のみでなく，吸光度スペクトルの一致度と保持時間の両面からのピーク同定も可能となる．

2.5.5 分離モード

HPLCでは目的成分と固定相，移動相のどのような特性を利用して分離するかによっていくつかの分離モードがある．各種分離モードについて概説するが，合成高分子ではサイズ排除クロマトグラフィー，添加剤の分析では逆相クロマトグラフィーとサイズ排除クロマトグラフィーが重要となる．

a. 逆相クロマトグラフィー

固定相と目的成分の疎水相互作用を利用した分離モードであり，他の分離モードと比較して分離効率が高く，分析時間の短縮が見込めることから，糖などの水溶性の高い化合物を除いて，有機低分子化合物の分析に広く利用されている．各成分の保持にはおもに疎水相互作用が寄与することから，極性の高い化合物はあまり固定相に保持されずカラムから早く溶出されるのに対して，極性が低い化合物は強く固定相に保持され遅い保持時間に検出される．

代表的なカラムはシリカゲルの表面をオクタデシル基で化学修飾した充填剤を用いたカラム（ODSやC_{18}などの名称で市販）であり，そのほかにオクチル基（C_8）やトリメチルシリル基（TMS），フェニル基（Phenyl）などで化学修飾したカラムもある（図2.65）．一般的に化学修飾基のアルキル鎖が長いほど保持は強く，一方，短い

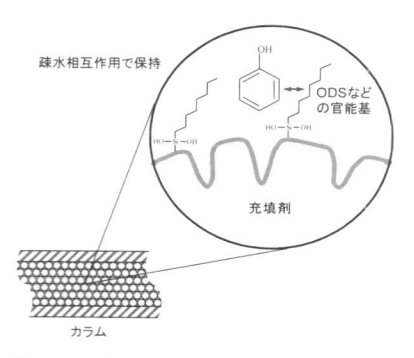

図 2.65 逆相クロマトグラフィーのイメージ

ほどわずかな構造の違いを分離できることが多い．また，フェニル基を導入したカラムでは直鎖構造の化合物に対して相対的に芳香族化合物の保持が強くなる．目的成分の分離に合わせてカラムを選択するが，カラムの安定性なども考慮してファーストチョイスとしてはODS（またはC$_{18}$）カラムが使用されることが多い．

移動相には水または緩衝液とメタノール，アセトニトリルなどの水と相溶性のある有機溶媒との混合液を用い，有機溶媒の比率を高めると溶出が早くなる．緩衝液に関しては，pHにより塩基性化合物や酸性化合物の保持を調整することが可能である．カルボキシル基やアミノ基などの解離基はpHによって分子型とイオン型に変化するが，分子型では保持が強くなり，逆にイオン型とすると保持が弱くなる．このことを利用して，緩衝液のpHを低くすると酸性化化合物の保持を強めることができ，pHを高くすると塩基性化合物の保持を強めることができる．移動相pHに関してはカラムによって使用できる範囲に制限があるため，取扱説明書などで確認する必要があるが，シリカゲル逆相カラムはアルカリ性には弱いものが多いので注意する必要がある．

高分子添加剤のなかで光安定剤として用いられるHALSは一般的なシリカゲル逆相カラムを用いた酸性移動相条件では充填剤への吸着が強くカラムからの溶出が困難であるため，樹脂系逆相カラムを用いてアルカリ移動相で分析されることが多い．

b. 順相クロマトグラフィー

双極子に基づく親水相互作用を利用した分離モードである．逆相クロマトグラフィーと比較して構造認識能が高いことが特徴であり，逆相クロマトグラフィーでは分離が困難な幾何異性体の分離には有効である．分離成分間での保持の強さは逆相クロマトグラフィーとは反対になり，親水相互作用が強い高極性化合物は強く保持され溶出が遅くなり，逆に，低極性化合物はあまり保持されずに早く溶出される（図2.66）．

代表的なカラムはシリカゲルを充填したカラム（SIL）であり，そのほかにその表面をシアノプロピル基（CN）やアミノプロピル基（HN$_2$）で化学修飾したものなど

2.5 高速液体クロマトグラフィー

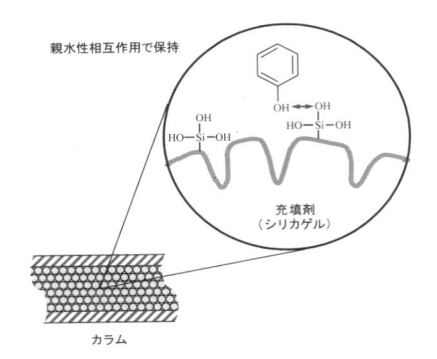

図 2.66 順相クロマトグラフィーのイメージ

がある.

移動相にはヘキサンなどの低極性有機溶媒とエタノール,テトラヒドロフランなど比較的極性の高い有機溶媒の混合液が使用され,有機酸を添加することもある.メタノールなどの極性の高い有機溶媒の比率を高めると保持を弱め,早くカラムから溶出させることができる.

順相クロマトグラフィーでは基本的には移動相に水を用いないことから,水に不安定な化合物の分析や分取精製に利用されることもある.高分子添加剤のNMRによる構造解析を行うための分取精製では,分取後の移動相除去が容易にできることから順相クロマトグラフィーが使用されることも多い.一方,逆相クロマトグラフィーを分取精製に用いる場合には,分取後の移動相の除去を考慮して,あらかじめ後処理にて取り除くことができる緩衝液を移動相として使用することや移動相の除去中に水が残りやすいため,目的成分の分解の可能性などを考慮しておく必要がある.

c. サイズ排除クロマトグラフィー

各分離成分のサイズ(分子量)の違いにより,充填剤の細孔への浸透度合いの差を利用した分離モードである.サイズ排除クロマトグラフィーでは,大きな成分は充填剤の細孔にあまり浸透できずに早くカラム出口に運ばれるのに対して,小さな成分は充填剤の細孔に十分に浸透しつつ運ばれるためにカラム出口に達するまでに時間を要する.すなわち,サイズの大きな成分は早く溶出し小さな成分ほど遅く溶出する.サイズ排除クロマトグラフィーはおもに高分子の分離に用いられ,合成高分子などに応用される場合にはゲル浸透クロマトグラフィー(GPC),タンパク質などの生体高分子ではゲルろ過クロマトグラフィー(GFC)とよばれることもある(図2.67).

カラムには樹脂充填剤が広く用いられ,市販されているカラムには分離可能な分子量範囲が示されているので,分離する目的成分の分子量範囲に応じたカラムを選択して,目的とする分離をえられるように調整する.また,幅広い分子量範囲での分離が

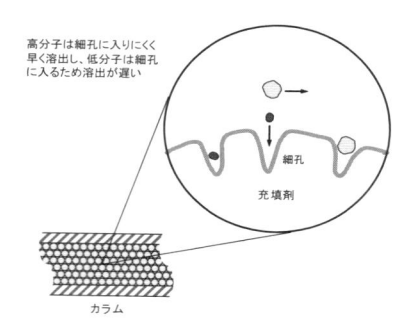

図 2.67　サイズ排除クロマトグラフィーのイメージ[2]

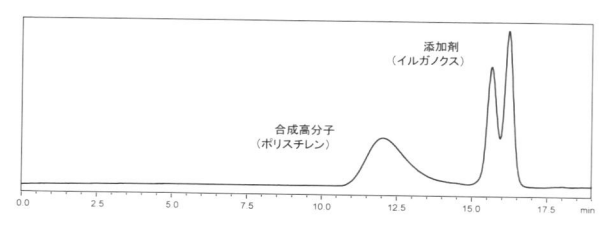

図 2.68　サイズ排除クロマトグラフィーによる添加剤の分離

必要な場合には，分離可能な分子量範囲の異なるカラムを複数本接続することもある．なお，分離可能な分子量の上限を排除限界，下限を浸透限界とよび，排除限界よりも大きな成分はすべて初めに分離されずに溶出し，浸透限界よりも小さな成分は最後に分離されずに溶出する．

移動相には合成高分子（GPC）ではテトラヒドロフランやクロロホルムなどの有機溶媒を，生体高分子（GFC）では緩衝液を使用するのが一般的であるが，いずれもサンプルが溶解することが基本となり，また，使用する移動相によって充填剤の膨潤率が変化して分離できる分子量範囲が変化することもあるため，移動相の変更には注意が必要である．

サイズ排除クロマトグラフィーは，溶出時間と分子量の間にある相関関係を利用して，合成高分子の平均分子量や分子量分布の解析にも使用されるが，高分子から低分子添加剤を分離するために使用することもできる．この場合，高分子は初期に溶出し，低分子である添加剤は浸透限界付近に遅く溶出する（図 2.68）．

d.　その他の分離モード

逆相，順相およびサイズ排除クロマトグラフィー以外にも，いくつかの分離モードがある．イオン交換クロマトグラフィーはイオン相互作用の強さの違いを利用して分離するモードであり，陽イオン交換クロマトグラフィーと陰イオン交換クロマトグラ

フィーに大別される．陽イオン交換クロマトグラフィーでは陽イオン性が強い成分ほど遅く溶出し，陰イオン交換クロマトグラフィーでは陰イオン性が強い成分ほど遅く溶出する．水溶性が高く，逆相クロマトグラフィーでは分離できないようなイオン性成分（アミノ酸など）の分離に利用されることが多い．また，有機酸の分離ではイオン排除クロマトグラフィーが用いられる．イオン排除クロマトグラフィーは，イオン交換クロマトグラフィーとは逆にイオン反発によって充塡剤の細孔への各成分の浸透度合いの差を利用して分離するモードであり，イオン性の強い有機酸は細孔にあまり浸透せずに早く溶出し，逆にイオン性の弱い有機酸は細孔に浸透しつつカラム出口に向かうことで遅く溶出する．これら以外にも糖の分離にしばしば用いられる配位子交換クロマトグラフィーや特定成分との相互作用を活用したアフィニティクロマトグラフィーなどもある．

2.5.6　逆相クロマトグラフィーにおける分離調整

高速液体クロマトグラフィーでは，分析目的に合わせて各種分離モードのなかから適切なモードを選択して，目的成分と共雑成分を分離できるようにカラム選択や移動相調整を行うが，添加剤分析で多く使用される逆相クロマトグラフィーを例としてその考え方を示す．

分離に関係する要素としては，①保持の強さ（保持係数：k），②カラムの分離性能（理論段数：N）および③2成分の間の保持特性の違い（分離係数：α）の3つがあり，これらのパラメータと分離（分離度：R）との関係は図2.69のとおりである．

a.　保持係数（k）の調整

分離をえるためには適切な保持をえることが必要である．保持係数とはその保持の程度を示すパラメータであり，逆相クロマトグラフィーにおいては，移動相中の有機

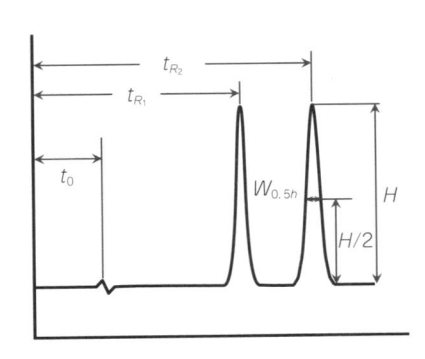

$$R = \frac{1}{4}\sqrt{N}\left(\frac{\alpha-1}{\alpha}\right)\left(\frac{k}{k+1}\right)$$

$$k = \frac{t_R - t_0}{t_0}$$

$$N = 5.54 \times \left(\frac{t_R}{W_{0.5h}}\right)^2$$

$$\alpha = \frac{t_{R_2} - t_0}{t_{R_1} - t_0} = \frac{k_2}{k_1}$$

R　：分離度　　　　　　　　　　k　：保持係数
t_R　：保持時間　　　　　　　　　α　：分離係数
t_0　：ホールドアップタイム　　　N　：理論段数
$W_{0.5h}$：半値幅

図2.69　分離と各種パラメータ

溶媒（メタノールやアセトニトリル）の比率を少なくすることで保持係数を大きくすることができる．しかし，ある程度以上に保持を強くしても分離改善への寄与は少なくなる．このことは図 2.69 中の分離度 (R) に関する式でも示されており，$k/(k+1)$ の項は k が 3 を超えるとあまり大きくはならず，10 を超えても分離がえられないようであれば有機溶媒比率の調整による分離は困難であると判断するのが妥当である．これは内径 4.6 mm × 長さ 150 mm のカラムにおいて移動相を流量 1.0 mL/min で分析した場合，保持時間が 15 分を超えても分離できないようであれば，有機溶媒比率の調整による分離は困難であると判断することになる．

b. 理論段数（N）の調整

分離を改善するためには分離性能の優れたカラムを使用する方法もある．カラムの分離性能の指標としては理論段数（N）が用いられ，理論段数にはカラム長さと充填剤の粒子径が影響する．理論段数はカラム長さに比例し，カラム長さを 2 倍にすると理論段数は 2 倍になる．また，充填剤粒子径には反比例し，充填剤粒子径が半分のカラムでは理論段数は 2 倍に向上する．しかし，図 2.69 のに示した分離度（R）に関する式のとおり分離度は理論段数の平方根に比例することから理論段数を 2 倍に向上させても分離度は 1.4 倍にしかならない点には注意する必要がある．

例えば，粒子径 5 μm，長さ 150 mm のカラムで分離度 1.2 がえられている場合，同一充填剤カラムの 250 mm 長さに変更するか，あるいは，保持特性が同じ粒子径 3 μm のカラム（長さは 150 mm）に変更することで完全分離といわれる分離度 1.5 以上を達成できる可能性がある．分析時間の観点では粒子径を小さくするほうが効率的であるが，小粒子径の充填剤カラムではカラムの流れ抵抗が大きくなるため，システム耐圧の許容範囲を考慮する必要がある．このように理論段数の向上によって目的とする分離が達成できるか否かに関しては，あらかじめ予測することが可能である．

c. 分離係数（α）の調整

移動相中の有機溶媒比率の低下やカラムの高性能化でも目的とする分離が達成できない場合には分離係数を向上させる必要がある．分離係数を変化させる具体的な方法の 1 つに，移動相の pH あるいは有機溶媒の種類を変更する方法がある．移動相 pH に関しては目的成分と分離したい夾雑成分のいずれか，あるいは両方がイオン性を有する成分である場合には分離を改善できる可能性が高い．また，有機溶媒の種類に関しては，メタノールとアセトニトリルでも溶解度の違いなどに起因して，保持係数が大きく異なる成分もあり分離改善に寄与する可能性がある．移動相以外ではカラム温度を変更する方法もある．一般的にカラム温度を低くすると保持は強くなり，カラム温度を高くすると保持は弱くなるが，その程度は化合物によって異なるため，温度を変更することで分離改善できる可能性がある．

これら以外では逆クロマトグラフィー用カラムでも種々あることから，固定相種類

の異なる逆相クロマトグラフィー用カラムに変更するか，同じ固定相種類であっても異なる特性のカラムやメーカーの変更などにより分離を改善できる可能性がある．同じ固定相種類（例えばODS）であっても，ODSの修飾率，結合方法およびエンドキャップの有無などにより保持特性が変わるためこれらが異なるものに変更することが効率的である．

2.5.7　高分子添加剤の分析上の留意点

　高分子添加剤の分析において，高分子から添加剤を抽出するさいにテトラヒドロフラン（THF）などの有機溶媒を使用されることが多い．このようにしてえられたサンプルを逆相クロマトグラフィーにより分析する場合，注入体積を多くすると正常な形状のピークがえられず，ピーク形状がリーディングすることがある（図2.70）．このような場合には，注入体積を少なくするか，抽出後に水などで希釈する必要がある．また，高分子成分がサンプル溶液に溶解している場合には，あらかじめ移動相中で析出しないことを確認しておく必要がある．高分子成分の析出が発生している場合，カラムの入口フィルターや充填剤の隙間に析出した高分子が詰まり，カラム圧力が上昇するとともにカラム性能が低下することが多い．

おわりに

　高速液体クロマトグラフィーは，合成高分子分析においてサイズ排除クロマトグラフィーがおもに分子量分布解析やダイマーやモノマーの解析などに使用され，ダイマーやモノマーの解析では質量分析計と組み合わせることも多くある．一方，高分子添加剤の分析では逆相クロマトグラフィーを応用することが多く，検出器にはフォトダイオードアレイ検出器やLC/MSが使用されることが多い．また，高分子添加剤の

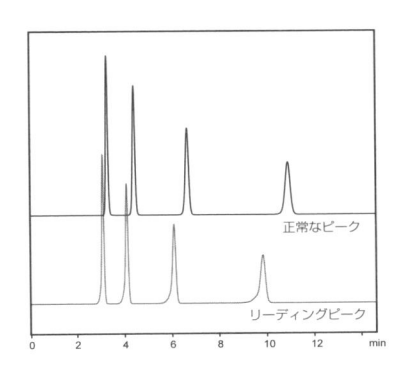

図2.70　リーディングピーク

高分子からの分離手段として添加剤分析においてもサイズ排除クロマトグラフィーが使用されることがある．さらに，サイズ排除クロマトグラフィーとフォトダイオードアレイ検出および示差屈折率検出を同時に行うことで高分子と添加剤の同時解析を実現できることもある．

このように高速液体クロマトグラフィーは，高分子材料の成分や劣化評価などにおいて，その解析手法の1つとして応用することが可能である． 【早川禎宏】

参考文献
1) 早川禎宏：HPLCの基礎とポリマー添加剤の分析．高分子添加剤の分離・分析技術．p.25, 技術情報協会，2011.
2) 早川禎宏：HPLCの基礎とポリマー添加剤の分析．高分子添加剤の分離・分析技術．p.29, 技術情報協会，2011.

参考書
大谷　肇，寳﨑達也編：合成高分子クロマトグラフィー，オーム社，2013.
津田孝雄：クロマトグラフィー―分離のしくみと応用―第2版，丸善，1995.

2.6　質量分析法

質量分析法（mass spectrometry；MS）は，原子または分子をイオン化して，それらを高真空中で加速し，電場や磁場のなかを移動させて，各イオン種の質量による場との相互作用の違いを利用して，分離・検出する分析手法である．その結果，観測される質量スペクトルから化合物の分子量，分子式および化学構造などに関する情報をえることができる．しかし，高分子量の成分に対しては，その分子構造を破壊せずイオン化することが容易ではなく，また，それらを首尾よくイオン化できたとしても，分離および検出に困難を伴うことなどの問題があった．こうしたことから，かつて高分子化合物はMSの測定対象としてはみなされず，その利用は比較的分子量の小さな成分の解析に限定されていた．しかし，近年の各種ソフトイオン化法あるいは高い感度や分解能をかね備えた質量分離法の著しい発展により，現在では分子量が10^6を超える高分子量物質の分子イオンをスペクトル上に観測して，分子量の決定や化学構造の解析を行うことなども比較的容易になってきた．こうしたことからMSは，各種添加剤，特に分子量のかなり大きな添加剤成分の分析においても重要な手法の1つになりつつある．

本節ではまず，今日利用されているさまざまなタイプのMSについて，それらの構成要素と特徴などを簡潔に述べたのち，昨今高分子量成分の解析に大きな威力を発揮している，マトリックス支援レーザー脱離イオン化―飛行時間型質量分析法（MALDI-TOF-MS）について，その装置構成と測定原理などを概説するとともに，

高分子量ヒンダードアミン系光安定剤（HALS）の直接分析に関する代表的な適用例を紹介する．

2.6.1　MSの装置構成

　MSの測定装置，すなわち質量分析計では，試料はまずイオン源に導入され，さまざまな手法でイオン化される．生成したイオンは，電場によって加速されて分離管に送られ，高真空下で磁場や電場の作用を受け，質量/電荷比（m/z）の大きさに従って分離される．分離方式には磁場型，二重収束型，四重極型（QMS），飛行時間型（TOF-MS）およびフーリエ変換型（FT-ICR）などがあるが，高質量成分に対しては原理上測定できるm/z値に上限をもたないTOF-MSやFT-ICRがよく用いられる．分離されたイオン種は二次電子増倍管などによって検出される．

　測定試料として高分子材料を想定した場合，試料中に存在する，ある程度の揮発性をもつ低分子量の残存モノマーや添加剤などの分析では，イオン源内に設置した試料プローブを加熱し，試料中の目的成分分子を気化させてからイオン化する，直接導入法が用いられる．揮発性混合物の分析には，2.4節で述べたガスクロマトグラフ（GC）とMS装置が直結されたGC-MSシステムが利用される．このような気体成分のイオン化には，電子イオン化法（electron ionization；EI）や化学イオン化法（chemical ionization；CI）が適している．試料分子のフラグメント化を伴うEI法は，成分の同定や構造解析に有効であり，一方，比較的ソフトなイオン化法であるCI法は成分化合物の分子量の推定に用いられる．GC-MSにおいて生成したイオンの質量分離には，比較的安価で保守が容易な四重極型質量分析装置が汎用されているが，精密質量を測定したい場合には，二重収束型質量分析計などの高分解能装置が必要である．最近では，測定成分の詳細な化学構造解析を行うためのMS/MS測定に適したイオントラップ型や，四重極型よりも高分解能でかつ高感度な飛行時間型の質量分析装置もかなり用いられるようになってきた．

　加熱気化によって分解や変性が起こるおそれのある試料の質量分析には，試料溶液のフローインジェクションによる導入法がよく用いられる．また，溶液中の混合成分を分離したい場合などには，液体クロマトグラフ（LC）-MSシステムの利用が有効である．いずれの場合でも，液体試料を高真空のイオン源に直接導入することはできないので，大気圧中で試料を噴霧しながら溶媒を除去して目的成分をイオン化し，その一部を差動排気システムによって高真空の質量分離部へ導入する方策が用いられる．そのため，イオン化には大気圧化学イオン化法（atomic pressure chemical ionization；APCI）やエレクトロスプレーイオン化法（electric spray ionization；ESI）などが用いられる．

　分子量が数千以上の化合物の構造情報をえる場合は，溶液化した試料を直接ある

いはグリセリンなどのマトリックスと混合してから試料基板に塗布してイオン源に導入し，測定試料への粒子衝撃あるいはレーザー光照射を行う，高速原子衝撃イオン化法（fast atom bombardment；FAB），二次イオン質量分析法（secondary ion mass spectrometry；SIMS），およびレーザー脱離イオン化法（laser desorption ionization；LDI）や，試料が塗布されたエミッタに高電圧を加える電界脱離イオン化法（field desorption ionization；FD）などが用いられてきた．しかしながら，これらのイオン化法は，測定試料の調製に高度な技術や熟練を要したり，フラグメント化がある程度避けられないため測定可能な分子量領域が限定される（〜1万程度）などの短所がある．したがって最近では，高分子化合物のイオン化には，測定が比較的容易であり，観測可能な分子量範囲が数十万にもおよぶMALDI法の利用が主流である．

なお，MS全般に関する詳細については，最近関連する成書がいくつか出版されているので，それらを参照されたい[1)〜3)]．

2.6.2 マトリックス支援レーザー脱離イオン化－飛行時間型質量分析法（MALDI-TOF-MS）

2002年の田中耕一氏のノーベル賞受賞によって一躍脚光を浴びるようになったMALDI法を，TOF-MSと組み合わせたMALDI-TOF-MSは，その後の約10年間に高分子材料分析の分野でもかなり幅広く活用されるようになってきた[4)〜6)]．図2.71に，波長337 nmの紫外光を数〜10 Hz程度の周期でパルス発振する窒素レーザーを

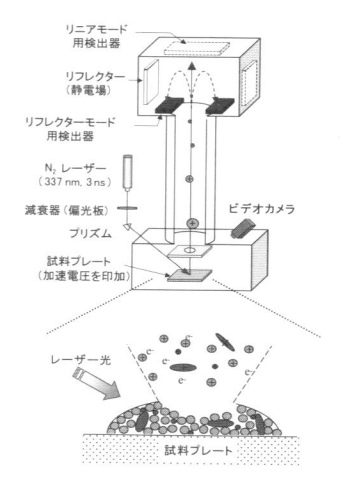

図 2.71　MALDI-TOF-MSの装置構成例とイオン化の原理[10)]

備えた MALDI-TOF-MS の装置構成図の一例を示す．MALDI では，高分子試料を，レーザー光エネルギーを吸収しかつプロトン供与体となりうる，マトリックスと総称されている化合物と均一混合し，これにパルスレーザー光を照射することによって，試料分子が分解することなくマトリックスもろとも気化する．このとき同時に生成したプロトンや不純物として含まれる陽イオンが試料分子に付加することによって，イオン化が達成される．MALDI-TOF-MS の最大の特長は，このように高分子量成分でもほとんどフラグメント化することなく比較的容易にイオン化できることである．

a. MALDI 法の原理と試料調製

　MALDI-TOF-MS では，測定対象試料に対して，通常モル比で 100〜1000 倍量程度の大過剰のマトリックス試薬が用いられる．こうしたことから，試料高分子との親和性ができるだけ高いマトリックス試薬を選択する必要がある．表 2.8 に，紫外線レーザーを用いる合成高分子の MALDI-TOF-MS 測定で使用されている代表的な有機マトリックス試薬を示す．これらの多くは，紫外光を吸収しやすい，分子内に多数の共役二重結合を有する芳香族化合物である．また，マトリックスは，レーザー光エネルギーの吸収に加えて，試料分子を分子レベルで分散させ，効率よく脱離させる役割をになっている．そのため，測定試料との親和性を考慮しながら，最適なマトリックス剤を選択する必要がある．その大まかな指針として，極性化合物の測定には 2,5-ジヒドロキシ安息香酸（DHB）を，一方，低極性化合物の測定にはジスラノールおよび全トランスレチノール酸（RA）を初めに試すとよい．実際には，最適なマトリックス剤を選択するために，ある程度試行錯誤的な検討を行う必要があるため，あらかじめ類似試料の測定例を文献などで調査しておくことが望ましい．

　さらに，プロトン親和性が低い成分のイオン化では，補助的に加えられるカチオン化剤が実質的なイオン化剤としての役割をになうため，その適切な選択がきわめて重要である．ポリエステル類やポリエーテル類などの分子鎖中にヘテロ原子を含む極性成分をイオン化するためには，一般にアルカリ金属塩を添加する．なかでも，イオン半径が小さいリチウムの塩か，安定同位体が 1 種類しかないナトリウムの塩が選択されることが多い．一方，芳香族あるいは不飽和炭化水素化合物のイオン化には，π 電子系に高い親和性をもつ遷移金属の塩が用いられる．例えば，ポリスチレンなどの芳香族系ポリマーのイオン化には銀塩が最適であり，ポリブタジエンなどの不飽和炭化水素系ポリマーのイオン化には銅塩が適している．

　高感度な MALDI 質量スペクトルを観測するためには，できるだけ均質な試料/マトリックス/カチオン化剤の混合結晶を調製することが重要である．まず，各試薬および試料に共通する良溶媒で，試料溶液（1 mg/mL 程度），マトリックス剤溶液（15〜50 mg/mL 程度），およびカチオン化剤溶液（1 mg/mL 程度）の各溶液を調製し，1/5/1〜1/10/1 程度の容量比で混合する．この混合溶液を，1 μL 程度，試料プレート

表 2.8　MALDI-TOF-MS 測定で用いられるおもなマトリックス剤

名称（略称）	構造式	特　徴
2,5-ジヒドロキシ安息香酸（DHB）	（構造式）	ポリエステルやポリエーテルなどの極性ポリマーのイオン化に適している．酸性が強いので試料の変性を引き起こすことがある
トランス-3-インドールアクリル酸（IAA）	（構造式）	おもにメタクリル酸系ポリマーのイオン化に用いられる
1,8-ジヒドロキシ-9[10H]-アントラセノン（ジスラノール）	（構造式）	ポリスチレンなどの芳香族炭化水素系ポリマーのイオン化によく用いられるが，極性ポリマーも含めて適用範囲は広い．昇華性が高いので，イオン源に導入後，速やかに測定する必要がある
1,1,4,4-テトラフェニル-1,3-ブタジエン（TPB）	（構造式）	ジスラノールの欠点を克服するために開発されたマトリックス剤で，芳香族炭化水素系ポリマーのイオン化に適している
2-(4-ヒドロキシフェニルアゾ)安息香酸（HABA）	（構造式）	ポリカーボネートなどの芳香族系ポリマーやポリアミドなどのイオン化に適している．特に，分子量数万以上のポリマー分析に用いられる
全トランスレチノール酸（RA）	（構造式）	同上
トランス-2-[3-(4-tert-ブチルフェニル)-2-メチル-2-プロペニリデン]-マロノニトリル（BMPM/DCTB）	（構造式）	イオン化効率に優れ，レーザー強度を低く抑えることができ，壊れやすい試料など，あらゆる系のポリマーのイオン化に適している

上に塗布して乾燥する．あるいは，あらかじめ試料プレート上にカチオン化剤の微結晶を析出させておき，その上に試料/マトリックス混合溶液を塗布してもよい．上記は目安であり，実際には試料ごとに最適な調製方法を試行錯誤的に検討する必要がある．

b.　TOF-MS の測定原理と操作方法

MALDI では，イオン化がパルス的に起こり，測定対象となる質量範囲が広いため，

質量分離には，それらに適した方法として，高分解能測定のためのFT-ICR装置も利用されているが，ほとんどの場合はTOF-MSが用いられる．TOF-MSでは，イオン源で生成したイオンは，電場のポテンシャルエネルギーによって加速される．このときの加速電圧をV，イオンの質量数をm，電荷数をz，電気素量をeおよび加速されたイオンの速度をvとすると，電場のポテンシャルエネルギーが運動エネルギーに変換されるので，

$$zeV = \frac{mv^2}{2} \tag{2.2}$$

の関係が成り立つ．一方，速度vに加速されたイオンは，その後電場の影響のないフライトチューブ内の距離Lの自由空間を飛行する．その間の飛行時間をtとすると，

$$t = \frac{L}{v} \tag{2.3}$$

となる．これらの式（2.2），（2.3）を整理すると，

$$\frac{m}{z} = \frac{2eVt^2}{L^2} \tag{2.4}$$

となり，LおよびVは装置により決まった値となるので，飛行時間tからm/zが求められる．

ここで，tを正しく決めるためには，イオンが自由空間を飛行するさいのスタートとゴールのタイミングを精密に捉えることが不可欠である．後者は，イオンが検出器により検出された時間から容易に決まる．一方，イオン化が数ナノ秒程度のパルスレーザーで行われるのであれば，前者をそのイオン化のタイミングと考えて差し支えない．このことが，MALDIのイオン化とTOF-MSとの相性がよい1つの理由である．

しかし，現実には，MALDIで生成するイオンには，同一のイオン種であっても，初期速度，初期位置，イオン生成時間などについてある程度の広がりをもち，これらが観測される質量スペクトルの分解能の低下を招くことになる．これらの影響は，レーザーを照射してすぐにイオンを加速するのではなく，数百ナノ秒程度タイミングを遅らせてから加速する「遅延引き出し法」によって，かなり抑制される．例えば，イオンの初期速度に分布がある場合，加速開始までの間に，イオンは初期速度に応じて電位勾配のある加速電場のなかをある程度進むため，結果的に初期速度の速いイオンほど電場から受け取るポテンシャルエネルギーが小さくなり，初期速度の違いによる飛行時間の差異が相殺されることになる．ただし，この効果をえるための適正な遅延時間は，原理的にmの値に依存することに注意を要する．

また，分解能の低下を招く初期運動エネルギーの分布を収束させるために，検出器までの自由空間内においてイオンをそのまま直線的に飛行させる（リニアーモード）のではなく，検出器に到達する前に，反射電位を段階的に印加する電極群からなる静

電界ミラー（リフレクトロン）用いて反転させる方法（リフレクターモード）がよく用いられる．これは，振り子の等時性の原理を応用したもので，大きな初期運動エネルギーを有するイオンほど，リフレクトロンのより深部まで浸入してから反転するため，図 2.71 に示すように，リフレクトロンの出口に検出器を配置しておけば，エネルギー分布にかかわらず m/z 値が同じイオンは，ほぼ同時に検出されることになる．

ただし，検出感度はしばしばリニアーモードよりリフレクターモードのほうが低くなることに注意が必要である．これは，かりにフライトチューブ内でイオンの分解を生じても，リニアーモードであれば速度に変化なく検出器に到達するため感度低下を招かないが，リフレクターモードでは分解したイオンは元のイオンとは異なる反転軌道をとるため，検出器に到達せず感度が低下するためである．

一方，質量分解能は，m/z 値の違いに対する飛行時間の差異が大きくなればなるほど高くなる．このためには，式 (2.4) からわかるように，加速電圧 V を小さくするか，飛行距離 L を長くすればよい．前者の方法では，初期速度の影響などが大きくなることから現実的ではないので，実用的には後者の方法が有効である．リニアーモードよりリフレクターモードの分解能が高くなるのは，上述の効果に加えて，飛行距離が長くなることも寄与している．最近，これ効果をより生かすために，図 2.72 に示すように，8 の字のらせん状のイオン軌道を描くことによって，飛行距離を 17 m ま

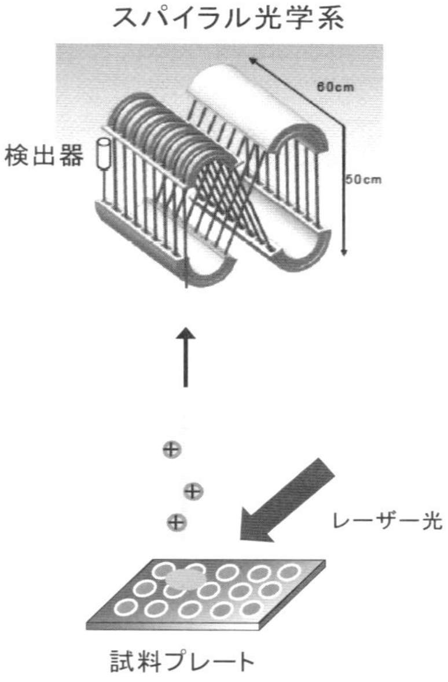

図 2.72 MALDI-スパイラル TOF-MS の装置構成[10]

で延長し,きわめて高い質量分解能を実現したスパイラル TOF-MS 装置が開発された[7]. 同じ距離を直線的に確保しようとすると,装置が巨大になり実現はほぼ不可能であるが,らせん軌道を描くことによって装置全体がコンパクトにまとめられる. さらに,飛行距離を延ばすことによってしばしば付随する,イオンビームの空間的広がりによる感度低下の問題も,らせん軌道の周回ごとにイオンビームが収束するイオン光学系を組み入れることによって回避される.

分子量 1000 程度の成分であれば,スパイラルモードにおいて一般に 50000 を超える質量分解能が達成できる. したがって,例えば整数質量数としては同じでも,小数点以下 2 桁目程度の精密質量数が異なる成分が混在していた場合でも,それらを明確に異なるピークとして質量スペクトル上に観測することができる. こうした例は,構成成分が複雑になる高分子量の添加剤成分などにおいて実際にしばしば遭遇するため,それらの解析に大いに威力を発揮するものと期待される.

2.6.3 固体試料調製法による MALDI-TOF-MS 測定
a. 固体試料調製 MALDI-TOF-MS の測定手順

2.4.4 項において,一般に分析が難しい高分子量のヒンダードアミン系光安定剤 (HALS) を,反応熱脱着 GC により定性・定量分析する方法を紹介した. しかし,この方法では有機アルカリ試薬による HALS 分子の加水分解を伴うため,HALS 分子そのものの化学構造や分子量分布などに関する情報をえられないという問題がある. 一方,上述したように,MALDI-TOF-MS を用いれば,高分子化合物であってもその分子イオンをフラグメント化することなく容易にマススペクトル上に観測できる. 一般に MALDI-TOF-MS 測定では,試料をマトリックス試薬とともに適切な溶媒に溶解し,試料プレート上に滴下して溶媒を乾燥除去することにより試料/マトリックス試薬の均一な混合結晶を調製する dried droplet 法とよばれる操作が,試料成分の効率のよい MALDI に対して不可欠であると考えられてきた. そのため,高分子材料中に含まれる安定剤などの各種添加剤をこの方法により MALDI-MS 分析する場合は,基質材料中から安定剤を抽出分離することが求められる. しかしながら,高分子量 HALS を基質ポリマーから定量的に抽出分離することは一般に容易ではなく,dried droplet 法による MALDI-MS 測定ではそれらの正確な分析は難しい.

そこで筆者らは,PP 基質中に含まれる高分子量 HALS を直接 MALDI-MS 分析するために,図 2.73 に模式的に示した固体試料調製法を考案した[8]. まず,高分子量 HALS を含む PP 試料 (2.4.4 項で紹介した反応熱脱着 GC 測定の場合と同系列のモデル試料) と,マトリックス試薬であるジスラノール (1,8-ジヒドロキシ-9 [10] アントラセン) とを重量比 1:2 で混合し,凍結粉砕機を用いて液体窒素温度で,粒径が 30 μm 以下の微粉末になるまで粉砕・混合する (1). こうしてえられた混合粉末

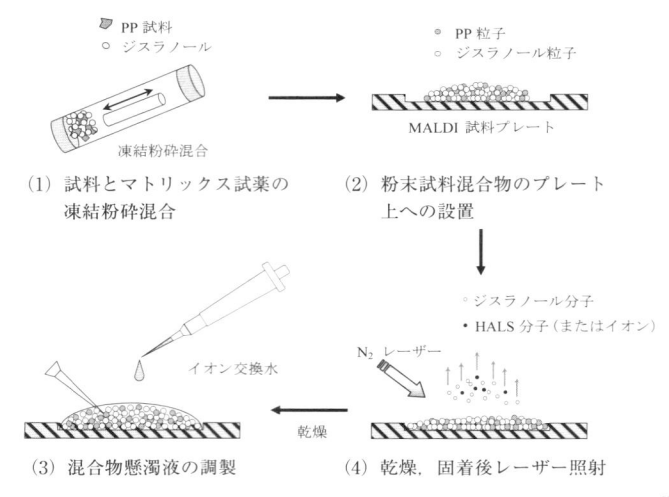

図 2.73 PP 試料中の高分子量 HALS を直接分析するための固体試料調製法[8]

の数百 μg 程度を試料プレート上の1つのスポットに置き (2), 飛散を防ぐためにイオン交換水 2 μL を加えて懸濁状態にしたのち (3), 乾燥して試料をプレート上に固着し, MALDI-MS のイオン源内に導入して波長 337 nm の窒素レーザーを照射する (4). これによって, PP 基質中の HALS 分子のみが選択的にイオン化され, 飛行時間型質量分析計により質量分離・検出される.

b. PP 中の高分子量 HALS の直接分析

まず図 2.74 に, 通常の dried droplet 法によりえられたアデカスタブ LA-68LD 単体の典型的な MALDI マススペクトルを, 質量電荷比 (m/z) の値から同定した主要成分の分子構造とともに示す. このマススペクトル上には, 3系列の HALS 成分の分子イオン (M^+) が, m/z 8000 付近まで観測されている. したがって, 当該高分子 HALS は, 基本構造の異なる主として3種類の化合物種からなり, それぞれがさらに少なくとも8量体程度までのさまざまな分子量を有する成分で構成されることがわかる.

続いて, 図 2.75 に示すように, (a) この高分子 HALS を 1.0 wt% 含む PP モデル試料からの溶媒抽出物を dried droplet 法で MALDI-MS 測定してえられた結果と, (b) 固体試料調製法を用いる MALDI-MS 測定により同じ PP モデル試料から直接脱着した HALS 成分の MALDI マススペクトルとを比較した. 抽出物のマススペクトルでは, 高分子量側の HALS 成分の相対ピーク強度が, 図 2.74 の場合と比較してかなり減少し, $n=6$ もしくはそれ以上の領域ではほとんどピークが観測されなかった. また, ピーク a_0 の相対ピーク強度が元の HALS と比較して著しく増加した. これらの測定結果

2.6 質量分析法

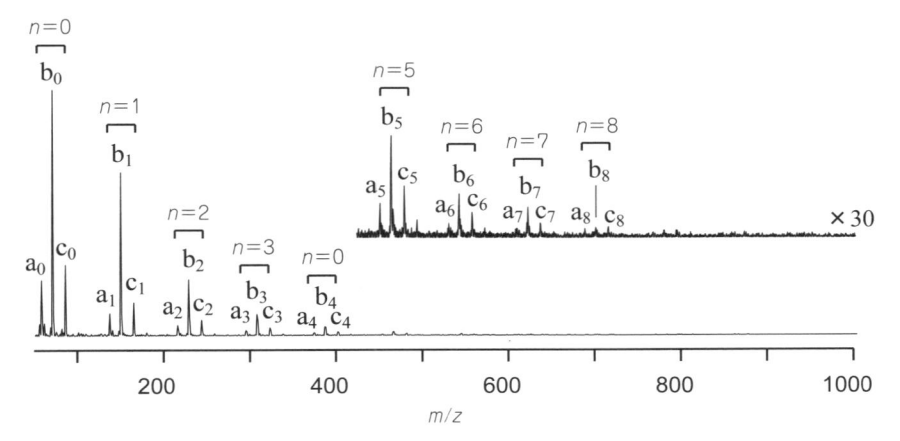

図2.74 通常の dried droplet 法により測定したアデカスタブ LA-68LD 単体の MALDI マススペクトル[8]

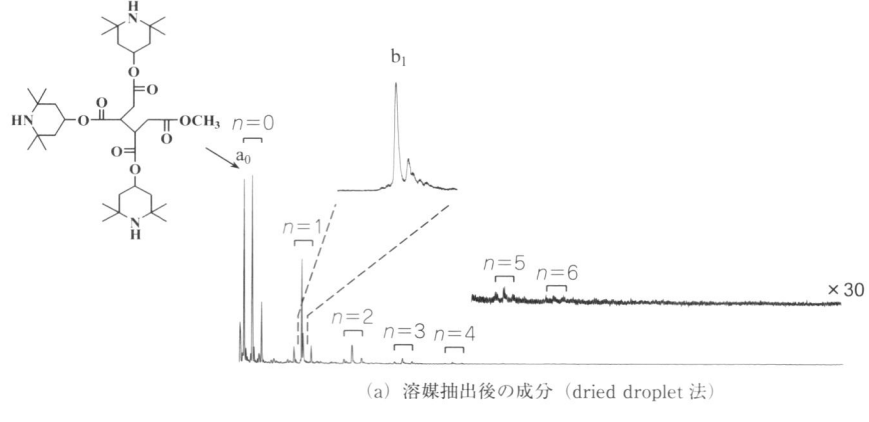

(a) 溶媒抽出後の成分（dried droplet 法）

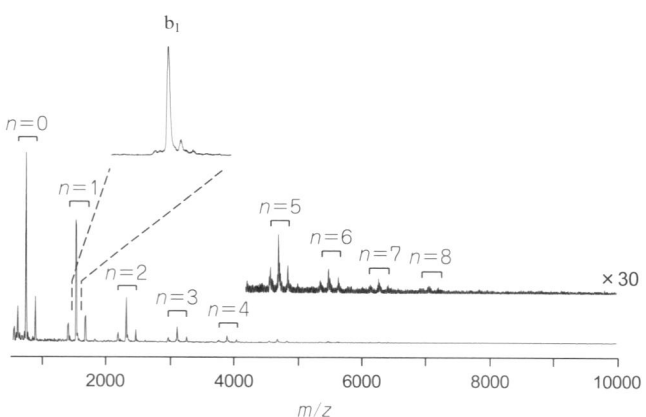

(b) 固体試料調製法により PP 試料から直接脱着した成分

図 2.75 PP 試料中の HALS 成分の MALDI マススペクトル[8]

は，抽出のさいに相対的に分子量の大きな成分が抽出されにくくなると同時に，抽出の過程で高分子量 HALS の望ましくない加水分解もかなり進行していることを示唆している．

これに対して，PP モデル試料を直接 MALDI-MS 測定してえられたマススペクトルは，図 2.74 に示した HALS 単体のスペクトルとほぼ同一であった．このことは，基質 PP 上の HALS 分子とマトリックス試薬とが粉体レベルで十分に接触していれば，固体試料調製法を用いた MALDI-MS 測定のさいに，HALS を構成するほぼすべての成分が，HALS 単体の場合と同様の効率でイオン化されたことを示唆している．

そこで次に，内部標準物質としてアンジオテンシン I（分子量 1297）を用いて，

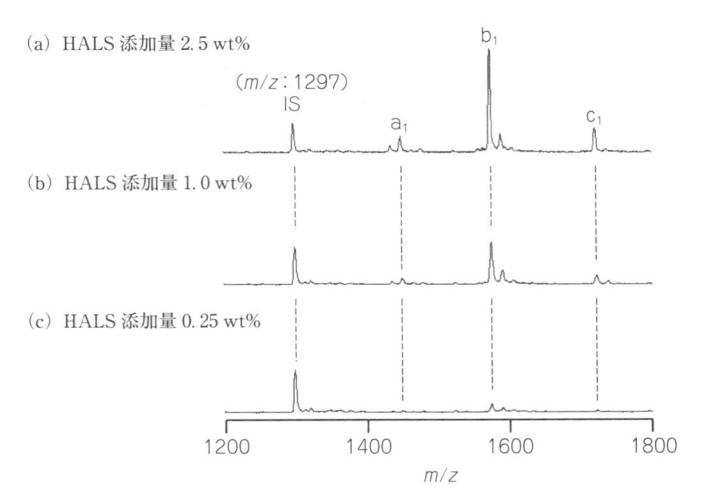

図 2.76 HALS 含有量の異なる PP 試料の MALDI マススペクトル（$n=1$ 領域の拡大図）[9]

PP 中に含まれる HALS の，固体試料 MALDI-MS による定量を試みた[9]．その結果，図 2.76 のマススペクトルからもわかるように，内部標準物質（IS）のピーク強度に対する，$n=1$ 領域に現れる HALS 成分を合算したピーク強度の比と，HALS の添加量との間には，原点を通るよい直線関係（決定係数 $R^2=0.9991$）がえられた．相対標準偏差も，30 回の繰り返し測定で約 11% と MALDI-MS による定量測定としては比較的良好な値がえられており，このような直線関係を検量線として利用することにより，MALDI-MS を用いて PP 中の当該 HALS の定量分析を直接的に行うことができる．

c. 樹脂中 HALS の安定化挙動の解析

反応熱脱着 GC 測定の場合と同様に，高分子量 HALS を 1.0 wt% 含む PP モデル試料に紫外線を照射したのちに MALDI-MS 測定することにより，紫外線照射に伴う PP 中の高分子量 HALS 分子の化学構造変化を追跡した．図 2.77 に，700 時間の紫外線照射後の PP モデル試料（HALS 添加量 1.0 wt%）を MALDI-MS 測定してえられたマススペクトルを，図 (a) は紫外線照射前，図 (b) は紫外線 200 時間照射後および図 (c) は 700 時間照射後の場合についてそれぞれ観測される MALDI マススペクトルの $n=1$ 領域の拡大図とあわせて示す．紫外線を照射することにより，内部標準物質（IS）に対する，HALS の主要成分 a_1，b_1 および c_1 の相対ピーク強度がいずれも著しく減少した．一方，d_1 および a_1'，b_1' や c_1' などを付した衛星ピークの，主要成分に対する相対強度が紫外線照射に伴って明らかに増加していることがわかる．

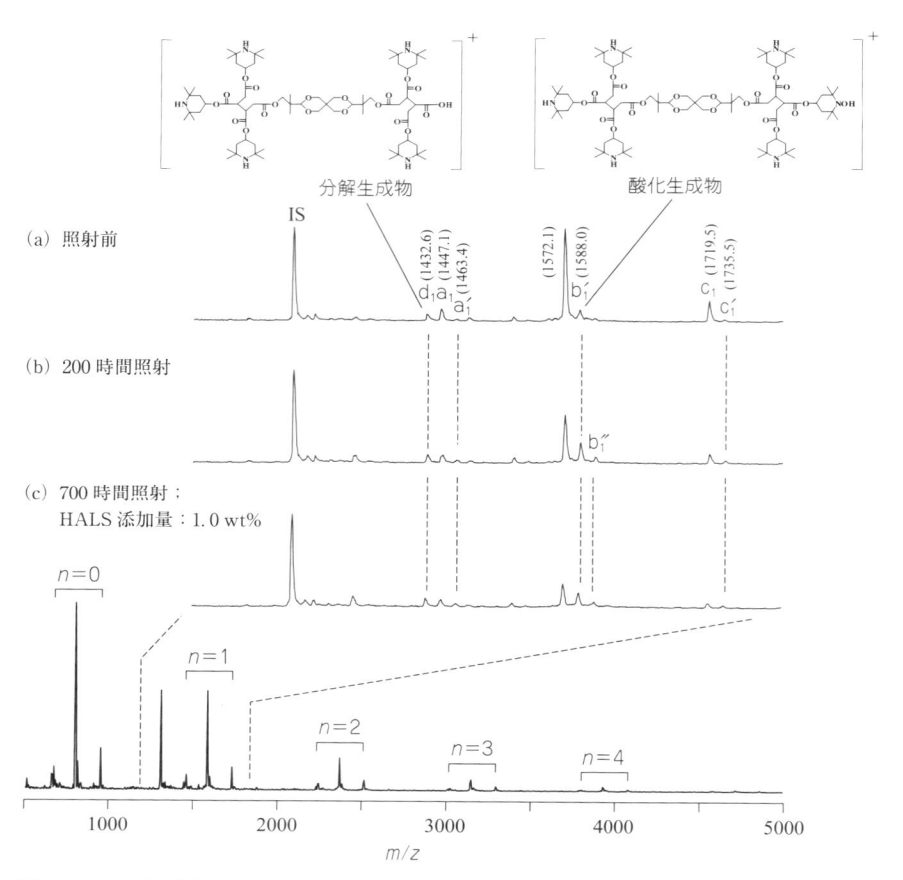

図 2.77 700 時間紫外線照射後の PP 試料中の HALS 成分の MALDI マススペクトルおよび関連する $n=1$ 領域の部分拡大図[9]

これらのうち，a_1'，b_1' および c_1' を記したピークの m/z 値は，それぞれ対応する主成分の m/z 値よりも 16 原子質量単位（amu）だけ大きく，一方，d_1 を付したピークは a_1 よりも 14 amu だけ小さかった．このような衛星ピーク群の相対的な増大は他の分子量領域（$n=0, 2$ およびそれ以上）においても同様に観測された．ここで，16 amu の差異は，酸素原子の質量数に相当するため，これらの成分は，図中に推定構造が示されているように，高分子量 HALS 中のテトラメチルピペリジン構造の 1 つが酸化されてヒドロキシルアミン（NOH）に変化した化合物であると推定された．さらに，紫外線を長時間照射した試料のスペクトル上には，b_1'' のように 2 つ以上のテトラメチルピペリジン単位が酸化された生成物に相当するピークもわずかではあるが観測さ

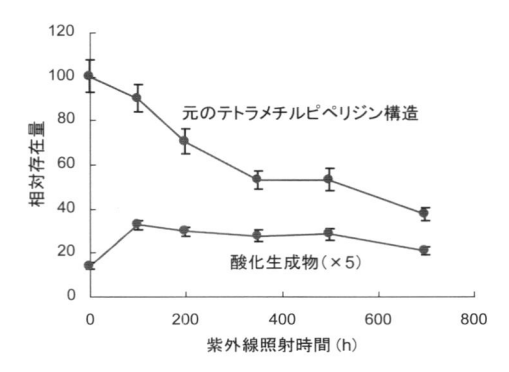

図 2.78 MALDI マススペクトル上に観測される HALS 成分の紫外線照射に伴う相対存在量の変化[9]. 照射前の元のピペリジン構造の相対存在量を 100 として規格化.

れた.この観測結果は,紫外線照射のさいに,HALS のピペリジン構造が酸化されて生じるニトロキシルラジカルが出発点となる HALS の安定化作用を裏付けている.一方,ピーク d_1 の成分は,元の HALS の主成分 b_1 の加水分解により,テトラメチルピペリジノールが放出されることにより生成したと考えられ,HALS 成分が紫外線照射によって酸化するだけでなく,一部は大気中もしくは PP 試料中の水分の影響により加水分解することを示唆している.

最後に,IS のピーク強度に対する,$n=1$ 領域に観測されたすべての成分の相対ピーク強度から,元の HALS 成分および酸化された HALS 成分の存在量を算出し,紫外線照射時間に対するそれらの変化を調べた.その結果,図 2.78 に示すように,元の HALS 成分の存在量は単調減少するのに対し,酸化された成分は照射の初期段階においていったん増加するが,その後わずかながら減少に転じた.この傾向は,2.4 節で述べた反応熱脱着 GC の測定結果とよく似ているが,MALDI-MS 測定では元のピペリジン構造の減少傾向がより顕著である.

図 2.79 に,これらの結果から推測される,紫外線照射に伴う HALS 分子の構造変化および安定化への寄与を示す.紫外線照射により,まず HALS 中のピペリジン構造の一部が酸化されて,ニトロキシルラジカルが生じる.その結果,照射初期段階では酸化されたピペリジン構造の存在量がいったん増加する.続いて,生成したニトロキシルラジカルの一部は,基質 PP の酸化により生成するラジカルを捕捉すると考えられる.こうして基質 PP を捕捉した HALS 成分は,もはやマススペクトル上には観測されなくなるため,元のピペリジン単位および酸化されたピペリジン単位の存在量は,いずれも照射に伴って見かけ上徐々に減少していくことになる.一方,反応熱脱

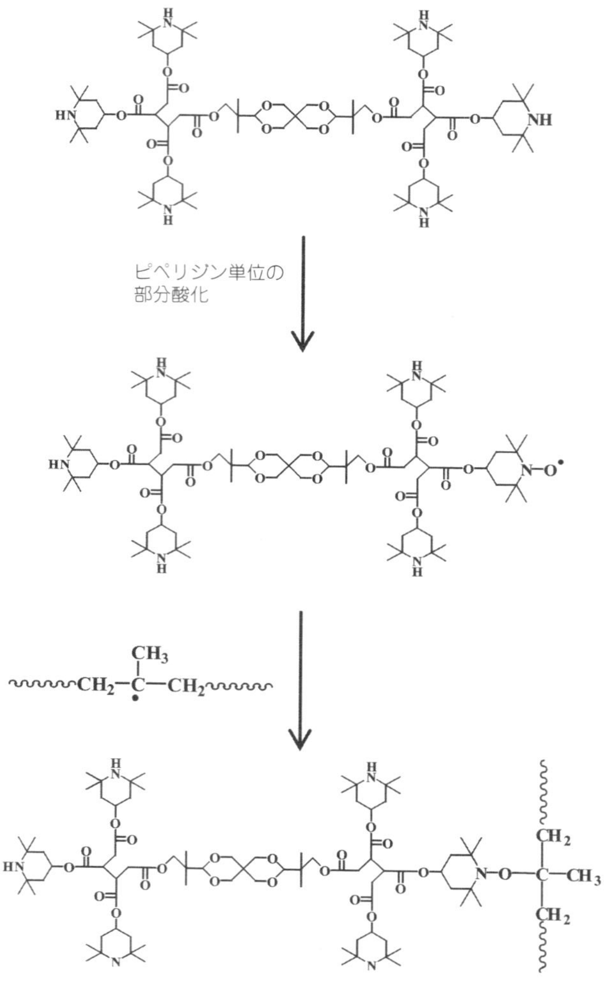

図 2.79 HALS による PP ラジカルの捕捉を伴う安定化の推定挙動[9]

着 GC 測定では,ラジカルを捕捉したニトロキシルラジカルはやはり観測されないが,図 2.79 に示されるような当該 HALS 分子中に存在する元のピペリジン単位は,エステル結合の選択的な加水分解および部分メチル化を経てクロマトグラム上に観測されることになる.その結果,照射に伴う元のピペリジン単位の減少傾向は,見かけ上反応熱脱着 GC 測定より MALDI-MS 測定の結果により顕著に現れたものと考えられる.

【大谷　肇】

参考文献

1) J. H. Gross, 日本質量分析学会出版委員会訳：マススペクトロメトリー, 丸善出版, 2007.
2) 山口健太郎：分析化学実技シリーズ 有機質量分析法, 共立出版, 2009.
3) 高山光男, 早川滋雄, 瀧浪欣彦, 和田芳直編：現代質量分析学, 化学同人, 2013.
4) H. Pasch, W. Schrepp：MALDI-TOF Mass Spectrometry of Synthetic Polymers, Springer, 2003.
5) L. Li ed.：MALDI Mass Spectrometry for Synthetic Polymer Analysis, Wiley, 2010.
6) C. Barner-Kowollik, T. Gruendling. J. Falkenhagen, S. Weidner, ed.：Mass Spectrometry in Polymer Chemistry, Wiley, 2012.
7) 佐藤貴弥：らせん状のイオン軌道をもつタンデム飛行時間質量分析装置の開発と応用例, ぶんせき, 532-536, 2011.
8) Y. Taguchi, Y. Ishida, H. Ohtani, M. Matsubara：Direct Analysis of an Oligomeric Hindered Amine Light Stabilizer in Polypropylene Materials by MALDI-MS Using a Solid Sampling Technique to Study its Photostabilizing Action, *Anal. Chem.*, **76**, 697-703, 2004.
9) Y. Taguchi, Y. Ishida, H. Matsubara, H. Ohtani：Quantitative analysis of an oligomeric hindered amine light stabilizer in polypropylene by matrix-assisted laser desorption/ionization mass spectrometry using a solid sampling technique, *Rapid Commun. Mass Spectrom.*, **20**, 1345-1350, 2006.
10) 大谷 肇：ネットワークポリマー, **32**, 219-227, 2011.

2.7 飛行時間型二次イオン質量分析法

飛行時間型二次イオン質量分析法（time of flight secondary ion mass spectrometry：TOF-SIMS）[1] は, 二次イオン質量分析法（secondary ion mass spectrometry：SIMS）[2] のなかで飛行時間型質量分析計（time of flight mass spectrometer：TOF-MS）を用いた表面分析法である. SIMS は固体試料にイオン（一次イオン）を照射し, その表面からスパッタリング現象により放出される粒子のうち, 電荷をもったもの（二次イオン）を質量/電荷の比に質量分離して, 固体表面の組成分析が行える分析法で, 半導体工業を中心に微量元素の評価法として広く活用されている. TOF-SIMS では, TOF-MS の動作原理から, SIMS でおもに計測している原子状の二次イオンに加え, 高分子化合物の結合開裂によって形成されるフラグメントイオン, 水素付加または脱離の擬似分子イオン, 金属付加カチオン, さらに平均分子量の情報が反映されているオリゴマーイオンなど, 分子構造に関するすべての二次イオンも同時に計測・記録している. つまり, TOF-SIMS は従来の SIMS が得意とした微量元素の高感度計測に加え, 有機化合物の結合開裂によって発生するスペクトルを同時に観察可能で, 材料表面の無機成分と有機化合物のキャラクタリゼーションを同時に行える分析手法といえる.

TOF-SIMS 法は高分子化合物, あるいはその添加剤に対する高感度化や測定プローブの微細化の面で急速に発展している分析手法である. 本節では, TOF-SIMS の装

置を解説し，高分子材料関連で取得できる情報を示し，最新のクラスターイオンビームを中心とした高分子化合物および添加剤に対する低損傷な深さ方向測定技術の進歩について解説する．

2.7.1 TOF-SIMS 装置の動作

TOF-SIMS は固体試料に一次イオンを照射し，放出される二次イオンを質量分離して，組成分析を行う手法であることはすでに述べたが，装置的には，一次イオン銃，TOF 型質量分析計，深さ方向分析に用いるスパッタイオン銃，絶縁性試料の表面帯電を補正するための電子銃などにより構成されている．以下に，図 2.80 に示した市販装置を例に一次イオン照射から二次イオンの質量分析までの動作を解説する．

一次イオンビームは，パルス発生機構にある偏向板に電圧が印加され，大部分のビームが試料へ到達しないが，この偏向電場が短時間解除されたときに一次イオンビームがパルス状に試料へ照射される．パルス状の一次イオンビームは 1 ns 程度の短時間照射されるが，この間に試料から励起された二次イオンには加速電位（〜3 keV）により運動エネルギーが与えられ，およそ 2 m の飛行時間型質量分析管の内部を飛行することになる．運動エネルギーを与えられた二次イオンは $(mv^2)/2 = eU$ の式に従

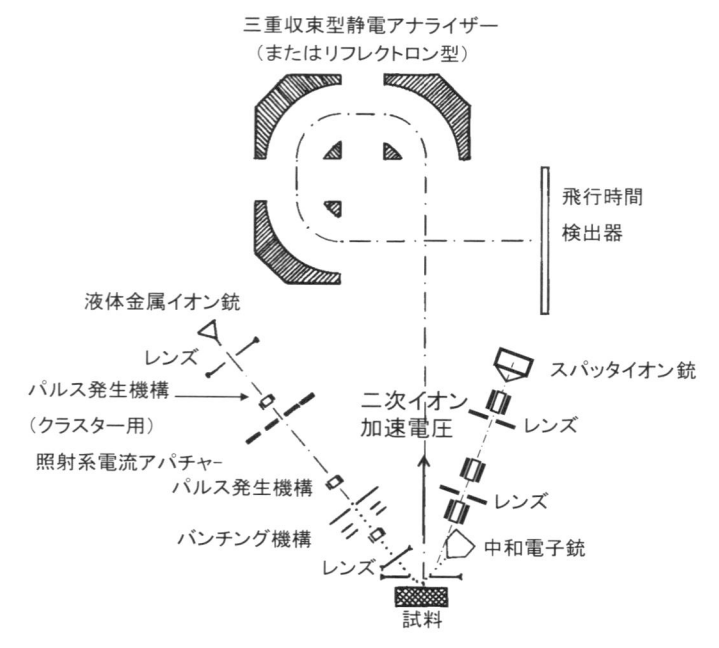

図 2.80 市販の TOF-SIMS 装置

い分析器管内部を飛行することになる．ここで，mは二次イオンの質量，vは二次イオンの速度，Uは二次イオンの加速電位である．つまり，質量の小さな二次イオンほど飛行速度vが大きくなり，検出器に到達する時間が早くなる．二次イオン飛行時間は数十 ps と高精度な分解能を有する時間検出器により厳密に計測され，飛行時間に対する二次イオン強度のチャート，すなわち，質量スペクトルが取得できることになる．市販の装置では，約 200 μs の飛行時間を計測すると 4000 u 程度までの質量範囲を観察できるものが多い．質量スペクトルの分解能に影響する二次イオン生成時間（一次イオン照射時間）1 ns 程度や検出器の時間分解能力の数十 ps は，飛行時間の数十 μs オーダーに対して 1/10000 あるいは 1/1000000 と十分小さな値であることから，えられる質量スペクトルは $M/\varDelta M = 10000$（@30 u）程度の高分解能スペクトルとなる．

この一次イオンパルスの照射と飛行時間計測を 5 kHz 程度の速さで繰り返し，実効的に，全二次イオンの高能率な同時計測を行っている．また，二次イオンの飛行時間を計測している 200 μs の間には，二次イオン加速電位が接地され，試料近傍が無電場となる．次の計測がはじまるまでの間，低エネルギーの電子線，あるいはスパッタイオン銃を動作させ，帯電補正や深さ方向分析のためのイオンエッチングを行っている．以上のように，TOF-SIMS 装置は，①高感度，高能率に試料表面を計測することが可能であり，②計測の可能な質量範囲は数千程度の分子量にまでおよび，③二次イオン飛行時間計測の間に帯電補正，あるいはイオンエッチングなどを効率的に行

表 2.9 高分子材料中の添加剤分析における TOF-SIMS 法の有効性と留意点

〈有効性〉
1. 高分子材料あるいは添加剤の基本分子骨格の結合開裂によって形成される二次イオンを計測し，その情報から有機化合物のキャラクタリゼーションが可能
2. ポリマーからは結合開裂したフラグメントがおもに検出され，添加剤の場合は水素付加・脱離の分子イオンが主ピークとして観察される
3. 質量分析計の透過率が高く無機ならびに有機化合物の微量成分の分析が可能
4. サブミクロンの空間分解能を容易に実現できる高輝度液体金属一次イオンビームを用いることができ，微小部の有機・無機の組成ならびに分子構造情報の取得に適しており，また，ケミカルイメージが容易に取得できる
5. フラーレンやガスクラスターなどのスパッタ銃の併用により，表面から μm 深さの有機化合物の低損傷な成分観測が可能
6. 一次イオン照射量が非常に少なく，絶縁物分析が容易に実行可能
7. 他の表面分析では測定できない同位体や水素の高感度分析が可能

〈留意点〉
1. すべての成分から生成された二次イオンを同時に取り込むため，スペクトル解析が煩雑
2. 真空排気を行うため揮発性成分の分析に不向き
3. 定量評価には既知濃度の参照試料が必要

えるなどの特徴を有しているといえる．表2.9には高分子材料中の添加剤分析における TOF-SIMS 法の有効性と留意点をまとめている．

近年，2.7.2.c 項で解説する C_{60}^+ やガスクラスターイオン銃などを利用した有機化合物に対する低損傷なスパッタリング技術が検討されはじめてからは，いわゆる一次イオン照射量が 1×10^{12} ions/cm^2 以下というスタティック SIMS 条件が大幅に緩和されることになる．その結果，表面のみならず深さ方向に二次イオンを積算する可能性も考えられはじめている．その一例として，従来の有機 MS 装置のイオン源として，クラスターイオン銃を搭載した ToF-SIMS 装置[3]~[5] も開発されている．この場合には，一次イオンビームを連続で試料に照射し，発生した二次イオンをパルス状に TOF-MS へ引き込む方法を採用している．この方式では，TOF 型質量分析管において飛行時間を計測している間に発生した二次イオンは分析に供せられなくなり，分析対象となる有機化合物が表面に偏在するような場合には不向きとなることも予想される．しかし，連続的なイオン照射は，測定中もスパッタリングが持続しているので，
① 迅速な三次元解析が可能になること，
② スタティック SIMS 条件に制限を受けない低損傷一次イオンビームを用いた新たなアプリケーション開発が可能になること，
③ MS-MS 測定が容易になること，

など従来の TOF-SIMS とは違ったアプリケーション分野の利用も検討されている．次項では，これらの最新ハードウェアや測定技術の進歩も交えながら，TOF-SIMS 法からえられる情報を整理する．

2.7.2 TOF-SIMS からえられる情報と最新の測定技術

TOF-SIMS 計測ではハードウェアの進歩に伴い，質量スペクトルと同程度に，高い空間分解能でのイメージングや深さ組成観察の機会が増えてきている．ここでは，質量スペクトル，イメージング，深さ組成観察からえられる情報を整理し，最新の測定技術を紹介する．

a. 質量スペクトルからえられる情報と高感度化の試み

1) **TOF-SIMS スペクトルの実際**　TOF-SIMS 質量スペクトルでは，SIMS で測定対象としていた原子状の二次イオンと分子鎖の基本分子骨格の結合開裂によって形成される有機二次イオンの情報が同時に取得できることはすでに述べたが，一例として，PET {poly (ethylene terephthalate)} のスペクトルを図2.81(a) に示す．ここには，$C_6H_4^+$ (m/z 76)，$C_7H_4O^+$ (m/z 104)，$C_7H_5O_2^+$ (m/z 121)，$C_8H_5O_3^+$ (m/z 149) などのテレフタル酸構造が開裂したフラグメントイオンに由来するもの，あるいは，$[M-H]^+$ (m/z 191)，$[M+H]^+$ (m/z 193) の水素脱離，付加の擬似分子イオンなどが観察されている．図2.81(a) に示すように，高分子化合物では水素付加・脱

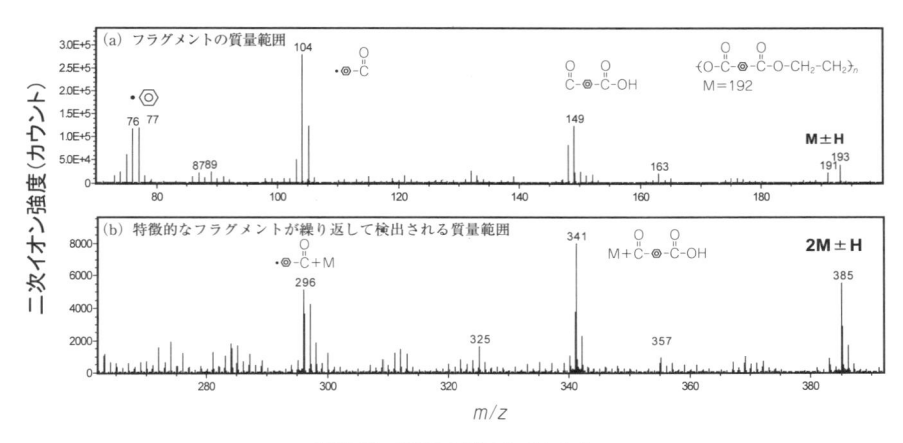

2.7 飛行時間型二次イオン質量分析法

図2.81 PETの質量スペクトル

離の擬似分子イオン（M±H）の収率は小さいが，図2.81(b)に示すように，基幹構造やその基幹構造に接するフラグメントが繰り返して検出されるケースも多々ある．PTFE｛poly（tetrafluoroethylene）｝の場合には基幹構造がCF_2（50u），Nylon 6では$NH(CH_2)_5CO$（113u）で検出されている．X線光電子分光法（XPS：X-Ray photoelectron spectroscopy）が注目原子に隣接したミクロな化学結合の存在比率を定量的に評価できるのに対し，TOF-SIMSでは各種二次イオンピークの解析でXPSと相補的な基本分子構造などの情報がえられる．

TOF-SIMS質量スペクトル解析では，有機質量分析におけるフラグメンテーションに関する多くの研究と比較すると規則性を検討[6),7)]しているものは少ないのが現状である．それらのなかでも直鎖型の高分子化合物系では規則性が観察されている．簡単な構造をもつPE（poly ethylene）ではC_mH_n（$n \leq (2m+1)$）の条件を満たしつつ質量スペクトルが観察されている．PEの水素をフッ素，塩素に置き換えたPTFE｛poly（tetrafluoroethylene）：$-CF_2-CF_2-$｝，PVdF｛poly（vinylidene difluoride）：$-CH_2-CHF_2-$｝，PVC｛poly（vinyl chloride）：$-CH_2-CHCl-$｝，PVdC｛poly（vinylidene diechloride）：$-CH_2-CCl_2-$｝などもパターンの応用として考えられる．PVdFでは$C_mH_xF_n$｛$(x+n) \leq (2m+1)$　$m \geq x$　$x \geq n$｝のパターンでスペクトルが出現する．また，フェニル基に置き換えるとPS｛polystyrene：$-CH_2-CHC_6H_5-$｝となるが，PSの場合には前述のPVdFのような規則性に加えて5員環やナフタレンなどの多環式芳香族イオンの形成が報告されている．PMMA｛poly（methyl methacrylate）｝のように側鎖型構造，あるいはPETなどのような基幹構造が複雑な場合には，直鎖型高分子化合物で観察された規則性は認められず，構成原子間の結合解離エネルギーが小さな結合部から開裂するケースが多いなどの傾向がみられている．以上のように，高分子

化合物からのスペクトルパターンは複雑でいろいろなパラメータを考慮する必要がある．現状では，高分子化合物を系列ごとにそのフラグメントパターンを整理し分類しておくことは，フラグメントの類推や同定に有効であると考えられる．

一方，溶媒で溶かされた高分子材料や高分子化されていない添加剤などでは水素付加・脱離の擬似分子イオン（M±H）の収率が大きく，質量スペクトル中に主ピークとして出現するケースも多い．図 2.82 にはプラスチックの可塑剤として使用されている DOP｛dioetyl phthalate｝と，これとよく似た構造をもつ DNP｛dinonyl phthalate｝からえられる TOF-SIMS 質量スペクトルを示す．図中にはフラグメントピークに対する構造式も示すが，図 2.81 の PET からの質量スペクトルと異なり，水素付加の擬似分子イオンが主ピークとして観測されている．両者の化学構造の違いは，フタル酸に結合したアルキル基の炭素原子数に差があるのみである．DOP からえたスペクトルでは，水素付加の擬似分子イオン分子量に相当する m/z 391（DNP に関しては，m/z 419）に高感度なピークがあり，DOP 開裂による m/z 261, m/z 279（DNP に関しては，m/z 275, m/z 293）にフラグメントピークが観察されている．図 2.82 の例にみられるように高分子の添加剤からの質量スペクトルでは分子イオンに近い形

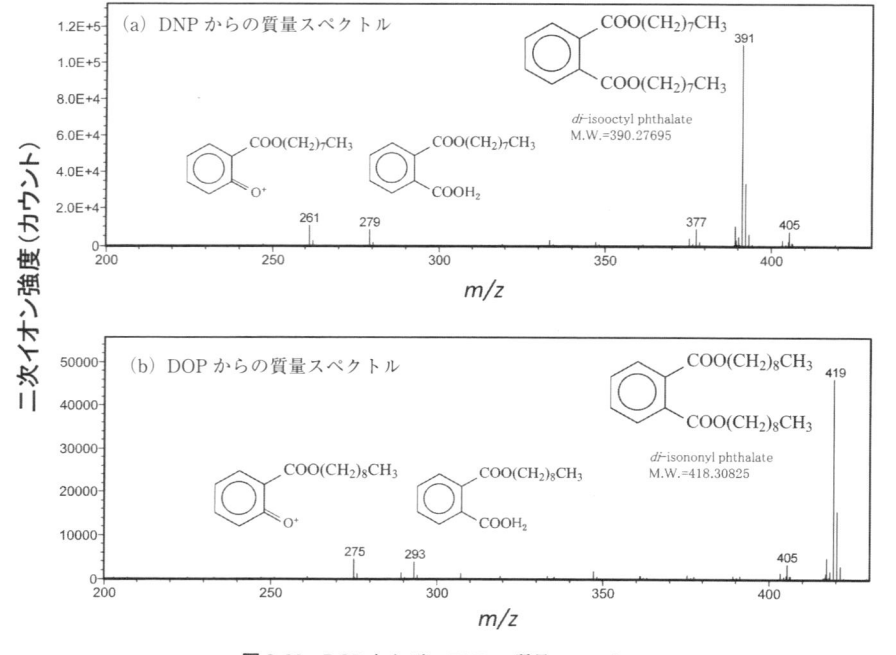

図 2.82 DOP ならびに DNP の質量スペクトル

で観測されるため，TOF-SIMS法は添加剤分析に適した手法として期待されている．

TOF-SIMSを利用した添加剤分析の事例は多くの解説書に取り上げられているように多数報告されている．そのなかには構造が開示されているIrganox系の添加剤を例にフラグメントパターンの推定に役立つパラメータなどを議論している報告例[8),9)]もある．さらに，ヒンダーアミド系の光安定剤の評価を行った例[10)]にみられるように，使用する添加剤などをあらかじめデータベース化して実験を進めると，添加剤の面方向，あるいは深さ方向の分布状態分析が容易に行えるケースも多い．添加剤として無機系の化合物を使うケースもあるが，金属化合物からの二次イオン放出を検討した例[11)〜13)]もいくつかあるので参考にされたい．

2) 質量スペクトルの高感度化　TOF-SIMSを用いた局所における質量スペクトルでは，Ga^+一次イオンを用いたときの有機二次イオン収率が多くの高分子材料で10^{-6}程度となるため，測定対象となる有機分子の数が10^6個程度となる1μm角の分子をすべて分析したとしても，1個の二次イオンが検出される程度となる．したがって，さらなる局所解析を目指すには大幅な二次イオン転換効率の改善を実現しないと，サブミクロン領域での分子構造に起因する有効な有機二次イオンを検出することが困難となる．

二次イオン転換効率の改善を目的としたクラスターイオンビーム研究は1980年代の終わり頃から検討[14)]され始めてきた．1990年代にはF. KotterらがPETなどの高分子材料に対する二次イオン収率がモノマーイオンビームAr^+，Xe^+とクラスターイオンビームのSF_5^+を比較すると，数十〜1000倍近くまで改善されることを報告[15)]している．しかしながら，SF_5^+クラスターイオンビームはガスをイオン化する方式のため，そのビーム径が数十μmφと局所分析には不向きで，その結果，高分子や電子デバイス評価にはあまり普及しなかった．

一次ビームの微細化が容易な液体金属イオン銃をベースにしたクラスタービーム化は，2000年頃から研究成果が報告[16)〜18)]されている．例えば，B. HagenhoffらがGa^+，Au^+，Au_2^+，Au_3^+，C_{60}^+の一次イオン種に対する，プラスチックの添加剤であるIrganox 1010からの擬似分子イオンピークの収率を比較[16)]した結果では，その二次イオン化効率がAu_3^+一次イオンではGa^+と比較して3桁以上改善されることが報告されている．

現在，市販のTOF-SIMS装置に最もよく用いられているAu_n^+やBi_n^+クラスターに関しては，KollmerらがGa^+やC_{60}^+クラスターとの比較[19)]を行っている．評価に用いた試料は5μmの格子状カラーフィルターで，その色素成分から放出される二次イオン（青色413u，緑色641u）に対する二次イオン有効収率（一定の面積から放出される信号強度が$1/e$となるまでの二次イオン総検出数），また，そのときのイメージ解像度，ならびに信号強度が$1/e$になるまでの所要時間などの比較を行っている．

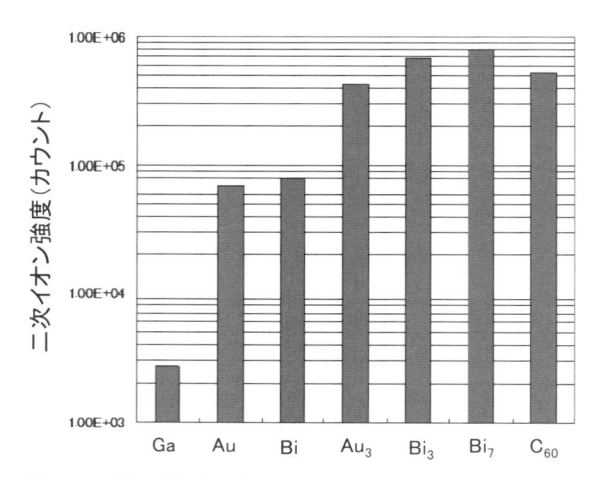

図 2.83 青色顔料（413u）の二次イオン収量を一次イオン種ごとに比較した例[19]

その結果の一部を図 2.83 に示すが，Au_3^+ や Bi_3^+ では Ga^+ と比較した場合，二次イオン有効収率で 200 倍程度改善されている．したがって，高分子や有機材料を取り扱う場合には，市販されている液体金属イオン源をベースとした Ga^+, In^+, Au_n^+, Bi_n^+ などのなかで，最高品位の有機二次イオンイメージと S/N の高い質量スペクトルを必要とするケースには Au_n^+ や Bi_n^+ 一次イオンビームを使用する場合が多い．試料に照射する一次イオンビームのクラスター化（Au_n^+ や Bi_n^+）では，二次イオン転換効率が 2 桁から 3 桁改善し，スタティック SIMS 条件下での有効分子数が少ないサブミクロン領域での質量ピーク強度改善に光明を与えたといえる．

さらに，試料の前処理を中心とした増感法の研究により，

① 金や銀などの貴金属と有機分子とのカチオン化イオン観察（MetA-SIMS：metal assisted SIMS）がクラスター一次イオンに匹敵する二次イオン転換率の改善[20),21)] がみられること，

② MALDI-TOF-MS と同じ前処理を行い（ME-SIMS：matrix enhanced SIMS）タンパクなど高質量二次イオンの測定効率が大幅に改善[22),23)] すること，

③ 化学修飾法，重水素や ^{18}O の同位体により有機化合物にラベル化することにより検出感度が飛躍的に改善[24),25)] できることが明らかにされており，

④ 2007 年頃からは，ガスクラスターイオンビームを用いた高分子化合物からのフラグメンテーションを抑えたスペクトル取得に関する研究[26)～29)] もはじまっている．

このように，高い S/N で，かつデータ解釈が容易なスペクトル取得に関する測定

b. TOF-SIMSを用いたイメージング

TOF-SIMSイメージングは，X線光電子分光分析法，顕微FT-IR，顕微ラマン分光などのほかの有機分析手法では困難とされるサブミクロン分解能での有機組織のイメージ観察が容易なことから，その応用範囲が急速に拡大している．1980年頃に開発がはじまったTOF-SIMS装置[30]では，表面電離型のCsイオン銃や熱電子衝撃型の希ガスイオン銃が用いられ，ビーム径が約1 mmϕ，パルスの照射時間幅が10 nsであり，高い空間分解能下でのイメージ測定や高い質量分解能での質量スペクトル観測が困難であった．現在，よく用いられている高輝度な電界放射型収束イオン銃（液体金属イオン銃）がTOF-SIMS装置の一次イオン銃として用いられはじめたのは，1987年にD. Briggsらが試作した装置[31]からである．この液体金属イオン銃（Briggsらは液体金属としてGa$^+$を用いた）の一次イオンプローブ化は，TOF-SIMS法の空間分解能を急速にサブミクロン領域まで高め，局所分析における無機汚染や有機分子の情報取得を可能にしている．この液体金属イオン銃によりサブミクロンの空間分解能が達成できたことから，走査方式のイメージ観察が頻繁に活用されるようになり，1995年には市販のTOF-SIMS装置で70 nm以下のイメージ分解能を実現[32]している．また，2000年以降には，高い空間分解能を保った状態で，有機物のイオン化を促進することが可能なAu$_n^+$やBi$_n^+$などの液体金属イオン源をベースとしたクラスターイオンビームの技術開発が進んでいる．有機化合物の高感度観察に用いられているクラスタービームは高質量分解能モードで500 nm程度，低質量分解能モードでは100 nm程度まで微細化できるようになっている．

図2.84には，その一例として，PSとPMMA（poly methyl methacrylate）を30%と70%の比率で混合し，相分離させた試料を500 nmϕ以下のプローブ径を有す

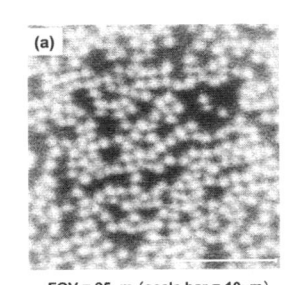

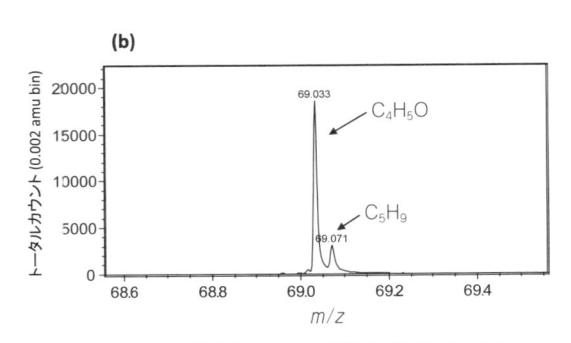

(a) 視野25 μm角の全二次イオン像で白い島がPMMA

(b) PMMAを代表するピーク付近の拡大スペクトル

図2.84 PSとPMMAの相分離を観察した例

るクラスター一次イオンビームによりイメージング観察した例[33]を示す．図(a)では相分離したPMMAが1μm程度の大きさで島状に分散している様子がイメージングから確認され，図(b)ではPMMAの特徴的なフラグメントイオン$C_4H_5O^+$（69u）付近の質量スペクトルが表示されているが，$C_4H_5O^+$に対する干渉二次イオンとなる$C_5H_9^+$が$M/\Delta M = 8500$程度の高い質量分解能で明確に分離される様子が示されている．

このように，TOF-SIMS イメージはビーム径や有機化合物からの二次イオンの検出感度が大幅に改善され，近年高分子材料中の添加剤評価やポリマーアロイの分散状態などのモルホロジー観察や欠陥部や不良品の解析など，微量成分の検出能力や微小領域での解析能力が格段に進歩しているといえる．

c. TOF-SIMS を用いた深さ方向分析

通常のArやCsなど原子イオンビームを用いて高分子化合物をスパッタリングするとその官能基などが選択的にスパッタされ，大部分のものは炭化した状態に変質してしまう．図2.85にはその一例としてPET表面にスタティックSIMS条件で許容されている一次イオンビームドーズ量の範囲内のスペクトル（破線）とそれを超えた場合のスペクトル（実線）を比較している．許容範囲を超えた1×10^{14} ions/cm^{2}の場合には，イオンビーム照射により試料損傷が発生し，その結果，C_2Hフラグメントピークが増加し，PET 構造を反映したm/z 76, m/z 121, m/z 191のピークが消失している．このようにAr^+などによるスパッタエッチングは高分子材料に損傷を与え，深

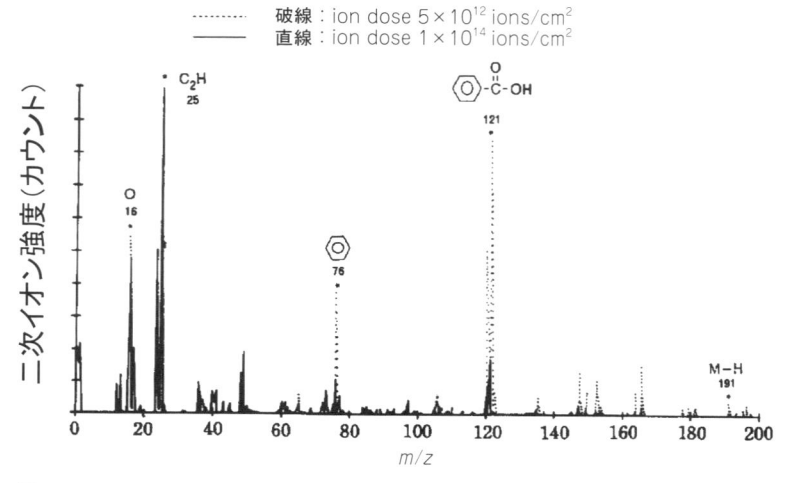

図 2.85 イオンエッチングによる結合状態の損傷．破線は損傷前，実線は損傷後の表面からのスペクトル

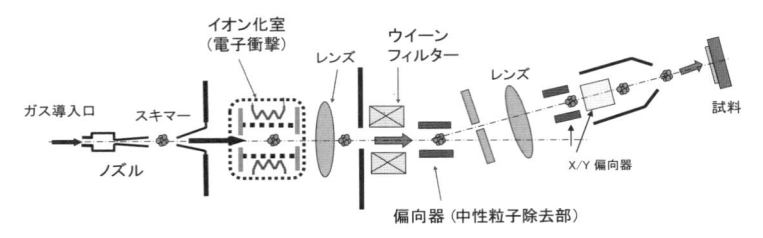

2.7 飛行時間型二次イオン質量分析法

図 2.86 市販ガスクラスターイオン銃の構成[51]の一例

さ方向に分子構造を保ったまま分析をすることは困難であった．しかしながら，2000年代半ばからは，SF_5^+ や C_{60}^+ などのクラスターイオンビームを利用した高分子材料の低損傷なスパッタエッチング技術が検討されはじめ，ある種の有機化合物に対して化学構造を指し示す質量ピークの信号強度を保ちながらの深さ方向分析に成功[34)～44)]している．しかしながら，これらの多く報告例は（ポリ乳酸，PMMA，アラキジン酸バリウム/DMPA 多層膜，プラスチック添加剤の Irganox）など SF_5^+ や C_{60}^+ ビームと相性のよい系であり，SF_5^+ や C_{60}^+ では損傷が激しく困難とされるフェニル基などの芳香族を含むむ高分子化合物を取り扱ったものは少ない（C_{60}^+ ビームによるスパッタエッチングの得手不得手に関しては，信田らがX線光電子分光分析装置を用いて定量的に検討した報告[45)]がある）．

2010年頃には，ガスクラスターイオンビームによる低損傷深さ方向分析[46)～50)]も試みられている．図 2.86 には市販ガスクラスターイオン銃の構成の一例[51)]を示しているが，ガスクラスター生成部，イオン化室，質量分離部（ウイーンフィルター部）および中性粒子除去部，ビーム集光レンズと偏向プレートで構成されている．クラスターサイズは導入するガス気体の圧力，ノズルの口径，そして，温度に依存するが，市販の銃では Ar の場合にはノズルへの供給圧力を数気圧にして，数百～数千のクラスターサイズを利用しているものが多い．生成されたガスクラスターはイオン化室に入り，フィラメントから放出される熱電子の衝撃を受けてイオン化する．イオン化したさまざまなサイズのものから特定のクラスターサイズを選別するウイーンフィルター部は電場と磁場を利用しているが，中性粒子にはこのフィルターが動作しないため，ウイーンフィルターにはビームラインをベントさせる中性粒子除去機構が付加されている．また，銃が大型になる欠点はあるが，より高精度なコイルマグネットによる磁場を用いて質量選別（±200 クラスター@Ar_{1500} クラスター）を行い，ガスクラスターイオンのサイズを決定している装置[52)]もある．市販の Ar ガスクラスター銃の場合は加速電圧が数 kV～20 kV 程度のものが多く，フラグメンテーションを抑えた質量スペクトル収集や高分子化合物やその添加剤に対する低損傷なスパッタエッチング技術としての期待が高まっている．

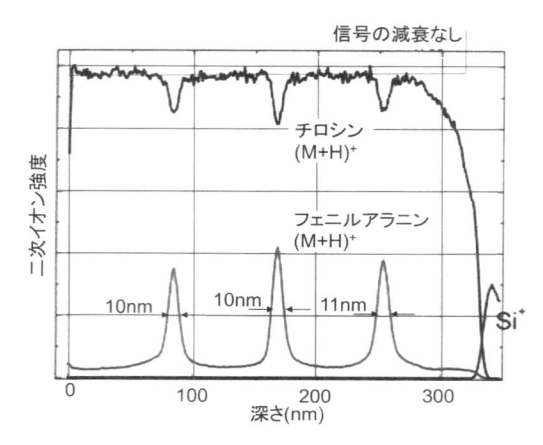

図 2.87 シリコン基板上のチロシンとフェニルアラニン積層膜を低損傷に深さ方向分析した結果[50]

事実，C_{60}^+ ビームでは不向きとされる芳香族が窒素で結合した NPD（4-4′-*bis*[*N*-(1-napthyl)-*N*-phenyl-amino] biphenyl：$C_{44}H_{32}N_2$ 588.7u）を深さ方向に分析した結果[46]などがあげられる．Ar_{700}^+ のガスクラスターイオンビームを 5.5 keV，4〜5 nA，3×4.5 mm 角 45 度入射の条件でのスパッタリングと 5.5 keV，5 μs パルス幅（二次ビームを 200 ns にさらにチョッピング），1 kHz，0.6×0.9 mm 角での測定を交互に繰り返し，Alq_3 層（Alq_2：$C_{18}H_{12}AlN_2O_2$ 315u）と NPD（M-H：C $C_{44}H_{31}N_2$，588u）の 2 層構造が低損傷で信号強度の低下を免れて，かつ，10〜20 nm の高い界面分解能での深さ方向分析に成功している．また，同様な条件でフェニル基を含む PS 膜をシリコン基板上にキャストした薄膜を用いて，ガスクラスターの照射エネルギーと深さ方向分解能の関連[47]を検討している例もある．図 2.87 には，Ar_{1700}^+ ガスクラスターのスパッタリングとクラスター一次イオン測定を交互に繰り返すデュアルビーム深さ方向分析を用いて，アミノ酸のテスト試料を低損傷に深さ方向分析した例[50]を示している．試料はシリコン基板上にチロシン 120 nm とフェニルアラニン 12 nm が交互に積層されたもので，二次イオンは水素付加擬似分子イオン $(M+H)^+$ と Si^+ を観察している．C_{60}^+ スパッタリングでは深さ方向にチロシンやフェニルプラニンの信号強度が低下し，かつ，10 nm 程度のフェニルアラニンが表面から 4 層目では 20 nm 程度に，6 層目では 30 nm 程度に広がって計測されている．一方，図 2.87 に示すように，Ar_{1700}^+ ガスクラスターのスパッタビームでは，フェニルアラニンが 10〜11 nm の幅で一定に検出され，つまり，深さ方向分解能の低下などの現象はみられず，特徴的な水素付加の擬似分子二次イオンが各層にわたって安定した信号強度で計測されている．

以上のように，有機化合物に対する低損傷な深さ方向分析技術への挑戦は2000年頃のSF$_5^+$やC$_{60}^+$スパッタビームを用いたポリ乳酸などの柔らかい有機化合物系に対する検討からはじまり，2010年頃には，ガスクラスタービームや水クラスターなども加わって，芳香族を含む高分子化合物系でも成功し，その適応範囲が拡充している．これらの検討により有機化合物の三次元深さ方向分析も実現可能な段階に達しつつあり，今後は，薄膜状の有機化合物の深さ方向分析においても，D-SIMSで議論されているような二次イオン化率などのマトリックス効果，極最表面におけるスパッタ速度の変化などのより詳細な検討が期待される．

おわりに

TOF-SIMS装置の開発が始まった1980年代は，スタティックSIMS条件下で高分子材料のフラグメントパターン解析としての利用が大部分であったが，1990年代では，局所分析，イメージ観察も含め，化学構造情報をサブミクロン領域から取得することに向かって開発が進められてきた．また，2000年以降ではクラスターイオンビームを利用した高分子化合物からの二次イオンの高収率化と一次ビームの微細化，あるいは高分子化合物に対する低損傷なスパッタ法やフラグメントフリーなスペクトル計測も研究され，TOF-SIMS法は全元素ならびに全化学種に対する三次元的な評価が可能な総合的分析法へと発展している． 【星　孝弘】

参考文献

1) 例えば，ToF-SIMS Surface Analysis by Mass Spectrometry：ed. by J. C. Vickerman, D. Briggs SurfaceSpectra Limited and IM publications, 2001.
2) 例えば，日本表面科学会編：二次イオン質量分析法，丸善，1999.
3) A. Carado, J. Kozole, M. Passarelli et al.：Cluster SIMS with hybrid quadrupole ToF-MS, *Appl. Surf. Anal.*, **255**, 1610, 2008.
4) R. Hill, P. Blenkinsopp, S. Thompson et al.：A New TOF-SIMS instruments for 3D image and analysis, *Surf. Interface Anal.*, **43**, 506, 2011.
5) Y. Sakai, Y. Iijima, S. Mukou et al.：Molecular depth profiling of polystyrene by electrospray droplet impact, *Surf. Interface Anal.*, **43**, 167, 2011.
6) 戸津美矢子，高橋元幾，星孝弘 他：二，三の合成高分子化合物のTOF-SIMSフラグメントパターンの推定，表面科学，**21**(12), 806, 2000.
7) 戸津美矢子，高橋元幾，広川吉之助：Ga一次イオンTOF-SIMSにおける有機化合物の開裂推定，表面科学，**23**(11), 708, 2002.
8) 高橋元幾，広川吉之助，島田普吾：有機化合物同定のためのTOF-SIMSフラグメントの類推とその分類，表面科学，**21**, No4, 193, 2000.
9) 高橋元幾，星孝弘，広川吉之助：Ga一次イオンTOF-SIMSによる有機化合物の存在確認，表面科学，**22**(10), 671, 2001.
10) TOF-SIMS Characterization of Multi-Layer Paint Coatings, ULVAC-PHI Analysis News AN9812.

11) 李 展平，星 孝弘，広川吉之助：金属塩化物ならびに酸化物からのGa一次イオンTOF-SIMSフラグメントパターンの推定．表面科学，**21**(10)，651，2000．
12) 李 展平，星 孝弘，広川吉之助：硝酸塩，硫酸塩などからのGa一次イオンTOF-SIMSフラグメントパターン，表面科学，**23**(4)，209，2002．
13) 李 展平，広川吉之助：含水酸化物表面からのGa一次イオンTOF-SIMSフラグメントパターン観察，表面科学，**23**(12)，736，2002．
14) S. Bryan, F. Reich, B. W. Schueler *et al.*: Improvements in TOF-SIMS analysis of organic materials using an Indium Liquid-Metal ion source, comparisons to Gallium, Secondary Ion Mass Spectrometry SIMS XII, ed. by A. Benninghoven *et al.*, p. 934, John Wiley & Sons, 1995.
15) F. Kotter, A. Benninghoven: Secondary emission from polymer surface under Ar Xe and SF_5 ion bombardment, *Appl. Surf. Sci.*, **133**, 47, 1998.
16) R. Kersting, B. Hagenhoff, F. Kollmer *et al.*: Influence of primary ion bombardment conditions on the emission of molecular secondary ions, *Appl. Surf. Sci.*, **231/232**, 261, 2004.
17) B. Hagenhoff, R. Kersting, D. Rading *et al.*: Characterization of hard disk drive by time-of-flight secondary ion mass spectrometry (TOF-SIMS), Secondary Ion Mass Spectrometry SIMS XII, ed. by A. Benninghoven *et al.* ed., Elsevier, p.833,1999.
18) S. R. Bryan, A. M. Belu, T. Hoshi *et al.*: Evaluation of a gold LMIG for detecting small molecules in a polymer matrix by TOF-SIMS, *Appl. Surf. Sci.*, **231/232**, 201, 2004.
19) F. Kollmers: Cluster primary ion bombardment of organic materials, *Appl. Surf. Sci.*, **231/232**, 153, 2004.
20) M. Inoue and A. Murase: Molecular weight evaluation of poly-dimethylsiloxane on solid surface using silver deposition/ToF-SIMS, *Appl. Surf. Sci.*, **231/232**, 296, 2004.
21) A. Delcorte, C. Poleunis and P. Bertrand: Stretching the limits of static SIMS with C_{60}, *Appl. Surf. Sci.*, **252**, 6494, 2006.
22) K. J. Wu and R. W. Odom: Biological material analysis by Matrix-Enhanced SIMS, Secondary Ion Mass Spectrometry SIMS XI, ed. by A. Benninghoven *et al.*, John Wiley & Sons, p. 523, 1997.
23) Y. Murayama, M. Komatsu, K. Kuge *et al.*: Enhanced peptide molecular imaging using aqueous droplets, *Appl. Surf. Sci.*, **252**, 6774, 2006.
24) N. Man, A. Karen, K. Takahashi *et al.*: ToF-SIMS analysis of functional groups of polymer surfaces utilizing chemical modification, Secondary Ion Mass Spectrometry SIMS XI, ed. by A. Benninghoven *et al.*, John Wiley & Sons, p. 517, 1997.
25) A. Takahara, K. Tanaka, M. Tozu *et al.*: Analysis of surface composition of isotopic polymer blend based on time-of-flight secondary ion mass spectroscopy, *Applied Surface Science*, **203/204**, 538, 2003.
26) S. Ninomiya, Y. Nakata, K. Ichiki *et al.*: Measurments of secondary ions emitted from organic compounds bombarded with large gas cluster ions, *Nucl. Instr. And Meth. in Phys. Res.*, **B256**, 493, 2007.
27) J. Matsuo, S. Ninomiya, Y. Nakata *et al.*: What size of cluster is most appropriate for SIMS?, *Appl. Surf. Sci.*, **255**, 1235, 2008.
28) K. Moritani, G. Mukai, M. Hashinokuchi *et al.*: Energy-dependent fragmentation of polystyrene molecule using size-selected Ar gas cluster ion beam projectile, *Surf. Interface Anal.*, **43**, 241, 2011.
29) K. Ichiki, S. Nonomiya, Y. Nakata *et al.*: High sputtering yields of organic compounds by large gas cluster ions, *Appl. Surf. Sci.*, **255**, 1148, 2008.
30) P. Steffens, E. Niehuis, T. Friese *et al.*: A new Time-of-Flight insturment for SIMS and

its application to organic compounds, Secondary Ion Mass Spectrometry SIMS IV, ed. by A. Benninghoven et al. Springer-Verlag, p. 404, 1984.

31) A. R. Waugh, D. R. Kingham, M. J. Hearn et al.: A Time of Flight SIMS instrument for Static SIMS with high spatial resolution, Secondary Ion Mass Spectrometry SIMS VI, ed. by A. Benninghoven et al., Springer-Verlag, p. 231, 1987.

32) J. Schwieters, H. G. Cramer, T. Heller et al.: TOF-SIMS scanning microprobe for high mass resolution surface imaging, Secondary Ion Mass Spectrometry SIMS VIII, ed. by A. Benninghoven et al., John Wiley & Sons, p. 497, 1991.

33) ULVAC-PHI, Inc. テクニカルデータ ibid, 10-01.

34) R. Moller, N. Tuccitto, V. Torrisi et al.: Chemical effects in C_{60} irradiation of polymer, Appl. Surf. Sci., **252**, 6509, 2006.

35) C. M. Mahoney, A. Fahey, G. Gillen et al.: Temperature-controlled depth profiling in polymeric materials using cluser secondary ion mass spectrometry, Appl. Surf. Sci., **252**, 6502, 2006.

36) L. Zheng, A. Wucher and N. Winograd: Fundamental studies of molecular depth profiling and 3D imaging using Langmuir-Blogett films as a model, Appl. Surf. Sci., **255**, 816, 2008.

37) P. J. Sjovall, D. Rading, S. Ray et al.: Sample cooling or rotation improves C_{60} organic depth profiles of multilayered reference samples, results from a VAMAS interlaboratory study, J. Phys. Chem., **B114**, 769, 2010.

38) D. Rading, R. Moellers, F. Kollmer et al.: Dual beam depth profiling of organic materials, variations of analysis and sputter beam conditions, Surf. Interface Anal., **43**, 198, 2011.

39) S. Iida, T. Miyayama, N. Sanada et al.: Incident angle dependence in polymer ToF-SIMS depth profiling with C_{60} ion beams, e-J. Surf. Sci. Nanotech., **V7** (2009), 878

40) J. Kozole, D. Wilingham, N. Winograd: The effect of incident angle on the C_{60} bombardment of molecular solids, Appl. Surf. Sci., **255**, 1068, 2008.

41) A. G. Shard, F. A. Green, I. S. Gilmore: C_{60} ion sputtering of layered organic materials, Appl. Surf. Sci., **255**, 962, 2008.

42) G. Gillen, A. Fahey, M. Wagner et al.: 3D molecular imaging SIMS, Appl. Surf. Sci., **252**, 6537, 2006.

43) A. Delcorte: On the road to high-resolution 3D molecular imaging, Appl. Surf. Sci., **255**, 954, 2008.

44) A. G. Shard, R. Foster, I. S. Gilmore et al.: VAMAS interlaboratory study on organic depth profiling, Surf. Interface. Anal., **43**, 510, 2011.

45) T. Nobuta, T. Ogawa: Depth profile XPS analysis of polymeric materials by C_{60} ion sputtering, J. Mater. Sci., **44**, 1800, 2009.

46) S. Ninomiya, K. Ichiki, H. Yamada et al.: Analysis of organic semiconductor multilayers with Ar cluster secondary ion mass spectrometry, Surf. Interface Anal., **43**, 95, 2011.

47) S. Ninomiya, K. Ichiki, H. Yamada et al.: The effect of incident energy on molecular depth profiling of polymers with large Ar cluster ion beams, Surf. Interface Anal., **43**, 221, 2011.

48) D. Rading, R. Moellers, H.-G. Cramer et al.: Dual beam depth profiling of polymer materials, comparison of C_{60} and Ar cluster ion beams for sputtring, Surf. Interface Anal., sia. 5122, 2012.

49) E. Niehuis, R. Moeller, D. Rading et al.: Analysis of organic multilayers and 3D structures using Ar cluster ions, Surf. Interface Anal., sia. 5079, 2012.

50) N. Wehbe, T. Tabarrant, J. Brison et al.: TOF-SIMS depth profiling of multilayer amino-acid films using Argon clster Ar_n, C_{60} and Cs sputtering ions, a comparative study, Surf. Interface Anal., sia. 5121, 2012.

51) 間宮一敏, 坂井大輔, 眞田則明他: 表面分析用小型ガスクラスターイオンビーム銃を用いた有機

材料のXPS分析技術,アルバックテクニカルジャーナル,No.71, p.1, 2009.
52) 豊田紀章,山田　公：ガスクラスターイオンの表面衝突プロセスとその応用,イオン利用基礎講座要旨集,成蹊大学,p.1, 2004.

2.8　高周波プラズマ発光,高周波プラズマ質量分析

2.8.1　高周波プラズマ発光分光分析,高周波プラズマ質量分析法の原理

　高周波プラズマ発光分光分析法（inductively coupled plasma atomic emission spectrometry：ICP-AES）および高周波プラズマ質量分析法（inductively coupled plasma mass spectrometry：ICP-MS）は,その名前のとおり共通点が多い.ここでは,図2.88に示すICP-AESおよびICP-MSの原理,特長についてパーキンエルマー社製のICP-AES装置Optima 8300およびICP-MS装置NexION 300Sを例に解説する.

a.　高周波プラズマ発光分光分析法（ICP-AES）の基本原理

　1970年代,5000 K以上の温度を有するといわれているICP（inductively coupled plasma）内にサンプルを霧状にして導入することにより,元素特有の光（波長）が発することを原理としたICP-AESが開発された.検出する波長を選択しながら1波

ICP-AES（Optima 8300）　　　ICP-MS（NexION 300S）

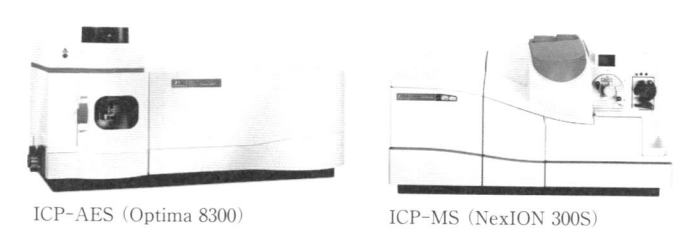

図 2.88　パーキンエルマー社製ICP-AES（Optima 8300）およびICP-MS（NexION 300S）

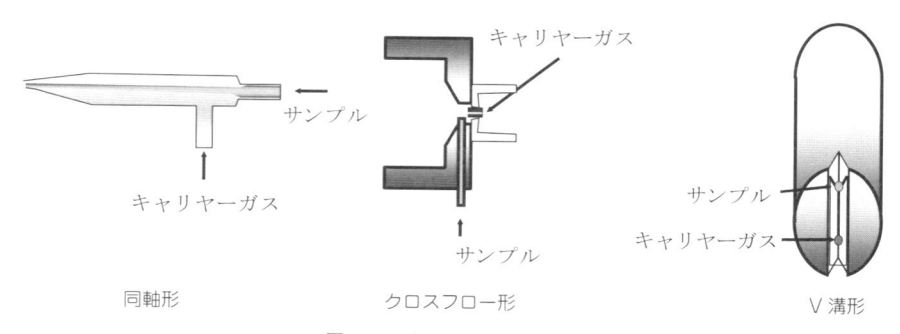

同軸形　　　　クロスフロー形　　　　V溝形

図 2.89　ネブライザーの種類

2.8 高周波プラズマ発光，高周波プラズマ質量分析

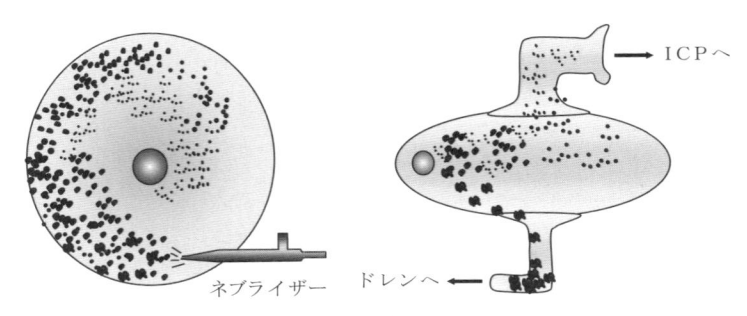

図 2.90 サイクロン形スプレーチャンバー

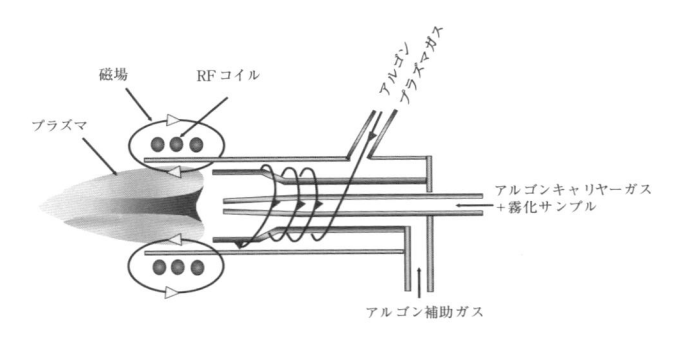

図 2.91 プラズマトーチ

長ずつ測定を行うシーケンシャルタイプや円周上に複数の検出器を配置することによって同時に多波長を測定することが可能なマルチタイプなどがあるが，ここでは，半導体検出器を用いたマルチタイプを紹介する．

ICP-AES のサンプルは基本的には液体であり，キャリヤーガスであるアルゴンガスの供給圧力やペリスタルティックポンプによりネブライザー（図 2.89）に送られ，噴霧される．スプレーチャンバー（図 2.90）は，ネブライザーから出た霧のうち微細なものだけをプラズマに送る役割がある．大きな粒子がプラズマに入ることにより，信号が変動することやプラズマが消灯してしまうことを防ぐためである．一般的には噴霧された霧のうち，数％程度しかプラズマへは導入されず，ほとんどがドレンとして廃棄される．

プラズマトーチ（図 2.91）は三重管構造になっており，その中心にスプレーチャンバーを通過した霧化サンプルがアルゴンガス（キャリヤーガス）とともに導入される．その後，ドーナツ構造とよばれるプラズマの中心部を効率よく通過することによって励起，イオン化させることが可能となる．プラズマは 5000 K 以上と高温であるため，霧状のサンプルは瞬時に励起，イオン化される．補助ガスはおもにプラズマの発生位

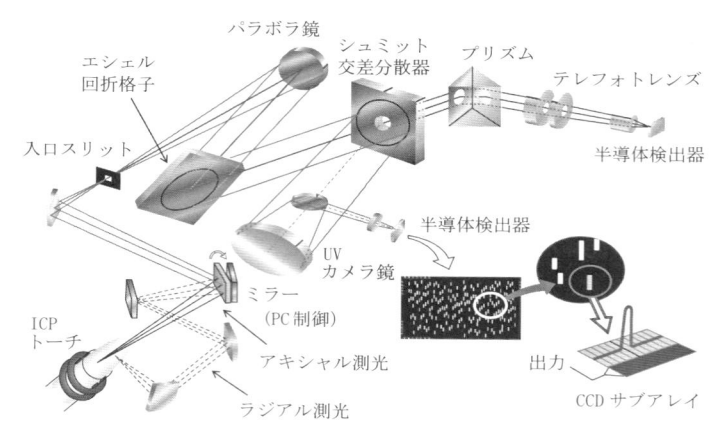

図 2.92 Optima 8300 構成図

置を調整するために用いられ，プラズマガスはおもにプラズマがトーチに接触するのを防ぐ役割をもっている．

パーキンエルマー社製 ICP-AES Optima 8300 の構成図を図 2.92 に示す．

プラズマからの光の観測方法は，ラジアル測光（プラズマ中に入るサンプルの光を側面から観測する方法）と，アキシャル測光（プラズマ中に入るサンプルに沿って観測する方法）があり，分光器入口付近のミラーにより選択することが可能である．そのため，アキシャル測光のほうが光の量が多く感度が高くなる．しかし，サンプル中のマトリックス濃度が高い場合にはイオン化干渉など（無機分析法 ICP-AES および ICP-MS における干渉にて後述）も大きくなってしまうことが知られている．ラジアル測光の感度はアキシャル測光よりも劣るが，これらの干渉が小さくなることが知られているため，目的に合わせて使い分けることが重要である．

スリットを通過した光は，パラボラ鏡を介して平行光とされ，分光器であるエシェル回折格子によって分光される．その後，さらにシュミット交差分光器または分光器を通過したのちのプリズムにより二次元に分光させ，半導体検出器へ導かれて検出される．検出は測定波長における発光強度でえることができる．測定波長には，中性原子の状態から発光するもの（中性原子線）と，イオンの状態から発光するもの（イオン線）がある．発光メカニズムの相違から，イオン化干渉の挙動が異なる場合もあるため注意が必要である．そのさい，えられた信号はソフトウェアによりデータ処理される．

b. 高周波プラズマ質量分析法の基本原理

1980 年代に入り，ICP 内でイオン化されたイオンを真空内に導入することに成功

した．これが ICP-MS の始まりである．ほとんどの元素について ppt（ng/L）レベルの測定が可能であるため，高感度な無機分析装置といえる．そのため，環境，生体，材料，食品，半導体などさまざまな分野で使用されている．一例として，パーキンエルマー社製 ICP-MS NexION 300S の概略を図 2.93 に示す．プラズマまでの構成は，ICP-AES とほぼ同様である．

プラズマ内でイオン化されたイオンは，直径 1 mm ほどの穴のあいたインターフェース（サンプリングコーン）から真空部へ導入される．イオンが真空部に入った

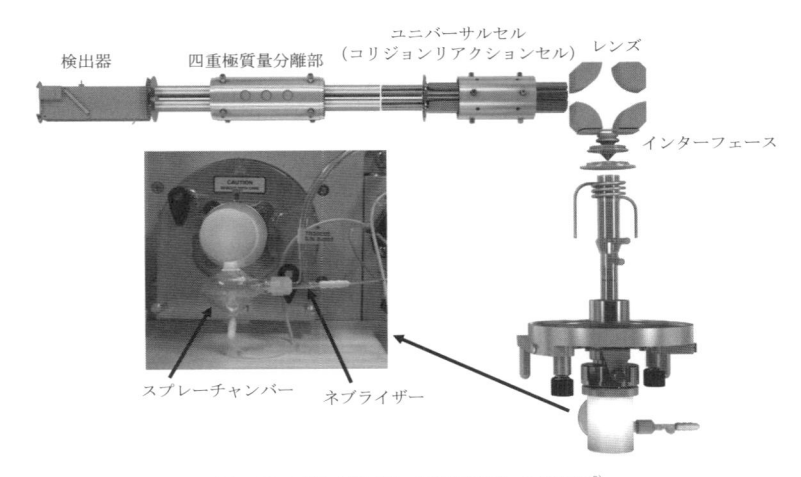

図 2.93 ICP-MS（NexION 300S）の構成図[9]

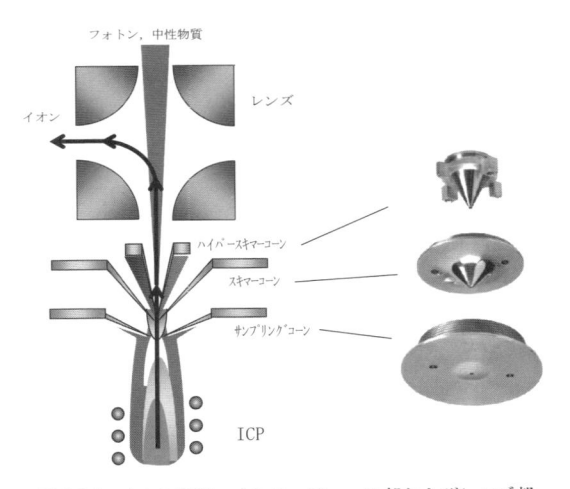

図 2.94 イオン化部，インターフェース部およびレンズ部

さい，マッハディスク（衝撃波）による広がりをもつまえに，スキマーコーンを配置することによりその広がりを抑えることができる．近年では，さらにもう1つのスキマーコーンを配置することにより，イオンの収束性を高めている装置もある（図2.94）．

その後，イオンレンズによりイオンは収束され，効率よくその先に送られる．そのさい，何らかの方法でプラズマからの光や中性物質などとの分離をする必要がある（図2.93の場合にはイオンは電圧により90度曲げられるが，光や中性物質などのイオンでないものは曲がらず直進し，分離される）．1990年代後半にはイオンレンズと四重極質量分離部の間にセルを設け，スペクトル干渉を除去する技術も開発されており，この原理については後述する．

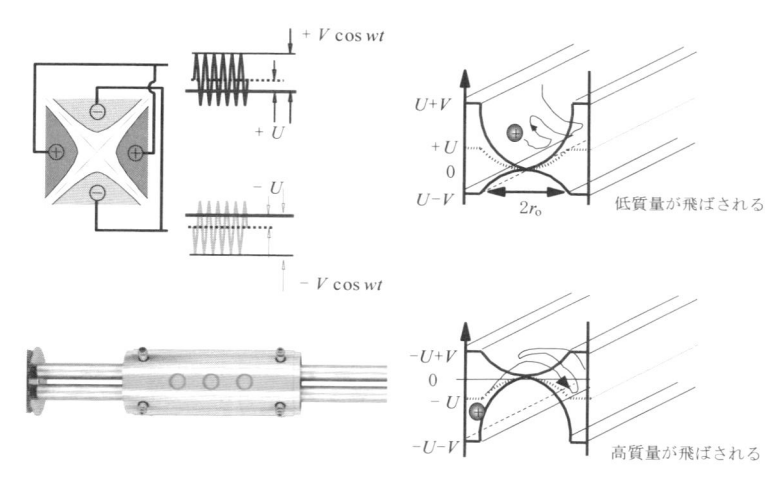

図2.95　四重極質量分離部

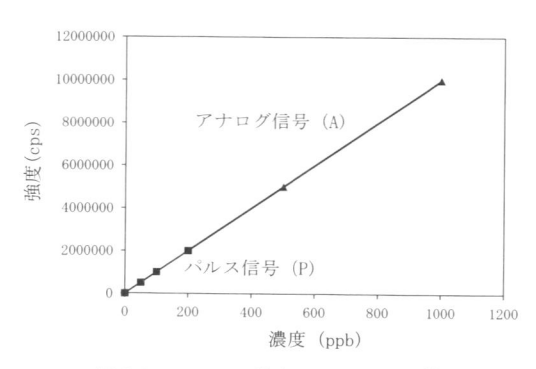

図2.96　デュアル検出器による検量線[10]

質量分離部は一般的には図2.95のような四重極質量分離部であり，4本のロッドに直流および交流の電圧が印加されており，これらの調整により分解能が決定される．四重極質量分離部は，ある一定の質量数より高いものを除去する部分と，低いものを除去する部分により構成されている．すなわち，四重極質量分離部は目的対象元素の質量数電荷比のみを通過させる機能を有している．

四重極質量分離部により質量選択されたイオンは，検出部で質量数電荷比におけるイオン強度としてえることができる．検出器である二次電子増倍管は2種類の測定方式（デュアル検出器）が採用されている．イオンによって生じたパルスを計測する（パルスカウント方式）とイオンにより生じる電流値を測定するアナログ方式（イオンの濃度が高いとき200万cps（＝counts per second，1秒あたりのカウント数）以上）がある．これらを組み合わせることにより広い濃度領域における検量線の直線性（ダイナミックレンジ$10^{8\sim9}$）を維持することができる（図2.96）．

c. ICP-AESとICP-MSの比較

前述のとおり，サンプル導入系からプラズマまではほとんど共通である．検出下限値については一般的にはICP-AESがµg/L（ppb）に対して，ICP-MSはng/L（ppt）レベルである．測定対象元素については原子吸光光度法などでは測定が困難なTa（タンタル）やW（タングステン）なども測定可能である．これは原子吸光光度法に比べ，プラズマ（励起源，イオン化源）の温度が5000 K以上と高いことに起因する．

表2.10 ICP-AESおよびICP-MSの比較

項　目	ICP-AES	ICP-MS
試　料	液体[*1]	液体[*1]
試料導入量	0.5～2 mL/min	0.02～1 mL/min
分　離	分光器（波長）	四重極質量分離部（質量数電荷比）
検出下限値[*2]	<1 µg/L	<1 ng/L
測定対象元素	70以上	70以上
ダイナミックレンジ	6桁（同一波長，同一条件） 6桁以上（アキシャル測光＋ラジアル測光）	6桁（パルス信号） 8～9桁（パルス信号＋アナログ信号）
1検体あたりの測定時間 （例 30元素3回測定）	10～30分（シーケンシャル型） 2～3分（マルチタイプ）	2～3分
定　性	可	可
内標準補正法	可	可
同位体比分析	不可	可

*1：オプションにより固体，気体分析も可
*2：ブランクの3σに相当する濃度（Na, Fe, Cdなどについて表記）

ダイナミックレンジ（検量線の直線範囲）は ICP-AES では 6 桁程度であるが，アキシャル測光とラジアル測光を瞬時に切り替えることを可能とした装置では，見かけ上のダイナミックレンジを広げることができる．ICP-MS ではパルスカウント方式とアナログカウント方式を組み合わせることにより，8〜9 桁をえることができる．1 検体あたりの測定時間は 30 元素を測定する場合に ICP-AES のシーケンシャルタイプ（1 波長ずつ順番に測定する方式）では数十分間程度必要であるが，半導体検出器などを用いたマルチタイプは数分間での測定が可能である．

ICP-MS では 1 質量数ずつ測定を実施するが，積分時間が短くすることができるため数分間での測定が可能である．ともに瞬時に多元素を測定することができることから定性分析や内標準補正法を用いた定量分析が可能である．ICP-MS は測定元素を質量数電荷比で分離するため，同位体比の測定も可能である（表 2.10）．

d. ICP-AES および ICP-MS における干渉

ICP-AES および ICP-MS における一般的な干渉を以下に示す．

① 非スペクトル干渉
- 物理干渉—サンプルの粘性などによる影響
- 化学干渉—目的対象元素の化学形態による影響
- イオン化干渉—イオン化しやすい元素が多量に含まれることが，目的対象元素のイオン化率に影響
- 空間電化効果（マトリックス効果）—マトリックスである多量のイオンの存在によりイオンが衝突や反発しあうことで，目的対象元素のイオン透過率に影響（ICP-MS のみ）

② スペクトル干渉
- 多原子イオン干渉，分光干渉—目的対象元素と同じ質量数あるいは波長が存在することが影響

特に大きな影響を受ける可能性のあるものとして ICP-MS でのスペクトル干渉がある．ICP-MS でのスペクトル干渉は目的対象元素と同じ質量数をもつ同重体または多原子イオンなどにより，目的対象元素のイオン強度が見かけ上増加する干渉であり，プラズマ源であるアルゴンやサンプル中のマトリックス成分や水素，酸素などによるものである．例えば鉄（Fe）には 54, 56, 57, 58 といった質量数の同位体が存在する．このなかで最も高い存在比の質量数は 56 であり，90% 以上がこれにあたる．そのため質量数 56 を用いて測定することで，最も高いイオン強度をえることができる．しかし，プラズマ源であるアルゴン（質量数 36, 38, 40）と酸素（質量数 16, 17, 18）が結合した多原子イオン ArO（アルゴン－酸素）の質量数も同じく 56（＝40＋16）となり，多原子イオン干渉を引き起こす．

したがって，まったく鉄を含まない超純水のようなサンプルでも，数百万 cps 以上

2.8 高周波プラズマ発光，高周波プラズマ質量分析

という巨大なイオン強度となってしまう．これは鉄濃度に換算すると数十 μg/L 以上の値となり，これでは ng/L レベルの測定は不可能となる．このようなスペクトル干渉は，ICP-MS における技術進化に伴い，完全に除去することが可能となってきた．

スペクトル干渉の除去方法としては以下の方法がある．

- 付属装置の併用（加熱気化導入装置，水素化物発生装置など）
- 形態分析法（HPLC，GC など）
- 測定条件の変更（コールドプラズマ条件，特定元素 [Fe，Ca，K など] に使用可能）
- 数学的干渉補正法
- ダイナミックリアクションセル（DRC）やコリジョンセルを用いた方法

ここでは，スペクトル干渉に対して最も効果のあるダイナミックリアクションセルやコリジョンセルを用いた方法について述べる．除去方法の原理は次のようである．イオンレンズのうしろに配置したセルのなかにアンモニア（NH_3），メタン（CH_4），酸素（O_2），ヘリウム（He）などを充填し，スペクトル干渉を除去する．ここでは NH_3 を導入したダイナミックリアクション法と He を用いたコリジョン法を用いた場合を例に紹介する．

前述の鉄と同様にカルシウム（Ca）もスペクトル干渉を受ける元素として知られている．目的対象元素であるカルシウム（Ca）の質量数は 40 であるが，プラズマ源であるアルゴンも質量数 40 であり，これがスペクトル干渉を起こす．セルのなかに NH_3 を充填することで，下記の反応が起こると考えられる．

$$Ar^+ + NH_3 \rightarrow NH_3^+ + Ar \tag{2.5}$$

$$Ca^+ + NH_3 \rightarrow NH_3^+ + Ca \tag{2.6}$$

ここで反応式（2.5）は反応するが，反応式（2.6）は反応しない．これは正確には発熱あるいは吸熱反応によるが，各成分のイオン化ポテンシャルからも推測ができる．イオン化ポテンシャルの高さは Ar＞NH_3＞Ca の順になっているため，Ar は NH_3 よりもイオン化しにくいことがわかる．一方，Ca は NH_3 よりイオン化しやすい．これらのことから反応式（2.5）のみが反応することが推測される．その結果，四重極質量分離部以降はイオンでないものは通過できないため，Ca イオンのみが検出器に導かれる．

セルを用いた方法にはこのようなリアクション法を用いた除去法以外に，ヘリウムなどを用いたコリジョン（衝突）法がある．これは一般的に，多原子イオン（例えば ArO）のほうが目的対象元素（例えば Fe）よりもイオンが大きい状態であることを利用した方法である．ヘリウムなどの不活性ガスをセル内部へ導入すると，これらのガスと多原子イオンが高い確率で衝突するため，運動エネルギーを失う．その後，電気的な上り坂（セルよりもその先の四重極質量分離部の電圧を高くする）を形成し，衝突確率の少ない高い運動エネルギーを保持している目的対象元素がこの上り

坂を超えることができるため検出器へ到達することができる（これを kinetic energy discrimination：KED 運動エネルギー弁別法とよぶ）．

また，スペクトル干渉は質量数によって大きく異なる可能性があるため，測定対象元素に対して，複数の感度を有する質量数があれば同時に測定することが有効である．

2.8.2 高分子添加剤の分析例

ICP-AES や ICP-MS を用いた高分子添加剤の分析法には，いくつかの方法がある．前述のとおり，ICP-AES や ICP-MS へ導入することができるサンプルは基本的には液体である必要がある．そのため，固体サンプルやゲル状などの場合には測定前にサンプルの前処理が必要である．前処理方法はサンプルによって異なるが，最も簡単な方法は，サンプルを希硝酸などに溶解させる方法である．操作が容易であることは作業中の汚染の可能性を最小限に抑えることにつながる．容易に溶解しない場合には酸による加熱分解法や有機溶媒でサンプルを直接溶解する方法がある．

ここでは特にマイクロウェーブサンプル分解装置を使用して酸分解し，溶液化したのちに測定する方法と，有機溶媒にて希釈・溶解した方法について解説する．測定対象元素は種々あるため，ここでは特に示さないが，注意すべき元素は作業工程において汚染しやすい元素（Na, Fe など），原材料に多く含まれている元素，触媒として添加されている元素，添加剤としての機能に影響を与える元素などがある．

a. マイクロウェーブサンプル分解装置による前処理

高分子添加剤を酸分解する方法には，大別すると開放系の分解法と密閉系の分解法がある．開放系の分解法はサンプルと酸を石英製やフッ素樹脂製容器などに入れ，ホットプレートなどの上で加熱分解する方法である．サンプルが比較的多量でも酸分解することができるが，揮散損失しやすい元素は定量値が低くなり，環境から汚染しやすい元素は定量値が高くなる可能性があるので注意が必要である．

密閉系の分解法の 1 つであるマイクロウェーブサンプル分解法は，石英製やフッ素樹脂製容器にサンプルと酸を入れ，蓋をしたのちにマイクロウェーブを照射し加熱分解する方法である．密閉された雰囲気のなかで分解できるので，揮散損失や外部からの汚染を最小限にとどめることができる．さらに，高温，高圧の条件下で分解できるため分解力が高い．しかし，容器内部の圧力が高くなるため，多量のサンプルを一度に分解できない．

ホットプレートなどを用いた分解処理の場合，その熱が容器を介してサンプルに伝わるのに対し，マイクロウェーブ照射による分解処理は水分子に直接エネルギーを与えることができるため，効率よくサンプル全体を加熱することが可能である．特に有機物サンプルの分解の場合には容器内部圧力が高くなりやすい．サンプルの処理量は 0.05 g 程度から始め，サンプルと分解溶媒との反応とを確認しながら，徐々に分解

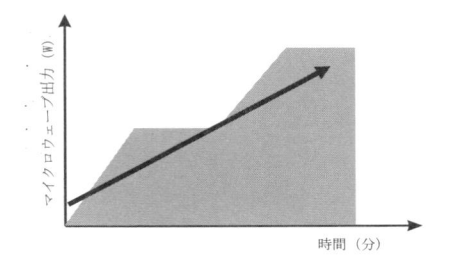

2.8 高周波プラズマ発光, 高周波プラズマ質量分析

図 2.97 マイクロウェーブ試料前処理システム Titan MPS

図 2.98 マイクロウェーブ照射プログラム（例）

表 2.11 マイクロウェーブ試料分解法（例）

試料	0.05～1 g
酸	硝酸 5 mL
試料分解後の希釈	20～100 mL 定容

処理量を増やしていくことが必要である．図 2.97 にパーキンエルマー社製マイクロウェーブサンプル前処理システムの Titan MPS を示す．

表 2.11 に一般的なサンプル採取量，酸添加量を，図 2.98 にマイクロウェーブ照射プログラムを示す．

マイクロウェーブ出力は，低い出力から徐々に出力を上げ，安定時間などを取りながらさらに高い出力へ上昇させていくのがよい．最近のマイクロウェーブサンプル分解装置では容器温度や内部圧力をモニターすることができるので，サンプル採取量や照射プログラムを検討するさい，特に圧力の上がりかたなどに着目し参考にするとよい．

b. 酸分解したサンプルの定量

サンプル分解後，ICP-AES や ICP-MS で測定を行うさいには，できるだけサンプルの分解に用いた酸の種類および濃度に合わせ，検量線を作成することが望ましい．これは酸濃度による粘性の違いを考慮し，試薬ブランクを差し引くことができるためである．例えば，サンプル 0.5 g を硝酸 5 mL で分解後，超純水にて 50 mL 定容に希釈した場合には，検量線は硝酸 5 mL および標準液を超純水にて 50 mL 定容に調製したものを用いる．

c. 有機溶媒により溶解したサンプルの定量

有機物サンプルの場合には有機溶媒により溶解し測定する方法もある．この場合，検量線用標準液には溶解に用いた有機溶媒に標準液を添加し，調製することが好ましいが，注意が必要である．最も入手しやすい標準液は酸ベースのものであるが，有機溶媒によっては水系の標準液が添加できないものもある．このような場合，オイルベー

表 2.12　各分解法の比較

方　法	特長，注意点
硝酸などによる直接分解法	・最も前処理および測定が容易 ・試薬ブランクが測定対象元素の濃度に影響しないこと ・分解能力が低いため対象試料は少ない
マイクロウェーブを用いた酸分解法	・分解能力は高い ・試料量は比較的少ない（1g以下） ・酸濃度が高くなることがある ・分解容器のメモリーに注意（前サンプルの残さ） ・試薬ブランクおよび操作ブランクが測定対象元素の濃度に影響しないこと（特に操作ブランクは注意が必要）
有機溶媒溶解法	・前処理が容易 ・試薬ブランクが測定対象元素の濃度に影響しないこと ・測定において注意が必要（チャンバーの冷却，酸素の導入，干渉の除去など）

スの標準液も市販されているので，これを用いるとよい．有機溶媒に水系の標準液を添加する場合，添加剤などを含むサンプル溶液では溶質が析出する可能性があるため注意する必要がある（できるだけ水添加量を少なくすることも1つの解決策である）．

比較的純度が高いものが入手しやすい有機溶媒としてはIPA（イソプロピルアルコール），PGMEA（プロピレングリコールモノメチルエーテルアセテート），PGME（プロピレングリコールモノメチルエーテル），NMP（N-メチル-2-ピロリドン）などがある．これらの試薬の試験成績表などを入手し，使用目的と合致しているのか確認する．また，超微量分析を行う場合には，有機溶媒中の不純物が問題になることがあるため必要に応じて精製などを行う．表2.12に各分解法の特長および注意点を示す．

有機溶媒をICP-AESやICP-MSに導入するさい，水系と比較して下記のような特徴があることを考慮しなければならない．

① 有機溶媒の種類によってはプラズマが消灯しやすい
② 有機物による"スス"が発生する
③ 有機溶媒特有のスペクトル干渉の発生（ICP-MSでは^{27}Alに対する^{13}C^{14}Nや^{24}Mgに対する^{12}C^{12}Cなど）

これらの対応策としては次のようなものがある．

① スプレーチャンバーの冷却，霧の粒径がより微細なネブライザーの使用，トーチの内径を細くする
② スプレーチャンバー内に酸素を導入する
③ ダイナミックリアクションセルなどを用いる

特に①については添加剤を有機溶媒にて溶解したサンプルではトーチの内径を細く

することによってプラズマが消灯しにくくはなるが，トーチの先端部に添加剤の析出物が詰まることがあるので，できるだけそれ以外の対策法が好ましい．

d. 定量性の確認方法

酸分解法も有機溶媒溶解法も前処理は可能であっても，正確な定量値がえられたかは別問題である．前述のとおり，一般的には用いた酸濃度や有機溶媒をサンプルと検量線用標準液に対し，同一種類・同一濃度のものを用いることが必要である．したがって，サンプルと検量線用標準液の違いは，添加物サンプルが含まれているか否かのみである．しかし，添加物サンプルの粘性が高い場合などには，サンプル溶液と検量線用標準液の測定感度に差が生じることがあり，定量することが不可能となる．当然，高い希釈倍率のほうがサンプルによる測定感度への影響は小さくなるが，希釈倍率を高めると検出下限値が高くなる．このような場合には添加回収率を求めることによって，定量性を確認することができる．添加回収実験は，サンプルを定量したのち，このサンプルに既知濃度を添加した添加サンプルを同じように定量する．この差が添加した濃度と一致するかを確認することによって，定量性を評価することができる．また，添加する標準液の濃度は，添加前の濃度と同等以上（ただし，検量線範囲内）がよいと思われる．例えば，サンプルを定量した結果が 0.5 µg/L であり，これに 1 µg/L を添加した添加サンプルの定量値は 1.5 µg/L であった場合を考える．このとき，添加回収率は $(1.5-0.5) \div 1 \times 100 = 100\%$ となる．添加回収率の目安はまずは ±20% 以内を目指すとよい．ただし，この添加回収実験でわかるのは先に述べた非スペクトル干渉のみであるので，スペクトル干渉については別途確認が必要である（ICP-AES および ICP-MS における干渉参照）．

e. 各測定方法の比較

各測定法における希釈倍率と Fe の検出下限値を比較したものを表 2.13 に示す．ここでは，希釈溶液中における Fe の検出下限値を ICP-AES では 100 ng/L，ICP-MS では 1 ng/L とした．

サンプル原液中濃度は希釈液の定量値と希釈倍率を用いて算出される．例えばサンプル 0.5 g を分解（溶解）し，最終的に 50 mL 定容にした場合，サンプルは 100 倍に希釈されることになるので，サンプル原液中の濃度は測定結果を 100 倍にする必要がある．したがって，検出下限値も同様に 100 倍にする必要がある．目的とする検出下限値をえるためにはサンプル採取量を多くするか，希釈後の定容量を小さくする必要があるが，先に述べたように添加回収率がえられるかの確認を忘れてはならない（表 2.13）．

当然，元素によって検出下限値は異なり，ICP-AES のほうがよい元素もある．実際に使用するさいには，その他の方法と比較を行い，目的にあった方法を選択していただきたい．

表 2.13　各測定法における希釈倍率と Fe の検出下限値（例）

試料採取量 (g)	最終液量 (mL)	試料中 Fe 検出下限値	
		ICP-AES (μg/kg)	ICP-MS (μg/kg)
0.1	20	20	0.2
0.5	20	4	0.04
1.0	20	2	0.02

希釈液中の Fe の検出下限値を以下の値とする．ただし，試薬ブランクは影響を与えない程度の値とする．
ICP-AES：100 ng/L　ICP-MS：1 ng/L

おわりに

ICP 発光分光分析法や ICP 質量分析法による高分子添加剤分析法としてさまざまな方法が確立されている．それぞれのサンプル特性により特に前処理法が異なるので，サンプルを定量するさいには必ず添加回収実験やスペクトル干渉の有無の確認，異なる装置での定量などを行って確認することが重要となる．　　　　　【敷野　修】

参考文献

1) 河口広司，中原武利：プラズマイオン源質量分析，学会出版センター，1994.
2) 高周波プラズマ質量分析通則，JIS K 0133, 2012.
3) 発光分光分析通則，JIS K 0116, 2012.
4) 久保田正明 監訳：誘導結合プラズマ質量分析法，化学工業日報社，2000.
5) 野々瀬菜穂子：ICP-MS におけるスペクトル干渉の生成機構とその除去技術．ぶんせき，2003.
6) 川端克彦：コリジョンリアクションセル ICP-MS．ぶんせき，2006.
7) 平井昭司 監修，日本分析化学会編：現場で役立つ環境分析の基礎―水と土壌の元素分析―，オーム社，2007.
8) 上本道久 監修，日本分析化学会関東支部編：ICP 発光分析・ICP 質量分析の基礎と実際，オーム社，2008.
9) 敷野　修：実用プラスチック分析（西岡利勝・寳﨑達也編），p.323，オーム社，2011.
10) 敷野　修：実用プラスチック分析（西岡利勝・寳﨑達也編），p.326，オーム社，2011.

2.9　蛍光 X 線分析

X 線は古くから種々の分析手段において，照射プローブ，検出プローブとして利用されてきており，その利用計測機器の範囲はさらに広がっている．その原理から考えると，①結晶物質による回折現象を利用，②X 線スペクトルを利用，③物質による吸収現象を利用，があげられる．特に X 線スペクトルの利用に関しては多くの研究

や応用の仕方がある．ここではX線スペクトルを利用する方法のうち，蛍光X線分析法を中心に記述する．

2.9.1 蛍光X線発生原理

図2.99に原子軌道のモデル図を示す．図に示すように，加速された電子やX線が原子を励起すると，内殻準位（例えばK殻）の電子が原子の外側へ光電子として飛び出し，その殻には電子の空孔が生じる．この内殻の空孔へ向かって外殻の電子（例えばL殻）が遷移することで，励起された原子は基底状態へ移行する．この移行のさい，軌道のエネルギー差に相当する電磁波がX線として放出される．図2.99に示すように，原子軌道のL殻の電子のほうがK殻に比べエネルギー的に高い位置にあるので，電子は高いL殻から低いK殻へと移動する．この高さの差に相当するエネルギーがX線となって放出され，これが蛍光X線である．ここで「蛍光」と示されているのは，はじめに入射させるのがX線で，出てくるのもX線であるという意味で使用されている．蛍光X線はX-ray fluorescenceで表され，蛍光X線分析法をX-ray fluorescenceの頭文字をとってXRFとよばれている．観測されるスペクトルとしては次のように示される．

電子などの荷電粒子を加速し，試料に衝突させると一次X線として連続X線と特性X線が重なってスペクトルが観測される（図2.100(a)）．一方，X線源より発生したX線を用いて原子を励起すると，荷電粒子による励起の場合のように連続X線は発生せず，図2.100(b)に示すように特性X線のみがX線として観測される．これを蛍光X線とよんでいる[1]．

また，入射プローブとして，イオンや電子を照射しても蛍光X線に相当するX線を発生させることができる．数kVから十数kVに加速した電子線を照射する場合，

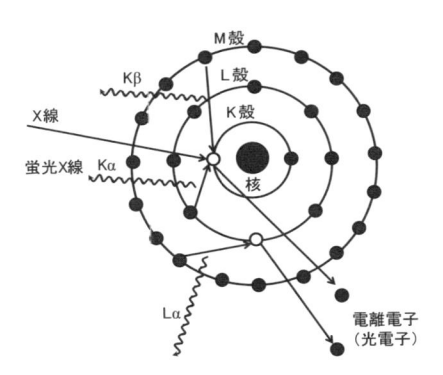

図2.99 原子軌道のモデルと蛍光X線の発生過程

(a) 一次 X 線スペクトル (b) 蛍光 X 線スペクトル

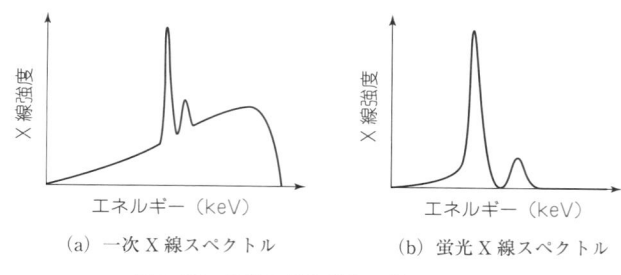

図 2.100　特性 X 線と蛍光 X 線スペクトル

電子線マイクロプローブ分析，または EPMA（electron probe micro analysis）とよばれている．これら機器は走査電子顕微鏡を本体とし，X 線分析機器を装着している．これら機器に関しては以下で詳細を記述する．

2.9.2　蛍光 X 線分析装置

蛍光 X 線分析の測定装置は，試料を励起するための X 線発生装置，試料を置く分析室，放出された蛍光 X 線のエネルギー（波長）を計測するための分光器，そして蛍光 X 線強度を計測する検出器とこれらを制御するためのエレクトロニクスから構成されている．市販されている蛍光 X 線分析装置に装着されている X 線管の対陰極物質はおもに W や Cr，他に Mo，Au，Pt，Rh が使用されている．最近では小型の X 線源の開発も進んでおり，従来数百 W 出力の X 線源に対して数 W 出力の X 線源が開発され，可搬型の蛍光 X 線分析装置としてフィールド現場での分析を可能としている．一方，試料に含まれる元素から放出されるさまざまな蛍光 X 線スペクトルを精度よくエネルギー（波長）と強度を測定することが必要である．

蛍光 X 線分析装置には，分析目的，試料形状などに対し，エネルギー分散型（energy dispersive spectrometry：EDS）と波長分散型（wavelength dispersive spectrometry：WDS）の 2 つの分光法が広く使用されている[1),2)]．

a.　波長分散型蛍光 X 線分析装置

試料からの蛍光 X 線の波長（エネルギー）を Bragg 条件（$2d \sin \theta = n\lambda$）を用いて測定する方法が波長分散型蛍光 X 線分析法という．波長分散型蛍光 X 線分析装置の概略を図 2.101 に示す．波長分散型では図に示すように，試料から発生する蛍光 X 線のうち，測定したいエネルギーをもつ蛍光 X 線だけを分光器を通して取り出す X 線分光器を必要としている．この X 線分光器として単結晶や人工格子の分光結晶が使用され，分光角度を変えながら，Bragg 条件を満たした蛍光 X 線だけを分光し，ソーラースリットを通して X 線検出器で検出される．Bragg 条件によって波長 λ と分光角度 θ が決まるので，一般には複数の分光結晶が装着され，元素ごとに交換できるよ

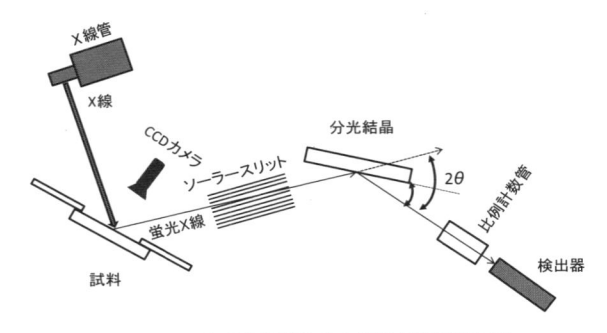

図 2.101 波長分散型蛍光 X 線分析装置構成図

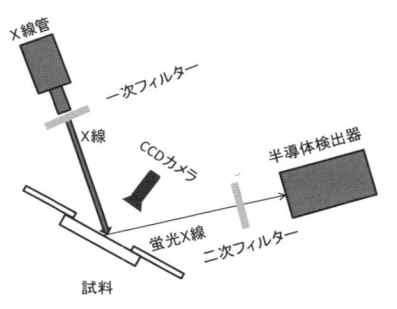

図 2.102 エネルギー分散型蛍光 X 線分析装置構成図

うになっている．

X 線の波長 λ（nm）とエネルギー E（eV）の間には，

$$E = \frac{1240}{\lambda}$$

の関係がある．

b. エネルギー分散型蛍光 X 線分析装置

図 2.102 にエネルギー分散型蛍光 X 線分析装置の概略を示す．図に示すように，エネルギー分散型蛍光 X 線分析装置は X 線管からの励起 X 線を試料に照射し，試料から放出される蛍光 X 線を百数十 eV 程度のエネルギー分解能をもつ半導体検出器を用い，蛍光 X 線のエネルギーと強度を同時に計測する構造である．

半導体検出器の原理は次のとおりである．X 線が Si や Ge 半導体結晶に入ると，そのエネルギーに比例した数の電子-正孔対がつくられる．このとき発生した電子を電流とし，増幅器でエネルギーに比例した電圧パルスに変換する[3]．その結果，図 2.100(b) に示すスペクトルのように横軸はエネルギー，縦軸は X 線信号強度で示される．

このように試料からの蛍光X線を図2.101に示す波長分散型X線分析装置のように分光結晶を介さずに半導体検出器で直接検出する．この結果，エネルギー分散型X蛍光X線装置は分光結晶を移動させる機構を必要としないため，装置の小型化が可能となっている．現在ではさまざまな種類のハンディ型蛍光X線分析装置が市販されている[4]．図2.103に市販されているハンディ型蛍光X線分析装置の写真を示す．

このように波長分散型とエネルギー分散型はそれぞれ特徴を有している．表2.14に波長分散型とエネルギー分散型の比較を示す．表に示すように，分析精度を必要とする微量分析に対しては波長分散型が有効で，一方，多元素の迅速分析や微小部分析に対してはエネルギー分散型が有効である．

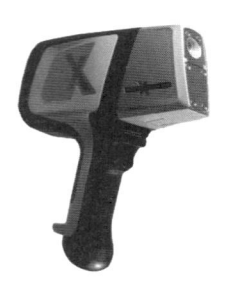

図2.103 ハンディ型蛍光X線分析装置 Innov X DELTA（Olympusホームページより）

表2.14 波長分散型とエネルギー分散型の比較

	波長分散型	エネルギー分散型
分光方式	分光結晶を用いて，特定の波長だけを検出器で測定している．そのため複数の分光結晶を測定波長に合わせ，切り替えながら測定する．	1つの半導体検出器で全領域を測定するため，多元素同時測定が可能である．
分解能	エネルギー分解能は約10 eV程度ある．隣接ピークの分離も可能で，高精度の分析が可能である．	エネルギー分解能は約133 eV程度である．重なり合う隣接ピークの分離は困難で，高精度の分析は困難である．
感度・検出限界	散乱X線などの影響が少なく，バックグラウンドは低い．その結果，検出限界は数ppm程度である．	バックグラウンドが高いため，検出限界は通常10 ppm程度である．また軽元素では感度が不足する．
装　置	分光結晶の移動のため，測定には時間がかかる．また分光結晶使用のため装置は大型なものとなっている．	測定は迅速で簡便．小型化が容易で，卓上型だけでなく，ハンディ型もある．

c. 蛍光X線分析の定性分析・定量分析

蛍光X線スペクトルは横軸にX線エネルギー，縦軸にX線の強度をプロットしたグラフで示される（図2.100(b)）．蛍光X線のエネルギー（横軸）は原子番号（Z）に依存しているため，そのエネルギー測定から定性分析ができる．また元素濃度は試料中に含まれる原子数に比例して蛍光X線の光子数（縦軸）となるため，スペクトル強度測定から定量分析ができる[1),2)]．

蛍光X線分析における定性分析は，蛍光X線スペクトル中のピークの各元素への帰属を決定すればよい．図2.104にエネルギー分散型で測定した蛍光X線スペクトルを示す．試料はクロムメッキした金属片である．図に示すように，Cr，Mn，Fe，Ni，Znと原子番号順にピークが出現していることがわかる．

エネルギー分散型の場合，パルス高分析器の横軸がそのまま横軸のエネルギー軸になっている．そのため，直接特性X線エネルギー表から元素を帰属することができる．これに対し波長分散型の場合，ピークの出現する角度からその波長を求め，元素の帰属を行う[5)]．

一方，蛍光X線スペクトルのピーク強度は試料中に含まれる原子数に比例して出現するため，蛍光X線強度を正確に測定することは定量分析を行ううえで重要である．一般に蛍光X線分析の定量分析は測定試料と化学的組成や表面状態が類似した，濃度が既知の標準試料を準備し，分析目的の元素濃度と蛍光X線強度の関係を求める

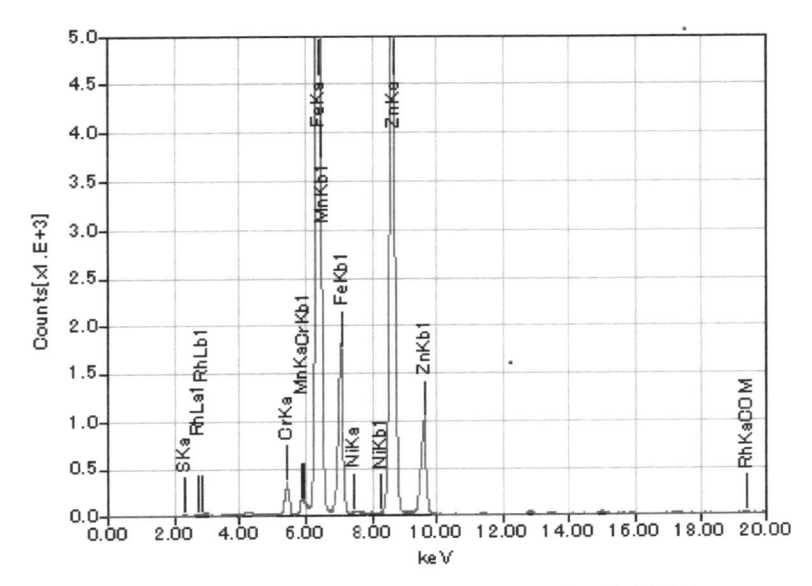

図2.104 クロムメッキ材料のエネルギー分散型蛍光X線測定結果

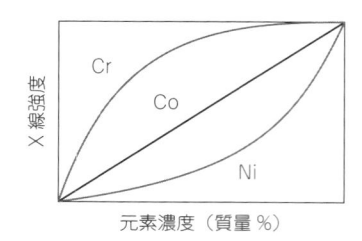

図 2.105 Fe 中の共存元素による濃度と蛍光 X 線強度の関係

表 2.15 図 2.104 の FP 法による定量分析結果

元　素	質量（%）
S	0.5965
Cr	1.0124
Mn	0.4672
Fe	46.3984
Ni	0.1007
Zn	51.4248

検量線を利用する．未知試料からの蛍光 X 線強度を測定し，検量線より濃度を求める．

このように発生した蛍光 X 線の強度は濃度に比例するが，直線関係がえられない場合がある．高濃度な試料や合金など場合，目的元素から発生した蛍光 X 線が共存する元素によって吸収される効果や，共存元素から発生した蛍光 X 線がさらに試料内の別の目的元素を励起して，本来よりも多い量の分析値を与える．このような他元素による励起・吸収の効果をマトリックス効果とよぶ．例えば，ステンレスの場合，マトリックスは Fe である[2]．ステンレス中の Cr を分析する場合，Cr は入射 X 線で励起され蛍光 X 線を発生すると同時に，Fe から発生した蛍光 X 線でも励起される．その結果，Cr に帰属される蛍光 X 線は強く観測され，図 2.105 に示すように凸の検量線で示される．一方，Ni は Fe から発生した蛍光 X 線で再励起が生じることはなく，逆に Fe による吸収が発生する．その結果が図 2.104 に示すように凹の検量線となる．

基礎的な物理定数（イオン化確率，蛍光 X 線放射確率など）を用いて蛍光 X 線強度を計算する方法がファンダメンタルパラメーター法（FP 法）である．装置の幾何学配置や検出器の効果などがわかっていれば，FP 法を用いると標準試料なしで，定量分析が可能となる．通常は標準試料を測定して，これらの実験パラメーターを用いた物理量を FP として用いて定量計算している．FP 法は検量線法に比べると分析精度がやや劣るが，標準試料が不要で，分析時間が短時間である点で他の定量分析法に比べ有利である．表 2.15 に図 2.104 のスペクトルの定量結果を示す．

これら以外の定量分析法としては，分析試料に含まれていない元素を少量添加して，その蛍光 X 線強度比から他元素の濃度を定量する内標準法がある．この方法は全反射蛍光 X 線分析でよく用いられている．

d. 蛍光 X 線分析の特徴

蛍光 X 線分析法は試料の励起に X 線を用いるため，非破壊な物理分析法であり，さらに，原子の電子軌道準位間の電子の遷移による情報のために，化学結合状態などの情報をえることができる．蛍光 X 線分析の特徴とその用途について以下に示す[1]．

① 励起源に X 線を使用するため，大気中で分析ができることから，液体，固体

試料について，試料の状態，大きさを選ばない．また測定中の試料の化学的変化はほとんど発生しない非破壊分析法である．
② 原理的にはベリリウムより原子番号の大きいすべての元素の定性・定量分析が可能である．
③ 測定試料は化学的前処理を必要とせず，簡単な準備で，そのまま測定できる．ただし，試料調整が精度を決めるので，高精度が必要なときには十分な準備が必要である．
④ 定量濃度範囲は 1 ppm～100 重量 % で，主成分から極微量成分まで分析できる．
⑤ 多元素同時分析が迅速にでき，全元素分析に要する時間は 5 秒～数分である．
⑥ 装置としては自動試料交換機構が装着できるため，多数の試料を連続自動分析できる．

蛍光 X 線分析の応用としては，前述したように定性分析，定量分析がおもな分析法であるが，これら以外にも蛍光 X 線分析の特徴を示すいくつかの測定法がある．その 1 つが化学結合状態分析である．

蛍光 X 線スペクトルをエネルギー分解能の高い分光器で分光すると，そのスペクトルは元素の化学的結合状態に応じてエネルギー位置，スペクトル形状にわずかな変化が生じることが観測される．このように蛍光 X 線スペクトルの高分解能測定から元素の化学結合状態に関する情報をえることができる．各種材料の特性は，材料に含まれる元素組成だけでなく，化学結合状態に強く依存しているため，化学結合状態分析も可能な蛍光 X 線分析法の役割りは今後重要となるとおもわれる．しかし，蛍光 X 線分析における化学結合状態分析は，ピークのシフト，弱い線の出現などのスペクトル形状の変化を用いるので，その解釈は複雑なものである．

e. 蛍光 X 線分析での特殊な測定方法

蛍光 X 線分析は従来，材料のバルク組成を分析する手法として通常使用されているが，X 線全反射現象を利用することで，蛍光 X 線分析でも X 線光電子分光法（X-ray photoelectron spectroscopy：XPS）などの表面分析法と同じように材料表面分析が可能となる．全反射蛍光 X 線分析法（total X-ray reflection fluorescence：TXRF）は平坦な試料上の微量元素分析に大変有効な測定法で，現在ではシリコンウエハ上の極微量元素分析に広く利用されている[6]．

一方，生体材料やナノ材料などの研究では，大気中で非破壊的に試料内部の元素分析が可能で，さらに微小部分析が可能な技術が重要となっている．微小部分析を可能とする X 線を集光するための X 線光学素子として，X 線ポリキャピラリーレンズやゾーンプレートなどを用いた微小部分析蛍光 X 線分析装置が開発されてきている[6]．

最近は，試料の微小空間における三次元元素分析の研究も盛んに行われている．一例として蛍光 X 線マイクロトモグラフィーがある．これは集光した X 線を用いて試

料ステージを ΔX, $\Delta \theta$ ごとに移動しながら蛍光 X 線強度を測定し，えられる三次元情報を解析する手法である．

f. 他の分析機器との比較

組成分析に広く普及している分析手法と蛍光 X 線分析との比較を表 2.16 に示す．蛍光 X 線分析は特に主成分から微量成分まで，多数の元素を精度よく定量するさい有用な分析法である．

誘導結合プラズマ発光分光法（Inductively coupled plasma Atomic emission spectroscopy：ICP-AES）と XRF を比較すると，ICP-AES は検量線のダイナミックレンジが広いことから，微量元素を正確に分析できるのである．一方，分析精度に関しては，ICP-AES が数秒という短時間で計測するのに対し，XRF は数十秒から数百秒でスペクトルを収集するので，統計的なばらつきが平均化されるため，精度の高い分析が可能となる[1]．

ppm 以下の微量分析の視点から比較すると，XRF は表 2.106 に示すように，ICP-MS や SIMS におよばないが，TRXRF を用いると，十分に対抗できる高感度分析が可能となる．

微小部分析では，現在 X 線の集光技術が進んできており，10 μm 程度までの領域に X 線を照射することが可能となってきている．これに対し，2.10 節に記載してある走査電子顕微鏡を母体とする分析法は電子線をナノメートル領域まで絞ることができる．このときの X 線の発生領域を考慮しても十分に小さな領域の分析を可能としている．微小領域分析が可能となることは，材料表面の二次元情報をイメージングとして取得も可能となる．なお，放射光を用いることで，数十 nm まで絞った X 線で蛍光 X 線分析が可能となる．

g. 試料調製

蛍光 X 線分析は固体，粉末などさまざまな形態試料を，非破壊で分析可能である

表 2.16 蛍光 X 線分析法と他の分析法との比較

分析法	主成分定量	微量分析	多元素同時分析	非破壊分析	二次元分析	微小部分析	状態分析
蛍光 X 線分析	◎	◎	◎	◎	△	△	○
全反射蛍光 X 線分析	○	◎	◎	○	×	×	×
SEM-EDS/WDS	◎	○	◎	◎	◎	◎	○
ICP-AES	◎	◎	◎	×	×	×	×
ICP-MS	△	◎	◎	×	×	×	×
AAS	○	◎	×	×	×	×	×
SIMS	△	◎	◎	△	◎	◎	○
オージェ電子分光法	△	△	○	○	◎	◎	○

◎ 優れている　○ 普通　△ 一部劣る　× 劣る

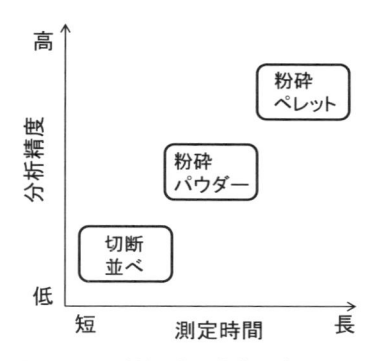

図 2.106 試料調製に伴う測定時間と分析精度の関係

点が大きな特徴である.そのため蛍光 X 線分析では一般に試料調製は不要である.しかし,微量成分分析など分析精度を求める場合,試料調製の精度が重要となる.図 2.106 に試料調製方法と分析精度の関係を示す.図に示すように同一試料に対し,複数の試料調製方法が選択できる.しかし,試料調製の手間と要求精度のバランスにより,最適な試料調製方法を選ばなくてはならない[2].

精度の高い分析に必要な試料調製としては,
① 均質になるような処理
② X 線強度の変動に起因する試料表面の状態や試料の厚みなどの試料調製
③ 同一試料種では標準試料や各測定試料間で同一の試料調製

がある.特に試料表面状態の影響は粉体試料や金属試料にかかわらず,軽元素は受けやすいので,試料表面の汚染にも注意が必要である.

h. 高分子添加剤の蛍光 X 線分析例

高分子材料はその使用目的にあった物理的,化学的性質の向上のために種々の添加剤が用いられている.一般に使用されている添加剤には可塑剤,安定剤,老化防止剤,紫外線吸収剤,難燃剤,帯電防止剤などである.例えば,ポリ塩化ビニル(PVC)には可塑剤として,フタル酸エステルなどのポリエステル系可塑剤が用いられている.通常,これら添加剤の多くは有機化合物である.そのため,蛍光 X 線分析のような組成分析を主体とする分析法では,いかに高分子材料中の添加剤を抽出しても,組成元素以外の情報をえることはできない.

しかし,高分子材料には,これら有機化合物系の添加剤以外に,製造工程における触媒や着色などのための重金属(Cr, Cd, As, Pb, Hg, Pd, Ni, Sb など)が添加されている.添加したこれら重金属のなかでも Cr, Cd, As, Pb, Hg は環境有害元素として環境や人体に影響をおよぼす.そのため,これら重金属の分析に関心が高まって

きており，欧州を中心にこれら重金属を含む添加剤の使用が規制されている[7]．

従来，高分子材料中の金属の元素分析法は，原子吸光法や発光分析法が広く使用されている．これらの分析法は，アルカリ融解や酸処理など煩雑な試料前処理を行わなくてはならない．そのため，製品管理やモニタリングなどに適した分析法でない．蛍光X線分析法は試料前処理を行わず，非破壊で直接高分子材料中の金属元素を定量的に分析することができることから，高分子材料中の微量金属元素の実用的な分析法として有効である．

1） ポリ塩化ビニル材測定例

図2.107に電機製品の被覆材として用いられているポリ塩化ビニル（PVC）をエネルギー分散蛍光X線分析装置で測定した結果を示す．検出範囲がNa～であるため，主成分であるCは検出されていないが，PVCを示すClは明確に検出されている．図のスペクトルではPVC成分以外に，Ca, Zn, Ti, Cu, Pbなどの元素が検出されている．通常PVCフィルムの添加剤として，可塑剤以外に難燃剤，安定剤，充填剤が含まれる．可塑剤としてはフタル酸エステル系の有機物で，他の添加剤は無機添加剤である．図2.108にPVC管測定スペクトルを示す．検出元素は主成分以外にCa, Ti，およびPbである．表2.17にこれら2種類のPVC材料に対し，FP法による定量分析結果を示す．表に示すように，2種類のPVC材料では可塑剤の添加量に違いが観測されている．可塑剤の添加量の多い少ないが高分子材料の硬軟を示す．PVC管は硬質であるため，可塑剤量が被覆PVC材料に比べ約半分程度となっている．蛍光X線分析では直接可塑剤成分組成を求めることはできないが，FP法を用いることで無

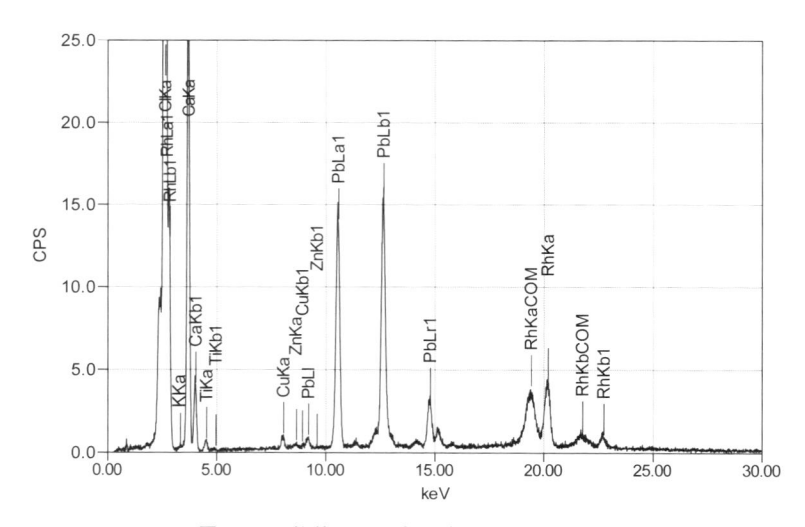

図2.107 軟質PVC測定例（エネルギー分散型）

2.9 蛍光X線分析

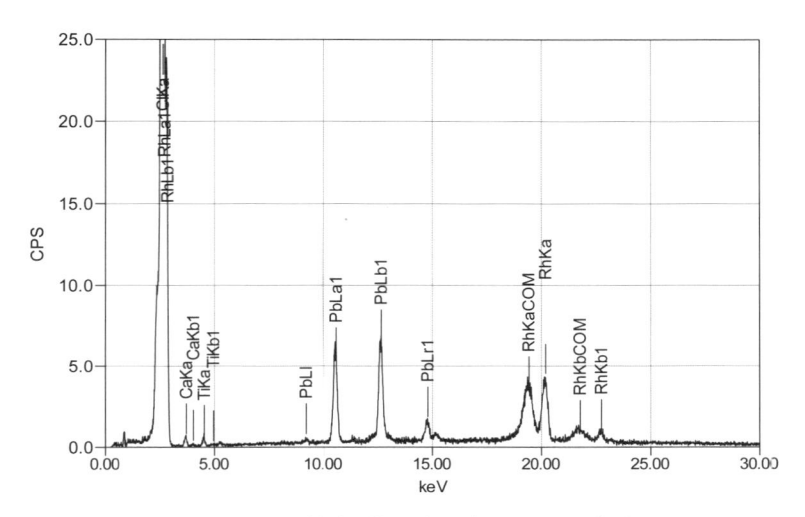

図 2.108 PVC 管（硬質）測定例（エネルギー分散型）

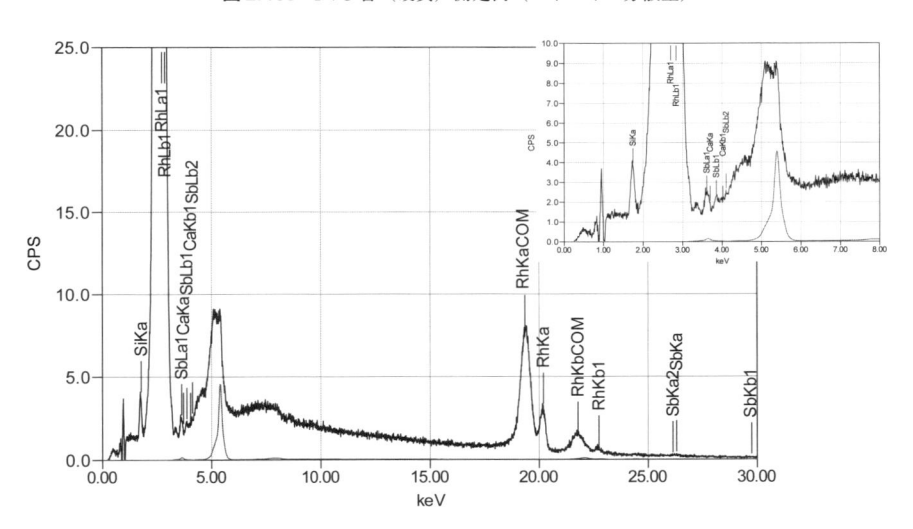

図 2.109 PET フィルム測定例（エネルギー分散型）

機化合物系添加剤量だけでなく，可塑剤量を非破壊で推定することが可能である．

2) 触媒含有高分子フィルム測定例

図 2.109 にポリエチレンテレフタレート（PET）シートをエネルギー分散蛍光X線分析装置で測定した蛍光X線スペクトルを示す．図において，極微量元素としてSi と Sb が検出されている．Si は PET フィルム表面コーティング層成分である．通

表 2.17 軟質および硬質 PVC 定量分析結果（FP 法による）

軟 質		硬 質	
化学式	質量（%）	化学式	質量（%）
CH_3Cl	41.2478	CH_3Cl	74.8863
K	0.5013	Ca	0.2482
Ca	9.9850	Ti	0.1276
Ti	0.1463	Pb	0.7526
Cu	0.0516	$C_{24}H_{38}O_4$	23.9853
Zn	0.0120		
Pb	1.6884		
$C_{24}H_{38}O_4$	46.3675		

表 2.18 図 2.108 の FP 法による定量分析結果

化学式	質量（%）
Si	2.4873
Ca	—
$C_{10}H_8O_4$	97.5003
Sb	0.0124

常，ポリエステル樹脂の重合には重合触媒としてSbが使用されている．このことから，微量検出されているSbは重合触媒といえる．表2.18にFP法で求めた定量値を示す．Sbの量（質量%）は100 ppmと微量で，このような微量元素分析の場合，通常は試料中からSbの抽出操作を行い，その後ICPなどで分析しなくてはならない．しかし，蛍光X線分析は図2.109に示すように，非破壊でフィルム中に残留している微量触媒残さを短時間で検出することができる．

おわりに

蛍光X線分析法は他の分析法に比べ試料調製がほとんど必要でなく，非破壊分析で，さらに短時間で測定が可能である点など優れた使用しやすい分析法である．このため，高分子材料の添加剤分析に対しては何の試料調製を行わなくても含有金属酸化物成分を測定できる．一方，エネルギー分解能がWDSでも〜10 eVであるため，有機化合物に対する化学結合状態の情報をえることはほとんどできない．このため，可塑剤の種類，量を正確に求めることはできない．しかし，他に金属酸化物系の添加剤の測定に関しては短時間で，精度よく測定できる利点を有している．

現在では装置もハンディ型の小型機器も普及してきており，より身近で組成・定量分析が可能となっている．　　　　　　　　　　　　　　　　　　　　　　　【飯島善時】

参考文献

1) 中井　泉編：蛍光X線分析の実際，pp.6-14，朝倉書店，2005．
2) 河合　潤：蛍光X線分析，分析化学実技シリーズ，pp.34-37，共立出版，2012．
3) 合志陽一，佐藤公隆：エネルギー分散型X線分析－半導体検出器の使い方，日本分光学会測定シリーズ18，学会出版センター，1989．
4) 河合　潤：材料と環境，**60**，512，2011．
5) J. Kirz, D. T. Attwood, B. L. Henke, M. R. Howells, K. D. Kennedy, K. J. Kim, J. B. Kortright, R. C. Perera, P. Pianetta, J. C. Riordan, J. H. Scofield, G. L. Stradling, A. C. Thompson, J. H.

Underwood, D. Vaughan, G. P. Willams, H. Winick：X-Ray Data Booklet, PUB-490 Rev., Lawrence Berkeley Laboratory, University of California, Berkeley, CA, 1986.
6) 辻　幸一：X線分析の進歩，**36**, 63, 2005.
7) 千葉晋一, 保倉明子, 中井　泉, 水平　学, 赤井孝夫：X線分析の進歩，**35**, 113, 2004.

2.10 走査電子顕微鏡とエネルギー分散X線分析，電子プローブマイクロアナライザー

　走査電子顕微鏡（scanning electron microscopy：SEM）は電子線を電子レンズによって細く絞りながら，試料表面上を走査させて，表面から発生する二次電子や反射電子を検出して試料表面の顕微鏡像をえる．SEMは日常的に半導体，粉体，生物など幅広い分野で表面形状観察に用いられている．装置本体に装着される半導体検出器または分光器により，二次電子や反射電子と同時に放出される特性X線を利用して元素分析を行うことも可能である．

2.10.1　SEMの原理と特徴

　SEMの像観察はおもに二次電子，反射電子の信号を用いて行う．加速された電子線は試料に照射されると，試料中の原子との相互作用によりさまざまな信号が発生する．このなかで散乱して発生する電子を後方散乱電子といい，図2.110に示すようなエネルギー分布となる．二次電子は加速された電子線によって試料から二次的に発生した電子で，そのエネルギーは図に示すように反射電子に比べきわめて低いエネルギーである．このため，二次電子は試料の内部で発生しても試料自身に吸収されるため，表面から出現しない．この結果，検出される二次電子は試料表面から放出される

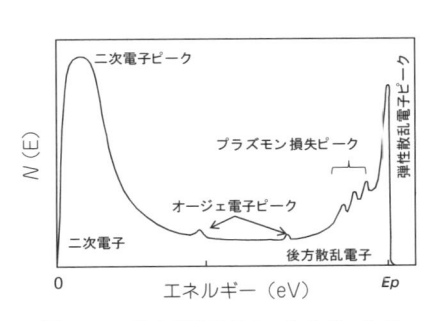

図 **2.110**　後方散乱電子のエネルギー分布

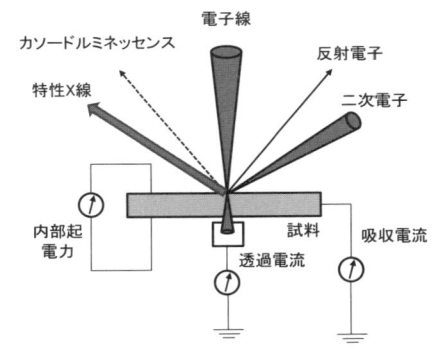

図 **2.111**　電子線照射により試料から発生する信号

ものであるため，二次電子像は試料の形状情報を示す．これに対し，反射電子は試料から弾性散乱によって発生する電子で，図に示すように加速電圧エネルギーの高エネルギーまで含んでおり，組成情報および凹凸情報を与える[1]．

電子銃から放出された電子線を加速し試料表面にプローブとして照射すると，入射電子は試料表面からある深さまで侵入し，図 2.111 に示すように，試料表面から各種の信号がでてくる．二次電子は SEM 像，反射電子は組成像に，X 線は元素分析に用いられる．SEM-EDS はこの発生する X 線のうち特性 X 線を利用して試料を構成する元素分析を行う分析機器である．電子顕微鏡と組み合わせる X 線分光器には，エネルギー分散型 X 線分光器（energy dispersion X-ray spectrometer：EDS）と波長分散型 X 線分光器（wavelength dispersion X-ray spectrometer：WDS）がある．これらの基本原理は前節 2.9 の蛍光 X 線分析で説明した EDS と WDS と同じである．

EDS は広く走査型電子顕微鏡（SEM）や透過型電子顕微鏡（TEM）に装着されている．一方，分析精度を高め，微小領域の化学組成情報をえることを目的とする場合，WDS が SEM に装着される．WDS では 2.9 節 b.1) 項で述べたように，X 線検出の Bragg の回折条件を用いるため，試料，回折用分光素子，検出器の機械的な位置を正確に合わせなくてはならない．このため，WDS 搭載の電子顕微鏡では電子光学レンズ内に光学顕微鏡を内蔵した構造となっており，電子プローブマイクロアナライザー（electron probe X-ray microanalyzer：EPMA）とよばれ，SEM-EDS と区別されている[2]．しかし，SEM-EDS 機器も十分な分析機能を備えており，微小領域での観察・分析という点から EPMA とよばれることもある．本節では SEM-EDS と EPMA を異なる機器として区別せず，X 線分析の視点からの区別で述べる．

図 2.112 に SEM に EDS と WDS を搭載した構成例を，図 2.113 に EPMA 装置の写真を示す．図 2.112 に示すように SEM の基本構造は光学顕微鏡に似ている．エミッターを搭載した電子銃からなる光源部，集束レンズ，対物レンズおよび試料室から構成されている．試料に照射する電子線は，大気中でそのエネルギーを失うため，電子の行路は真空に保たれている．エミッターには W フィラメント，LaB_6，または ZrO/W などが用いられている．この順で光源の輝度が高くなるため，高倍率の観察が可能となる．電子銃から放出され加速された電子は集束レンズおよび対物レンズで数 nm 径まで細束化され，試料上に照射される．スキャンコイルで電子線を試料上で走査することで表面形状観察が可能となる．測定室は電子の散乱や吸収を少なくすることで，観察に適した環境を保つために高真空となっている．

表 2.19 に電子線照射による X 線分析としての EDS と WDS の比較を示す．EDS は Si（Li）半導体検出器を用いて入射 X 線を X 線エネルギーに比例した大きさの電流パルスに変換することで，広範囲のエネルギー領域のスペクトルを同時に測定することが可能である[3]．特に SEM に EDS を装着することにより材料の微小領域におけ

2.10 走査電子顕微鏡とエネルギー分散X線分析，電子プローブマイクロアナライザー

る異物など二次電子像で観察される個所の元素分析が可能となる．図2.114にSEMに装着したEDS（silicon drift detector：SDD）の写真を示す．

材料解析に使用される各種分析機器の分析範囲（分析領域と検出量）を図2.115に

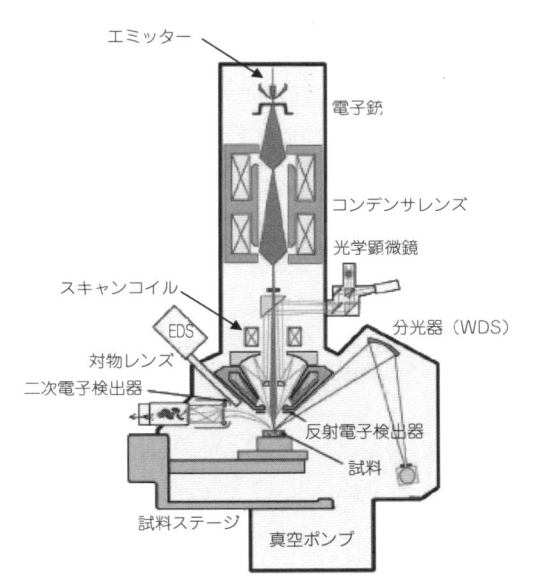

図2.112 SEMのEDSおよびWDS装着構成図

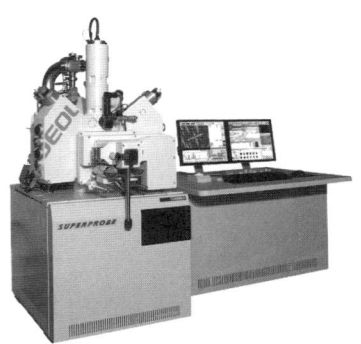

図2.113 EPMA装置外観（日本電子㈱製JXA-8230，日本電子（株）ホームページより）

表2.19 EDSとWDSの比較

	EDS	WDS
分析限界濃度 B〜F Na〜U	1〜10 mass% 0.1〜0.5 mass%	0.01〜0.05 mass% 0.001〜0.01 mass%
エネルギー分解能	〜150 eV	〜10 eV
分析電流値	〜10^{-10} A	〜10^{-8} A
表面凹凸	可	不可
定性分析時間	速い	遅い
定量分析精度	劣る	優れる
低倍率精度 電子線走査 試料ステージ走査	20倍以上 任意	500倍〜 任意

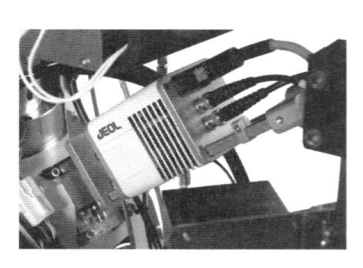

図 2.114　SEM に装着した EDS 写真 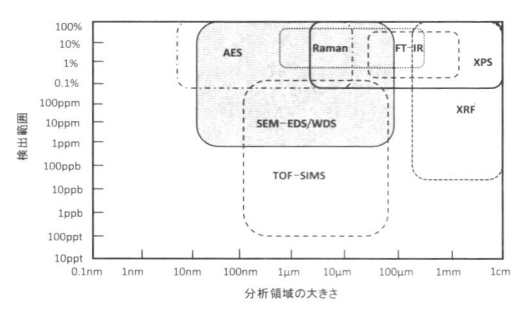　　図 2.115　各種分析機器の分析領域の大きさと検出量

示す．図 2.115 に示す分析範囲からわかるように，電子線を線源に用いた SEM 機能を母体とする分析機器は，ナノオーダーの原子レベルからマイクロメータまでの広い領域をカバーしている．このことは，さまざまなサイズの組成，構造の解明に SEM 機能を母体とする分析機器は有効であり，材料解析の中心を担う観察・分析機器である．このなかでも，SEM に装着する X 線分析法は，他の物理分析法に比べ機能や操作性などで優れている．

2.10.2　電子線照射

入射電子が原子と衝突すると原子を構成する電子と相互作用が起こり，電子が原子から弾き飛ばされることがある．図 2.116 に示すように，このような内殻の電子を失ったエネルギー状態の高い原子は安定な状態に戻ろうとして，高位の軌道から内殻軌道へ電子が落ち，元の電子軌道と内殻軌道とのエネルギー差に相当する X 線が放出される．これが特性 X 線である．この特性 X 線のエネルギーは元素の軌道間のエネルギー差であるため，元素固有な値をとる．このため，特性 X 線のエネルギーを測定することで元素を特定できる．さらに，照射する電子量および試料中の元素濃度に比例してこの特性 X 線が発生する．したがって，発生した特性 X 線のカウント数から定量分析も可能となる．

分析のさい問題となるのが試料表面からどのくらいの深さからの情報をえられているかである．特性 X 線を発生させるには前述したように，入射電子が殻内の電子を殻外に弾き飛ばさなくてはならない．電子を殻外に弾き飛ばし，元素の特性 X 線を発生させるために必要とされる最小の加速電圧を臨界励起電圧という．一般に，二次電子像観察の場合，加速電圧は 1〜15 kV である．これに対し特性 X 線強度をえるためには臨界励起電圧の 2 倍以上の加速電圧が必要であり，通常，数 kV〜25 kV 程度の高めの加速電圧が必要とされる．

いくつかの信号の発生領域のモデルを図 2.117 に示す．図において d_0 は入射電子

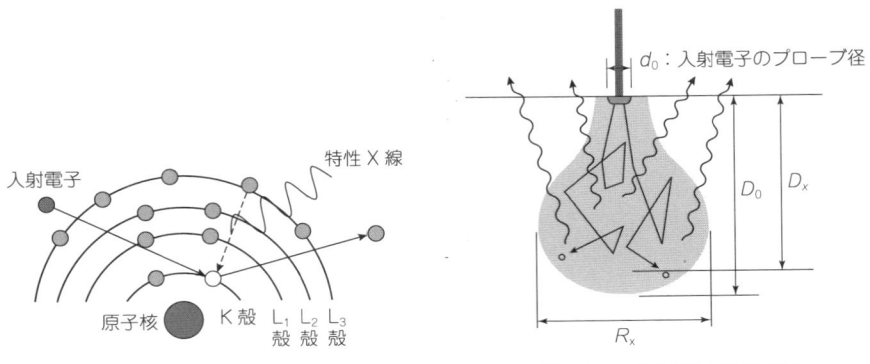

図 2.116 特性 X 線の発生原理

図 2.117 各種信号の発生領域

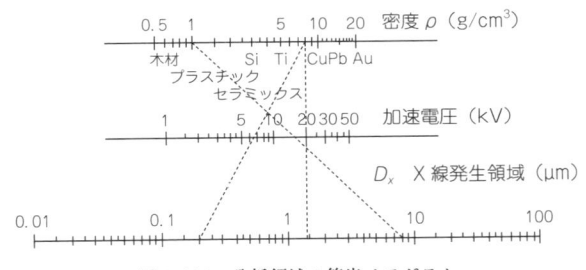

図 2.118 分析領域の算出ノモグラム

のプローブ径，D_0 は入射電子の材料の深さ方向での広がりで，Castaing は X 線発生領域の広がり D_X を式（2.7）で示した[4]．

$$D_X (\mu m) = 0.033(V_0^{1.7} - V_k^{1.7}) \times \frac{A}{\rho Z} \tag{2.7}$$

発生領域の最大径 R_x は式（2.8）で示される．

$$R_x = d_0 + D_x \tag{2.8}$$

ここで，V_0 は加速電圧（kV），V_k は臨界励起電圧（kV），A は分析個所の平均原子量，ρ は材料の密度（g/cm^3），Z は平均原子番号である．

最近ではモンテカルロ法を利用して，X 線の発生領域の深さを容易にシミュレーションすることが可能となっている．

式（2.7）から，X 線発生領域の広がり（D_X）はおもに加速電圧，試料の密度に依存していることがわかる．通常金属材料を加速電圧 10～20 kV で測定する場合，D_X は 0.5～2 μm 程度となる．一方，プラスチックス材料など高分子材料の場合，D_X ＝ 2～8 μm 程度となる．これに対し，これら材料から放出される二次電子の脱出深さは約 10 nm 程度であるため，二次電子像の空間分解能は発生する特性 X 線の空間分解

能よりよいことがわかる．したがって，二次電子像で観察される微小部すべてをX線分析が可能となる．

一方，入射電子の試料内での拡散領域 D_0 は試料の密度と加速電圧で決まる．一般には図 2.118 に示すノモグラムを用いることで，加速電圧と材料の種類（試料の密度）からX線分析時のX線発生領域を簡単に求めることができる[5]．

2.10.3 試料調整・観察分析条件

電子線照射のため，絶縁性試料では試料表面に照射電子がたまる帯電現象が生じる．帯電現象が生じると，二次電子像の乱れ，ハレーションの発生，観測されるX線スペクトルのシフト，ピーク形状の歪み，ゴーストピークの出現などにより，分析，観察が困難となる．一般的に試料表面の導電性を確保するため，カーボンや金属被膜を試料表面にコーティングし，帯電を防止する．このとき，過渡にコーティングすると表面構造が消失されてしまう．これ以外の帯電現象の低減法として，低加速電圧照射と低真空下での電子線照射がある[6]．

a. 加速電圧照射

一般に試料表面に電子線を照射すると，表面に入る電流は出る電流より大きくなるため，帯電現象が発生する．しかし，二次電子の電流量が増加することで，表面に入る電流量と出る電流量が平衡することになり，その結果として帯電現象を軽減することができる．二次電子の発生効率は低加速電圧（1 kV 程度）にピークをもつ試料が多い．したがって，低加速電圧で試料面を照射することで，二次電子発生量が増加し，帯電の軽減が可能となる．

b. 低真空下での電子線照射

通常，SEM の試料室の真空度は 10^{-3}〜10^{-4} Pa である．この真空度を数十〜数百

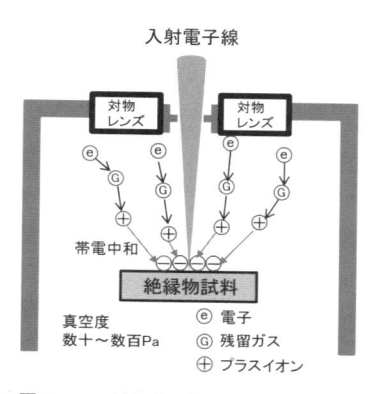

図 2.119 低真空状態での帯電緩和現象

Paの低真空状態にすることで帯電現象を軽減することができる．図2.119に低真空観察（分析）時の帯電軽減効果の模式図を示す．低真空状態では残留ガス分子が多く存在しており，図に示すように入射電子が残留ガスと衝突することでイオン化し，正イオンと電子が生成する．このとき，試料表面が負に帯電していると，正イオンが表面に引きつけられ，中和することができる．一方，試料表面が正に帯電していると，電子が引きつけられ中和できる．

2.10.4　試　料　作　製

　SEM観察では試料をそのままの形態で非破壊観察することもあるが，観察や分析に適した試料処理，例えば試料の分散，破断，切断，研磨，樹脂包埋，スパッタエッチング，金属などのコーティングなどを行う場合もある[7]．

　EDS，WDS分析のためには，試料表面をなるべく平滑にすることで定量精度を向上できる．これは試料内でのX線吸収効果などが標準試料のそれと同等であることが補正誤差を少なくするためである．したがって，定量分析を主にするさい，凹凸があるのは好ましくはなく鏡面研磨を行い，十分に表面を平坦にした上で分析しなくてはならない．

2.10.5　SEM-EDS，EPMA測定例

a.　ポリ塩化ビニル（PVC）ケーブル測定例

　図2.120にPVCケーブルをSEM-EDSで測定したX線スペクトルを示す．測定試料は均一な材料であるため，分析個所の特定を行わず，照射電子線の径を10 μmと広げてX線分析を行った．PVCケーブルは絶縁性のため，50 Paの低真空下で測定することで帯電を軽減させた．図に示すように検出されている元素はポリ塩化ビニル成分である炭素，塩素以外にカルシウムと酸素が検出されている．測定PVCケーブ

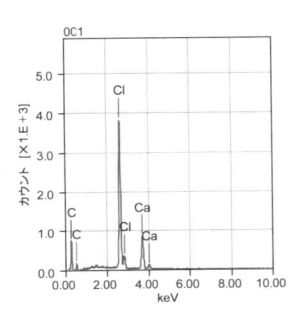

図2.120　PVC製ケーブルの
　　　　　　 EDS測定スペクトル

ルは電気製品用の軟質 PVC である．蛍光 X 線分析で示した軟質 PVC の蛍光 X 線分析ではカルシウム以外に Pb 酸化物など無機添加剤が検出されている．電子線照射の場合，測定される X 線スペクトルのバックグラウンドが散乱電子の影響により増加する．その結果，X 線スペクトルの P/B 比の低下を引き起こす．このため，図 2.107 に示した X 線照射による蛍光 X 線分析結果のように極微量元素を検出することが困難となる．

b. 塗膜測定例

SEM の最大の特徴は分析位置の形状を正確に観察でき，照射電子線を試料上で走査することで，発生する元素ごとの X 線強度を基に二次元の元素分布を描くことができることである．図 2.121 にスチール缶の断面を SEM 観察した反射電子像を示す．図に示すように，①：スチール缶母材，とその上部に形成している②，③の塗膜層が観察されている．②の塗膜厚は 12 μm，③の塗膜厚は 5 μm と狭い領域であるため，通常の蛍光 X 線分析装置では測定が困難となる．SEM-EDS はこのような狭い領域の分析を可能としている．図 2.122 に①〜③の領域の X 線スペクトルを示す．①は

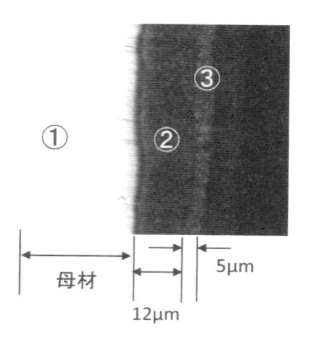

図 2.121 スチール缶の断面反射電子像

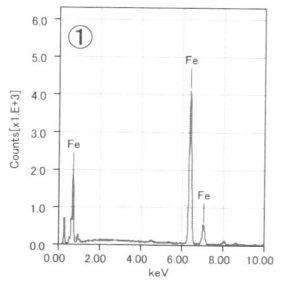

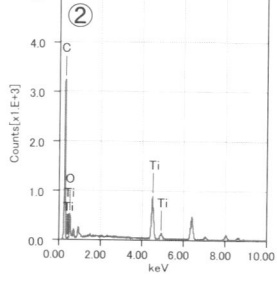

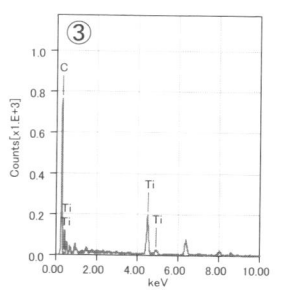

図 2.122 EDS 測定スペクトル

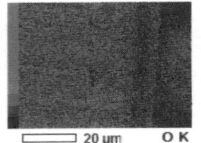

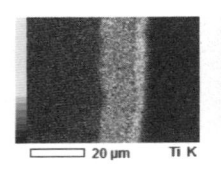

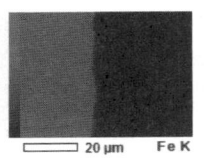

図 2.123 EDS 測定による元素マッピング（口絵 3）

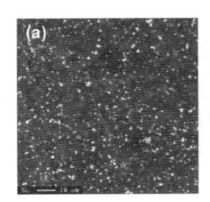

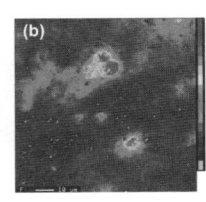

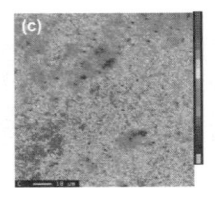

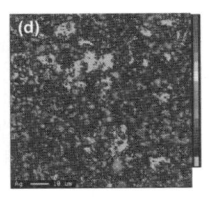

図 2.124 固体高分子型燃料電池電極測定例．(a) は二次電子像，(b)〜(d) は EPMA により元素マッピング（口絵 4）

スチール缶母材部であるため，Fe のみが検出される．一方，②，③では Ti, C, O が測定されている．これら EDS 分析結果をもとに Fe, Ti, O, C の元素分布測定結果を図 2.123 に示す．一般にこのような元素の二次元分布測定は元素マッピングとよばれている．図 2.123 より最表層の塗膜図 2.121 の③と②層での Ti 量に違いが明確に観測されている．各分析点での EDS 分析結果はその個所のみの定性，定量分析にすぎないが，図 2.122 のように元素マッピング測定を行うことにより，試料全体での量的分布を明瞭に示すことが可能となる．

c. EPMA 測定例

図 2.124(a) に固体高分子型燃料電池の断面の二次電子像を示す．二次電子像において触媒と思われる粒子が明るく観察されている．固体高分子型燃料電池はフッ素系樹脂中にカーボンブラックと触媒（Ag または Pt など）を含む電極で構成されている．F, C および Ag の分布に対し，C や F など軽元素分析を得意とする EPMA（WDS 検出器）を用いて元素マッピング測定した結果を図 2.124(b)：F，(c)：C，(d)：Ag に示す．Ag 触媒の分布は図 2.124(a) の二次電子像の明るく示される粒子に (d) の結果は対応していることがわかる．一方，F, C の元素マッピング結果は電極内でフッ素系樹脂に分布があることを示している．

EPMA（WDS）は表 2.19 に示したように F までに軽元素分析が EDS 分析より 1 桁以上高感度で測定が可能であるため，図 2.124(b)〜(d) に示すような元素マッピング測定が可能となる．

2.10.6 電子線照射によるX線分析の問題点

電子線照射によるX線分析の問題点として，一般に次の事項がある．
① 照射電子線により試料表面ダメージが発生する．
② 試料室内の在留有機系ガスが照射電子によりイオン化され，電子線照射領域（分析領域）に堆積する．
③ 長時間の分析を行う場合，試料表面の帯電などによって，時間とともに分析領域がずれてくる現象（ドリフト現象）が発生する．現在の装置では，この現象をソフトウェア上で補正回避することができる．これら以外に
④ 特性X線には近接線が存在することがあるため，えられる定性分析結果が常に正しいとは限らない．定性分析結果の妥当性に関しては常に注意を払わなくてはならない．

電子線照射に基づいたSEM-EDSとEPMA分析時には，以上の問題点があることを考慮して注意を怠らなければ，X線分析は短時間で，容易に元素分析ができる手法である．

おわりに

SEMの機能，操作性は近年著しく向上してきた．またEDS検出器も新型検出器 (silicon drift detector：SDD) が開発され，点分析や面分析のデータを高速収集が可能となってきている．SDDの特徴は液体窒素を必要としないため，機器の小型化が可能とした．短い時定数でもエネルギー分解能がよく，さらにSDDは大電流のプローブを用いて大きなX線強度がえられる場合にも使用できるため，高分子材料やプラスチック材料の分析に普及してきている[8]．一方で，検出器としてX線が入射するさい発生する熱を測定し，X線エネルギーを知るカロリーメトリーを利用することで，EDSのエネルギー分解能をWDSと同等程度に改善する技術が報告されている[9]．これら以外，Bなど軽元素分析のための軟X線分光器の開発も進んでおり，いままでSEM-EDS，EPMAでは測定困難であった材料分析が可能となってきている[10]．

このようにSEM-EDS，EPMAの用途は増々広がってきており，今後のこれら機器の技術的な進歩，測定方法の改善が期待される．　　　　　　　　　　【飯島善時】

参考文献

1) 高橋秀之：蛍光X線分析の実際，(中井　泉編)，pp.136-139，朝倉書店，2005.
2) 日本表面科学会編：電子プローブ・マイクロアナライザー，pp.159-160，丸善，1998.
3) 合志陽一，佐藤公隆：エネルギー分散型X線分析―半導体検出器の使い方．日本分光学会測定シリーズ18．学会出版センター，1989.
4) 副島啓義：電子線マイクロアナリシス，日刊工業新聞社，1987.
5) 日本電子（株），アプリケーションノートSM47，1988.

6) 渡邉俊哉:精密工学会誌, **77**, 1021, 2011.
7) 長澤忠弘:ぶんせき, **4**, 185, 2007.
8) 伊藤真義, 谷田 肇:放射光, **21**, 4, 221-228, 2008.
9) 河合 潤, 村上浩亮, 小山徹也:X線分析の進歩, **36**, 186, 2005.
10) T. Imazono, M. Koike, T. Kawachi, N. Hasegawa, M. Koeda, T. Nagano, H. Sasai, Y. Oue, Z. Yonezawa, S. Kuramoto, M. Terauchi, H. Takahashi, N. Handa, T. Murano and K. Sano:*Appl. Opt.*, **51**, 2351, 2012.

3 前　処　理

　高分子材料に含まれる添加剤を分析するにあたっては，無機系の充填剤など多量に添加されているような場合の定性分析などを除けば，抽出操作などでポリマー成分と分離してから各種の機器測定にて定性分析や定量分析を行う．おもにプラスチック材料におけるポリマーとの分離・分析方法の概要を有機系添加剤について図3.1に，無機系添加剤については図3.2に示す．

　ポリマー成分との分離法の多くは溶解性の違いを利用した方法であり，適切な処理を実施するためにはポリマーおよび添加剤の性質を理解した上で条件を設定する必要がある．したがって，不明の添加剤成分を分離する場合には溶剤の種類を変えるなど，いくつかの条件での検討が必要となる．また，有機系添加剤，無機系添加物のいずれにおいても溶解性などの性質が大きく異なる添加剤を分析対象とする場合には，複数の分離法で処理することになる．

　ポリマー成分と分離した試料中には分析の目的である添加剤成分が複数混在してい

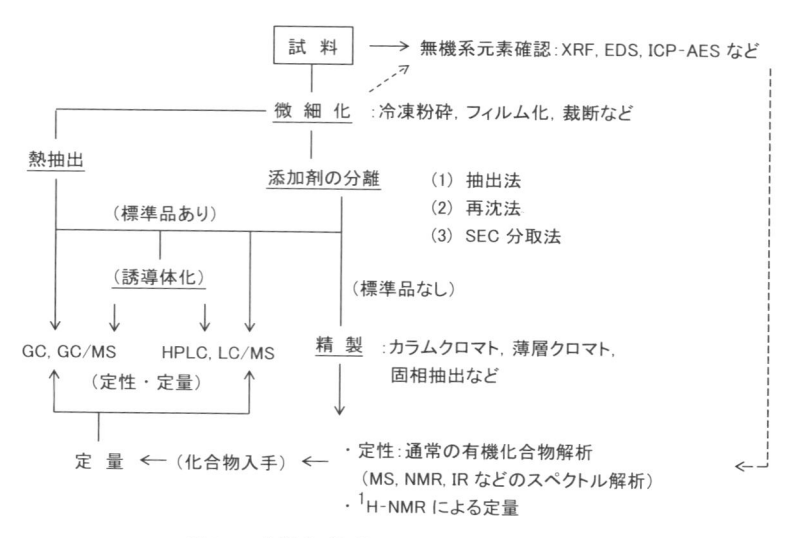

図 3.1　有機系添加剤の一般的な分離・分析手順

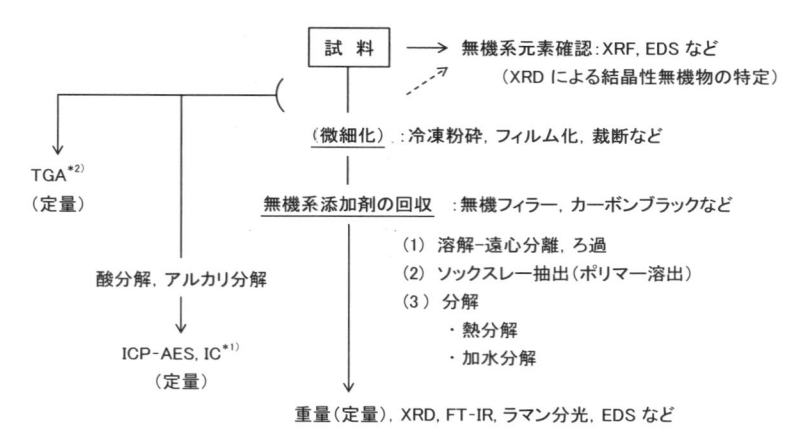

3.1 微細化,均質化

```
                              ┌─────┐
                              │ 試 料 │ ──→ 無機系元素確認:XRF, EDS など
                              └─────┘        (XRD による結晶性無機物の特定)
                                 │
                             (微細化):冷凍粉砕,フィルム化,裁断など

                          無機系添加剤の回収 :無機フィラー,カーボンブラックなど

                                (1) 溶解−遠心分離,ろ過
     TGA*2)                     (2) ソックスレー抽出(ポリマー溶出)
    (定量)                       (3) 分解
                                       ・熱分解
      酸分解,アルカリ分解              ・加水分解

      ICP-AES, IC*1)
        (定量)              重量(定量),XRD, FT-IR, ラマン分光,EDS など
```

＊1) イオンクロマトグラフ
＊2) 熱重量分析

図 3.2 無機系添加剤の一般的な分離・分析手順

るだけでなく,ポリマーの低分子量成分も多量に含まれており各種のクロマトグラフィーなどで分離して個々の化合物について定性および定量する.また,化合物の構造によっては分離しただけでは機器分析で検出できないことから,検出可能な構造に誘導体化してから測定に供する場合もある.

3.1 微細化,均質化

添加剤を分離する場合,特に抽出法で回収する場合には試料の表面積が抽出効率に大きく影響する.溶解する場合にも表面積が大きいほうが速く溶解する.そのため添加剤分析を実施するさいには最初に粉砕,薄片化,裁断などにて試料を微細化することが多い.また,不均質な材料の場合には粉砕や溶融によって均質化の向上も図れる.

3.1.1 粉 砕

高分子材料の粉砕においては,熱硬化した材料などを除き少なくとも熱可塑性樹脂やゴム系材料ではポリマーのガラス転移点 (T_g) 以下に冷却する必要がある.冷凍粉砕と称される粉砕方法では,液体窒素やドライアイスなど添加剤成分が溶出しない冷媒で冷却し,高速回転刃方式や鋼球を高速振とうする方式の粉砕機を使用する.

高速回転刃方式で手軽な道具として食品ミルなども利用できるが,均質で再現性のある粉砕が必要な場合には不十分である.また,使用されている素材からのコンタミネーションにも留意が必要である.

3.1.2 薄片化

熱可塑性樹脂の表面積を増大させる手段として，熱プレスなどで溶融させてシート化する方法がある．ただし，熱プレスで数十μm以下のフィルムをえるのは難しいため，シート状にしたうえでハサミなどで裁断して使用する場合が多い．なお，薄片化においては熱プレスでの離型シートからのコンタミネーションや加熱による添加剤の揮発や流出に留意しなくてはならない．

3.2 有機系添加剤の一般的な前処理法

有機系添加剤をポリマー成分と分離する方法としては溶解性の違いを利用した（1）抽出法および（2）再沈法の他に，分子量（分子サイズ）の違いを利用した（3）サイズ排除クロマトグラフィー分取（SEC分取：GPC分取とよばれることも多い）がある．ポリマー成分が液状で抽出法や再沈法が適用できないときなどには特に有効である．

3.2.1 抽　出　法

固形試料から抽出する場合には試料の表面積が抽出効率に大きく影響する．そのため特に定量分析においては冷凍粉砕などで粒子を微細化する必要があり，フィルム状の試料でも厚い場合には粉砕する．またフィルム状で抽出する場合には，フィルム同士が重なって実質的な表面積低下を起こさないようにフィルムの間に清浄化したステンレス製メッシュやガラスなどのスペーサーを挟むなどの工夫が必要である．

a．ソックスレー抽出

高分子材料からの抽出法として最も一般的な方法がソックスレー抽出である．抽出条件としては溶媒の種類と抽出時間（還流回数）が重要である．

溶媒としてはポリマーを溶解せずに添加剤を溶解する溶媒で抽出するが，ポリマー中に分散している添加剤を効率的に抽出するためには溶剤がポリマー中に入り込む必要がある．そのため，ポリマーとの親和性があまりにも悪い溶媒は不適であり，特に定量分析においては溶媒を変えての検討が必要となる．ポリマーの種類や目的の添加剤によって検討が必要だが，よく使用される溶媒としては多くのポリマーを溶解せずに各種の有機系添加剤が可溶なメタノールやメタノールと他の溶剤との混合系が使用される．クロロホルムに溶解しないポリオレフィン系，ナイロン，芳香族ポリエステルやポリアセタールでは多くの添加剤にてメタノールより溶解性の高いクロロホルムやアセトンを使用する場合も多い．

抽出溶媒による差の一例として，冷凍粉砕にて微粉末化したポリプロピレン（PP）樹脂をクロロホルムで抽出した場合とアセトンで抽出した場合のガスクロマトグラフ（GC）分析結果を図3.3に，高速液体クロマトグラフ（HPLC）分析結果を図3.4に

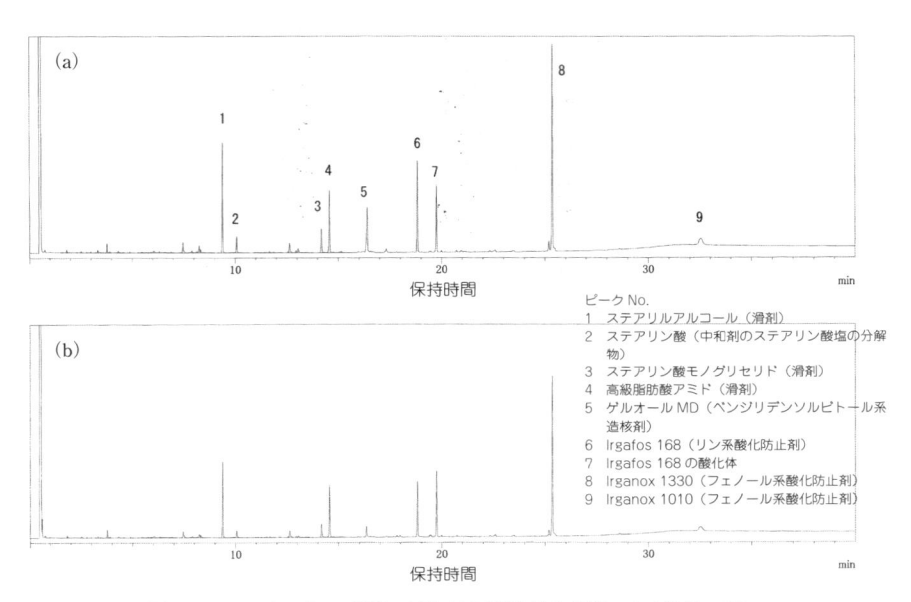

図 3.3 ポリプロピレン樹脂の添加剤分析例/抽出溶媒による比較～GC～

装置：島津製 GC-2010 型
カラム：Ultra ALLOY$^+$-1（15 m×0.25 mm ID，膜厚 0.1 μm）
オーブン温度：100℃～410℃（10℃/min，9 min 保持）
注入口温度：350℃
検出器：FID
検出器温度：420℃
キャリアガス：He（2.0 mL/min）
注入量：1 μL（スプリット比 1：10）（クロロホルム溶液）
ソックスレー抽出 8 時間 (a) 抽出溶媒　クロロホルム，(b) 抽出溶媒　アセトン

ピーク No.
1　ステアリルアルコール（滑剤）
2　ステアリン酸（中和剤のステアリン酸塩の分解物）
3　ステアリン酸モノグリセリド（滑剤）
4　高級脂肪酸アミド（滑剤）
5　ゲルオール MD（ベンジリデンソルビトール系造核剤）
6　Irgafos 168（リン系酸化防止剤）
7　Irgafos 168 の酸化体
8　Irganox 1330（フェノール系酸化防止剤）
9　Irganox 1010（フェノール系酸化防止剤）

示す．成分にもよるが抽出溶媒としてはアセトンよりもクロロホルムのほうが良好であることがわかる．この例で抽出量の差が大きかったのはステアリルアルコール（滑剤），ゲルオール MD（ベンジリデンソルビトール系造核剤：新日本理化社製の商品名），Irgafos 168（リン系酸化防止剤：BASF 社製の商品名），Irganox 1010（フェノール系酸化防止剤：BASF 社製の商品名）などであった．抽出効率のよかった溶媒について，さらに抽出時間が十分であるか，抽出時間を変えて確認する．ただし，抽出は添加剤とポリマー成分および溶媒の間での相互作用が存在するなかでの分離方法であることから，後述の方法も含めて抽出法は標準添加などで回収率を確認することが困難なこともあって，試料から 100% の回収ではない可能性があることに留意が必要である．

　添加剤によっては室温ではほとんど溶解しなくても，還流温度では溶解する化合物もある．また，ソックスレー抽出では単なる加熱還流とは違って繰り返し蒸留された

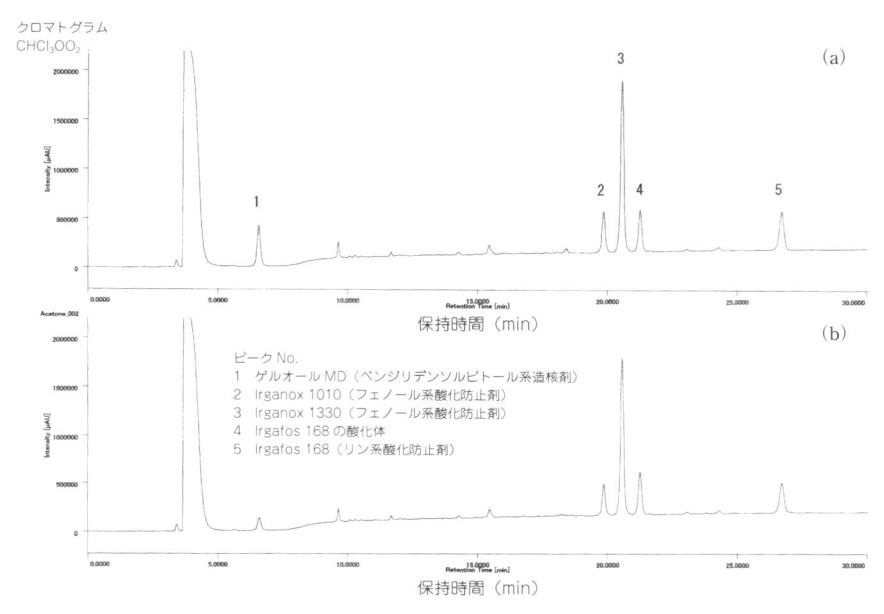

図 3.4 ポリプロピレン樹脂の添加剤分析例/抽出溶媒による比較～HPLC～

装置：日本分光製 LC-2000 システム
カラム：Imtact 製 Unison UK-C18（4.6 mmID×100 mm, 3 μm）
カラム温度：40℃
溶離液：A：超純水，B：メタノール
0～5 min；A/B=40/60～32/68, 5～6 min；A/B=32/68～8/92, 6～20 min；A/B = 8/92～0/100, 20～30 min；A/B=0/100
流速：0.8 mL/min
検出器：UV（PDA；200～650 nm）モニター 210 nm
注入量：5.0 μL（クロロホルム/メタノール溶液）
ソックスレー抽出 8 時間（a）抽出溶媒　クロロホルム，（b）抽出溶媒　アセトン

　新鮮な溶媒が還流して供給されることから，還流温度でも溶解性が低い化合物もほぼ定量的に抽出できる場合がある．例えば滑剤として添加されるステアリン酸の Mg 塩や Ca 塩，高級脂肪酸のビスアミド化合物などは，室温メタノールにはほとんど溶解しないが熱メタノールには可溶で，ソックスレー抽出で回収できる．

　実際の操作として，一般的なサイズのソックスレー抽出器の場合，粉砕した試料で 1～3 g 程度を使用する．溶媒としては抽出後に濃縮することから低沸点溶媒を選択し，樹脂が PP の場合にはクロロホルム，ナイロン（脂肪族ポリアミド）の場合にはクロロホルム/メタノール混合溶媒などを使用する．クロロホルムは多くの有機系添加剤の良好な溶媒だが，ポリマー自体が溶解してしまう場合にはメタノール，アセトン，ジエチルエーテルなどを適用する．なお，特に比重の大きいクロロホルムなどを使用

する場合には試料が浮いてしまうため，還流した溶媒の滴下により微細化した粒子が円筒フィルターの上から飛び散ることがある．それを防ぐためには，清浄化したガラスウールや脱脂綿をかぶせたりステンレス製メッシュに包んだりする．抽出時間としては6～8時間程度で実質的に十分な場合も多いが，試料によってかなりの違いがある．抽出が完了したかどうかはフラスコの溶媒を新しくして抽出を継続し，抽出液から有意に検出されないことを確認する．イオン性界面活性剤（帯電防止剤）や無機塩など，有機溶剤よりも水（熱水）のほうが溶解性が高い化合物もあり，目的によって第1段階では有機溶剤，第2段階では水，といった多段での抽出が有効な場合もある．

抽出液はロータリー・エバポレーターなどを使用して溶媒を留去する．そのさい，温度や減圧を過度にすると比較的蒸気圧の高い化合物は一部が揮散してしまうことがあるので注意が必要である．また，濃縮すると添加剤とともに抽出されたポリマーの低分子量成分（オリゴマー成分）のために高粘度の液となって機器測定の障害になる場合がある．その場合には，濃縮液に添加剤は可溶なポリマーの貧溶媒を添加してオリゴマー成分を析出除去してから機器測定に供する．

抽出操作での留意点としてろ過材の汚染がある．特に市販の円筒ろ紙を使用する場合には抽出器にセットして抽出溶媒を還流-洗浄してから試料の処理をする必要がある．洗浄せずに使用した場合には，フタル酸エステル類や高級脂肪酸アミド類が検出されることが多い．ガラス製の円筒フィルターを使用する場合でも前に使用した材料がフィルター内に残存している可能性があることから，円筒ろ紙の場合と同様に使用前に還流-洗浄するのが好ましい．

b. 超音波分散，溶媒還流（加熱）抽出

ソックスレー抽出器を使用しない溶剤抽出法として超音波分散法や還流抽出法がある．抽出効率が不十分で定量分析には適用できない場合が多いが，簡易的に定性分析を行う場合には有効である．

超音波分散法は超音波で，還流抽出法は加熱によって添加剤の溶出が促進される．還流の器具を使用せずに溶媒加熱で抽出する簡易的な方法として，ヘッドスペースバイアルに試料と抽出溶媒を密閉して溶媒の沸点くらいまで加熱する方法もある．

c. 高温加圧抽出（高速抽出）

溶媒加熱抽出法での抽出効率を向上させるために，耐圧容器内で溶媒の沸点以上の温度で抽出する方法である．専用の設備を必要とするが，多数の試料を処理する場合には有効である．また，溶媒の種類や温度などの抽出条件を設定することで抽出効率のよい条件選定にも利用できる．

d. 超臨界流体抽出（SFE）

抽出媒体として超臨界領域の流体を使用する方法である．専用の設備が必要で，抽出媒体として通常は二酸化炭素が使用され，短時間で抽出が終了することや抽出後に

溶媒除去がいらないといった特長がある．二酸化炭素の極性はヘキサンに近いため滑剤として添加されるパラフィンワックスなどの抽出には適している．一方，極性の高い化合物としては抽出効率が悪いため，メタノールやアセトニトリルを共存させて改善を図る必要がある．二酸化炭素を利用する SFE では二酸化炭素の超臨界点が 31.1℃／7.4 MPa と比較的低温であることから高温をかけたくない試料の抽出法としても利用できる．

e. 熱 抽 出

数 mg～10 mg 程度の試料を熱分解装置にセットし，加熱抽出-冷却トラップ-急速加熱にてガスクトマトグラフ - 質量分析計（GC/MS）に供する方法である．専用の装置（熱分解装置-GC/MS）を必要とするが，分子量が 530 と比較的大きいフェノール系酸化防止剤である Irganox 1076（BASF 社の商品名）や分子量 570 のイオウ系酸化防止剤 DMTP（ジミリスチルチオプロピオン酸エステル）も検出される．

一般的な分析条件としては，He 気流にてポリマーや添加剤が分解しない温度として熱抽出温度が 250～300℃ 程度，分析カラムとしてはアロイカラムを使用して 380℃ 程度まで昇温することで分子量が 500 を超える添加剤でも相応の蒸気圧があれば検出できる．

3.2.2 再 沈 法

ポリマーを溶解したのちに貧溶媒を添加してポリマーを析出させ，溶解している添加剤成分を分析に供する方法である．代表的なポリマーについて良溶媒と貧溶媒の組み合わせの例を表 3.1 に示す．

定量値の信頼性を確認するうえで，再沈法の大きな利点は固形試料での標準添加による回収率の検証が可能なことである．抽出法では固形状態の試料に添加剤を添加しても抽出効率の確認にはならないが，再沈法では溶液にした時点で標準添加ができ，回収率を求められることから添加回収実験にて適切な再沈条件検討が実施できる．

再沈法において特に定量分析のさいに注意が必要なおもな事項を以下に列記する．

① **溶媒の組み合わせと比率**：代表的な例を表 3.1 に示したが，貧溶媒を添加したさいにポリマーの凝集力が強すぎると塊状となって添加剤を取り込んでしまう．また，貧溶媒はポリマー析出に十分な量を使用する必要があるが，多すぎると液量が増えて添加剤濃度が希薄になる．

② **ポリマーの溶液濃度（粘度）**：通常は数 % 以下のポリマー溶液で処理するが，粘度が高すぎると析出するさいに添加剤を取り込んでしまう．

③ **貧溶媒の添加速度や撹拌**：ポリマー溶液に貧溶媒を添加する場合と貧溶媒中にポリマー溶液を滴下する場合とがあるが，いずれの場合も十分な撹拌をしながらゆっくり添加する．特に析出が顕著な領域では急がないことが重要である．

3.2 有機系添加剤の一般的な前処理法

表 3.1 添加剤分析においてポリマー再沈処理に適用される溶媒系の例

ポリマーの種類[1]	ポリマー良溶媒[2]	貧溶媒（添加剤は可溶）
ポリオレフィン（PP, PE など）	キシレン（還流），ODCB	メタノール，アセトン，クロロホルム
ポリスチレン	クロロホルム，THF，MEK	メタノール
ポリ塩化ビニル（PVC）	THF	メタノール
ポリアクリル酸エステル（PMMA など）	クロロホルム，THF，MEK	メタノール
ナイロン（PA6, PA66 など）	HFIP, TFE	メタノール，アセトン，クロロホルム
熱可塑性ポリエステル（PET, PBT など）	HFIP	メタノール，アセトン
ポリアセタール（POM）	HFIP	メタノール，アセトン
ポリカーボネート（PC：ビスフェノール A 型）	クロロホルム	メタノール

1) ポリマーの略称　PP：ポリプロピレン，PE：ポリエチレン，PMMA：ポリメタクリル酸メチル，PA6：ポリアミド 6，PA66：ポリアミド 66，PET：ポリエチレンテレフタレート，PBT：ポリブチレンテレフタレート，POM：ポリオキシメチレン
2) 溶媒の略称 ODCB：o-ジクロロベンゼン，THF：テトラヒドロフラン，MEK：メチルエチルケトン（2-ブタノン），HFIP：ヘキサフルオロイソプロパノール，TFE：トリフルオロエタノール

　上記の基本事項を念頭にした実際の処理においてはポリマーの種類や分析対象の添加剤により溶媒の組み合わせも変えるなど，回収率の高い条件設定には経験も必要となる．

　再沈法で定量分析を行う場合，手順の簡略化のために処理液をそのまま GC や HPLC 測定に供することも多い．予測される添加剤の含有濃度と測定機器の検出感度から適切なポリマー量と総液量を設定し，メスフラスコ中でポリマーを溶解したのちに超音波分散しながら貧溶媒を添加してポリマーを析出させ，最後に定容する．析出するポリマーの体積分だけ液量の誤差となるが，数百 mg のポリマーを 100 mL のメスフラスコで処理した場合のポリマーの体積は数百 μL であり実質的には問題とならない．

　なお，GC や HPLC 測定に供する場合には，析出したポリマーを除去するためにディスポーザブルのフィルターユニットを使用する場合もあるが，多くの製品でフィルターユニットのハウジングに使用されている PP 樹脂に酸化防止剤が使用されていて，Irganox 1010 や Irgafos 168（いずれも BASF 社の商品名）が検出されることがあり，十分に注意が必要である．それらのコンタミネーションを防止するにはテフロン系のメンブランフィルターをステンレス製やテフロン製などのフィルターユニットに装着して使用するのが好ましい．同様に，フィルターユニットを通すのに使用する

シリンジも樹脂製品では動きを滑らかにするためにシリコーンオイルや高級脂肪酸アミド化合物が塗布されていることが多いため，ガラス製のシリンジを使用する．

3.2.3 SEC 分取法

試料が液状で抽出や再沈法が適用できないような場合には，分子量の差異を利用する方法として SEC カラムで分取するのが効果的である．分取した溶液を濃縮して分析に供するが，定量的に回収できない場合も多く定量分析の前処理には向かない．また，大容量の分取用カラムや自動分取装置がない場合には，材料中の含有量が 0.1% レベルの添加剤について各種の機器分析で解析する量を回収するには数日間を要することになる．

溶媒としてはクロロホルムやテトラヒドロフラン（THF）を使用することが多いが，特に THF では通常の溶媒には安定剤として 3,5-ジ-t-ブチル-4-ヒドロキシトルエン（BHT）などが添加されているので，安定剤無添加のグレードを使用するのが好ましい．ただし，安定剤無添加の THF では重合物などが生成しやすいため，必要に応じて試料なしで同等量の溶媒を濃縮してブランク操作の分析試料も調製-測定するのが好ましい．

3.2.4 その他の分離法

使用する溶媒量が多くなるなど一般的ではないが，他に良好な分離法がない場合には試してみる方法として以下のような例がある．

溶解性の差を利用する分離法として，抽出法とは逆にポリマーが溶解して添加剤が有意には溶解しない溶液のろ過にて添加剤を回収できる場合もある．一例として，滑剤などの目的で使用されるエチレンビスステアリン酸アミド（EBS），エチレンビスベヘン酸アミド（EBB）などの飽和高級脂肪酸のエチレンビスアミド化合物は室温では有機溶剤にはほとんど溶解せず，ナイロンのヘキサフルオロイソプロパノール（HFIP）溶液をテフロン製のメンブランフィルターで注意深くろ過すると白粉が回収できる．なお，親水化処理されたテフロンフィルターには HFIP に可溶なポリマー類が使用されている場合があるため，親水化なしのフィルターを使用する．

カーボンブラックは粒子が細かく，溶媒との比重差も比較的小さいことからポリマー溶液の遠心分離やろ過では除去できない場合が多いが，ポリマー溶液を加熱還流することでカーボンブラックが凝集して遠心分離やろ過で大部分を除去できる場合がある．スチレン系のポリマー材料をトルエン溶液にして約 5 時間，加熱還流したのちに 30000 G 程度の遠心分離にてカーボンが完全に沈降し，溶液を回収して再沈法などで分別することができた．

3.2.5 回収混合物の分離

抽出や再沈法で回収された添加剤やモノマー，オリゴマーの混合物は各種のクロマトグラフィーを利用して分離して定性，定量分析を行う．なお，多量のオリゴマー類を含む場合には高粘度の溶液となって分離や機器測定の障害になるため，濃縮液にメタノールやアセトンなどを添加して再沈法にてオリゴマー類を除去する．添加剤分析で最もよく使用するクロマトグラフィーは分離と検出が同時の GC および GC/MS, HPLC および高速液体クロマトグラフ-質量分析（LC/MS）で，標準品との保持時間や分子量などの一致にて成分を特定する．

標準品がない場合には分別して質量分析（MS），核磁気共鳴分析（NMR），赤外分光分析（IR）など各種機器分析にてスペクトルの解析にて定性する．分別法としてよく使用されるのが薄層クロマトグラフィー（TLC），カラムクロマトグラフィー（CC），そして固相抽出（SPE）である．TLC は濃縮ゾーンを有する分取用のプレートを使用すると多量に処理できる．CC では TLC よりも多量に処理できるが長時間を要して溶媒量が多くなるとか，分離の状態を溶出液の TLC 測定などで確認する必要があり煩雑になる．それに対して SPE では少量の溶媒で短時間に処理できるが，多数の成分を個々に分離するのにはかなりの検討が必要で，通常は特定成分の濃縮や精製法として使用する場合が多い．さらに高純度に分離・精製する場合には HPLC による分取を行う．

3.2.6 誘導体化

添加剤そのままの状態では分離や検出が困難な場合，室温での溶解性を向上させたり，GC や GC/MS 分析の場合には揮発性（蒸気圧）を向上させる方法，添加剤分析ではあまり一般的ではないが疎水性や UV 吸収を増強させて HPLC 分析に供する方法として各種の誘導体化が有効である．代表的な誘導体化として GC や GC/MS 分析でのトリメチルシリル（TMS）化やアルキルエステル化がある．誘導体化の詳細については試薬類も含めて成書[1]や試薬メーカー，分析機器メーカーのカタログ類などの情報を参照されたい．

また，高分子量型の光安定剤（高分子量 HALS）の分析において，抽出などで回収した試料にテトラメチルアンモニウムヒドロキシド（TMAH）を添加しての熱分解 GC/MS にて，特徴的な分解生成物およびメチル化物の検出パターンから標準品との対比で定性，定量が可能である[2]．熱分解 GC/MS 分析に反応試薬を共存させる手法は反応熱分解 GC/MS とよばれる．

その他，ポリエステル樹脂の組成分析によく用いられる超臨界状態のメタノール（臨界点：239℃/8.1 MPa）での反応を添加剤分析にも適用できる．内径数 mm，長さ 5 cm 程度のステンレス製容器に抽出などで回収された試料を数 mg とメタノールを

入れて封止し，300℃前後に加熱して反応し，冷後に開封してそのまま GC/MS や GC 分析に供する．他の誘導体化のようにクロマトグラムに誘導体化試薬による妨害がないため解析がしやすい．

3.3 無機系添加剤の一般的な前処理法

フィラーなど多量に添加されていて結晶性の無機物については試料そのまま，もしくは微細化したのちに X 線回折（XRD）分析にて定性分析が可能であるが，非晶性であったり添加量が少ない場合にはポリマーと分離してから機器分析に供する必要がある．

3.3.1 溶解分離法

ポリマーを溶解し，遠心分離やろ過にて不溶物を回収する方法である．カーボンブラックのように微細で溶媒との比重差が小さい場合には分離が容易でないが，3.2.4 項でも紹介したように加熱還流することにより遠心分離やろ過が可能になる場合もある．

3.3.2 ソックスレー抽出法

有機系添加剤の場合とは違ってポリマーが可溶な溶媒を使用してのソックスレー抽出にて無機フィラーなどを回収する方法である．

室温で溶解するポリマーの場合には上記の溶解分離法を適用すればよいが，ポリオレフィン類のように熱溶媒でないと溶解しない場合にはソックスレー抽出法が有効で，高温型（保温型）の器具を使用して溶媒にキシレンを使用することでポリオレフィン中のガラス繊維などを回収できる．

3.3.3 分解法

一般的な分解法としては熱分解法と加水分解法がある．熱分解法は空気雰囲気での灰化（燃焼）でほぼすべてのポリマーの分解に適用できるが，酸化や脱水によって化合物が変化する場合や炭酸塩のように分解してしまう場合もあるので注意が必要である．加水分解法はナイロンにおける塩酸や臭化水素酸分解，ポリエステル類やポリウレタンでの水酸化ナトリウムによる分解など縮合系ポリマーの分解に適用される．無機系添加物だけでなく，分散されているゴム類の回収にも適用できる．

3.4 材料による前処理法の例

多様な樹脂材料のうちで汎用プラスチックとして PP, エンジニアリングプラスチックとしてナイロンの添加剤分析における前処理の例を紹介する.

3.4.1 PP 樹脂中の添加剤分析例

基本的には図 3.1 および図 3.2 に示した添加剤の分離・分析手順に沿って実施すれば, 大部分の添加剤は分析できるが, PP 樹脂について少し詳しく記載した分析手順の例を図 3.5 に示す. 車両用などでは, 屋外で年単位の長期間にわたって劣化を防止するために高分子量型の光安定剤が使用されていることが多く, その定性・定量分析が重要となる.

3.4.2 ナイロン樹脂中の添加剤・添加物分析例

ナイロン樹脂は車両用などの射出成形品とフィルムやモノフィラメントなどの押出成形品に大別され, 使用される用途・部位によりさまざまな添加剤が配合されている. 一例として耐衝撃性の向上を目的にゴム成分を分散させた材料の分析手順の例を図 3.6 に示した. ソックスレー抽出成分からは酸化防止剤や滑剤などの添加剤を定性・

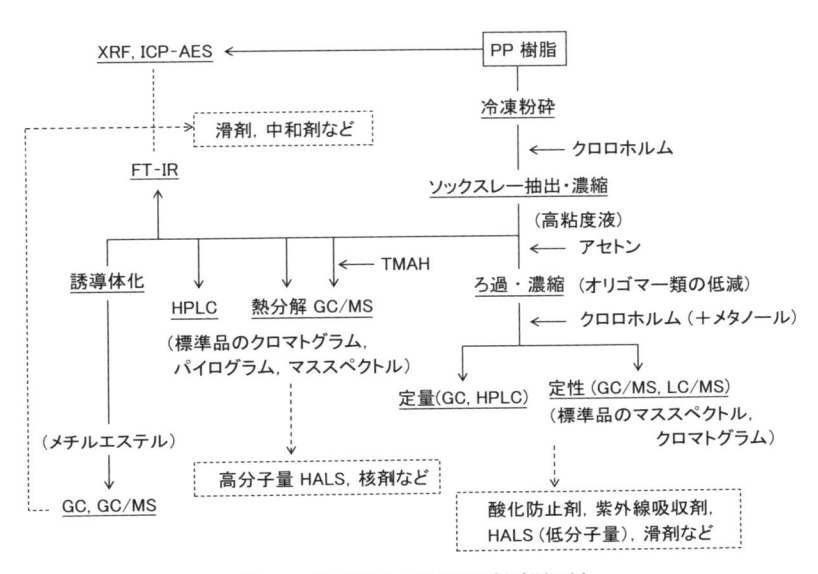

図 3.5 PP 樹脂中の添加剤分析手順の例

3. 前処理

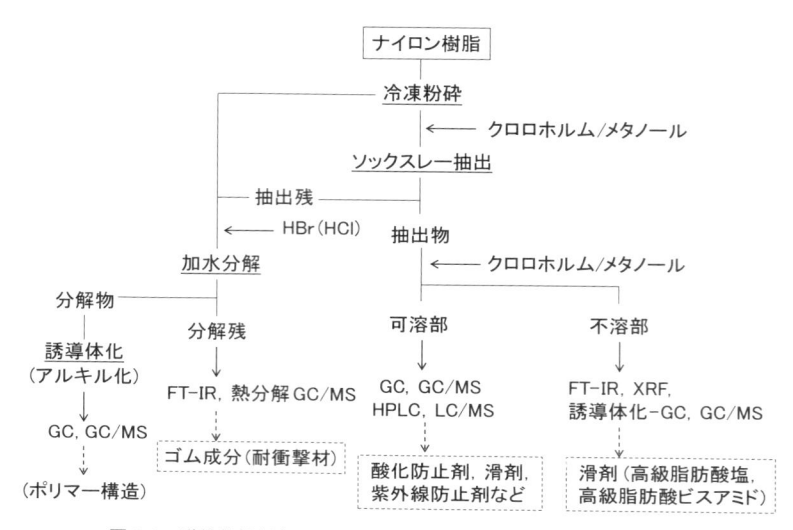

```
              ナイロン樹脂
                  │
                  ▼
               冷凍粉砕  ← クロロホルム/メタノール
                  │
                  ▼
              ソックスレー抽出
              │         │
           抽出残      抽出物  ← クロロホルム/メタノール
              │         │
         ← HBr(HCl)     │
              ▼         │
            加水分解    ┌──┴──┐
         ┌────┤       可溶部   不溶部
       分解物  分解残     │       │
         ▼     ▼         ▼       ▼
       誘導体化 FT-IR,  GC, GC/MS  FT-IR, XRF,
      (アルキル化) 熱分解GC/MS HPLC, LC/MS 誘導体化-GC, GC/MS
         ▼     ▼         ▼       ▼
      GC, GC/MS ゴム成分 酸化防止剤,滑剤, 滑剤(高級脂肪酸塩,
              (耐衝撃材) 紫外線防止剤など 高級脂肪酸ビスアミド)
      (ポリマー構造)
```

図 3.6 耐衝撃材配合ナイロン樹脂中の添加剤・添加物分析手順の例

定量する.抽出残をさらに酸分解した残分は,衝撃向上を目的として添加されたゴム成分である.なお,配合されているゴム成分の多くはナイロンとの相溶性向上のために酸変性されておりナイロンのアミン末端と結合している.そのため,ナイロンを溶解しての遠心分離などでの分離は困難な場合が多い.

【谷岡力夫・石飛　渡・澤村実香】

参考文献
1) 中村　洋:分離分析のための誘導体化ハンドブック.丸善.1996.
2) 石飛　渡.阿部　修.谷岡力夫:第16回高分子分析討論会講演要旨集.p.129.2011.

4

各種添加剤の分析法

4.1 酸化防止剤

　高分子材料の多くにはポリマー連鎖のラジカル発生による分解を抑制する目的で酸化防止剤が添加されている．抗酸化剤（AO剤）や耐熱剤，また，光安定剤・紫外線吸収剤と合わせて耐候剤といったよび方をされる場合もある．化学構造的な分類として（1）フェノール系，（2）リン系，そして（3）イオウ系の3種類に大別され，国内外の各社から多数の製品が上市されている．一部を表4.1に示すが，類似の構造を有するものが多いことや化合物名では非常に長くなることもあって判別しにくいため，他の添加剤と同様に化合物名ではなく商品名でよばれることが多い．

　酸化防止剤の分析にあたっては，適切な前処理にてポリマーと分離したのちに通常の有機成分分析と同様に，以下のような機器分析にて定性および定量分析を実施する．

① リン，イオウなどの無機系元素の確認：蛍光X線分析（XRF）など
② 分子量の確認：各種の質量分析計
③ 部分構造，官能基の確認：核磁気共鳴分析（FT-NMR），赤外分光分析（FT-IR）
④ 揮発性の差異によるクロマト分離：ガスクロマトグラフィー（GC）
⑤ 疎水性の差異によるクロマト分離：高速液体クロマトグラフィー（HPLC）

　高分子材料中の添加剤分析を実施するさい，抽出などでポリマーと分別した試料中には酸化防止剤だけではなく紫外線吸収剤をはじめ他の添加剤も含む場合が多い．また，ラジカル捕捉目的のフェノール系とそのラジカルを分解してフェノール系酸化防止剤の効果を向上させるリン系やイオウ系の添加，といった複数の酸化防止剤が併用されていることも多く，混合品として商品グレード化されているものも多い．個別のユーザー向けの配合グレードもある．

　酸化防止剤の添加量としては成形品では数百〜数千ppmを含有する場合が多い．しかし，実際の分析試料としては，成形前のペレットとして数％以上の高濃度を含むマスターバッチ品があり，逆に時間経過や耐熱・耐候試験した成形品では部位によっては10 ppm未満の濃度レベルまで調べる場合もある．

表 4.1 プラスチック用

分類	構造式	化学名
フェノール系	BHT	3,5-ジ-*t*-ブチル-4-ヒドロキシトルエンまたは 2,6-ジ-*t*-ブチル-*p*-クレゾール
	Irganox1076	*n*-オクタデシル-*β*-(4'-ヒドロキシ-3',5'-ジ-*t*-ブチルフェニル)プロピオネート
	Irganox259	1,6-ヘキサンジオールビス[3-(3,5-ジ-*t*-ブチル-4-ヒドロキシフェニル)プロピオネート]
	Irganox1035	2,2-チオジエチレンビス[3-(3,5-ジ-*t*-ブチル-4-ヒドロキシフェニル)プロピオネート]
	Irganox1098	*N,N'*-ビス 3-(3',5'ジ-*t*-ブチル-4'-ヒドロキシフェニル)プロピオニルヘキサメチレンジアミン
	IrganoxMD1024	*N,N'*-ビス[3-(3,5-ジ-*t*-ブチル-4-ヒドロキシフェニル)プロピオニル]ヒドラジン
	Irganox1330	1,3,5-トリメチル-2,4,6-トリス(3,5-ジ-*t*-ブチル-4-ヒドロキシベンジル)ベンゼン

4.1 酸化防止剤

酸化防止剤の例

商品名（サプライヤー）の例*	分子式（分子量）m/z	既存化学物質 No./CAS No.
スミライザー BHT（住友化学） ヨシノックス BHT（API） ノクラック 200（大内新興）	$C_{15}H_{24}O$ (220.4) 220	(3)-540 128-37-0
Irganox 1076（BASF/旧, Ciba） スミライザー BP-76（住友化学） アデカスタブ AO-50（ADEKA/旧, 旭電化）	$C_{35}H_{62}O_3$ (530.8) 530	(3)-1737 2082-79-3
Irganox 259（BASF/旧, Ciba）	$C_{40}H_{62}O_6$ (638.9) 638	(3)-3093 35074-77-2
Irganox 1035（BASF/旧, Ciba） アデカスタブ AO-75（ADEKA/旧, 旭電化）	$C_{38}H_{58}O_6S$ (642.9) 642	(3)-3094 41484-35-9
Irganox 1098（BASF/旧, Ciba）	$C_{40}H_{64}O_4N_2$ (636.8) 636	(9)-2086 23128-74-7
Irganox MD 1024（BASF/旧, Ciba）	$C_{34}H_{52}O_4N_2$ (552.8) 552	(3)-3536 32687-78-8
Irganox 1330（BASF/旧, Ciba） シーノックス 326M（シプロ化成） アデカスタブ AO- 330（ADEKA/旧, 旭電化）	$C_{54}H_{78}O_3$ (775.2) 774	(4)-191 1709-70-2

分類	構造式	化学名
	Irganox3114	1,3,5-トリス (3,5-ジ-t-ブチル-4-ヒドロキシベンジル) インシアヌレート
	Irganox1010	テトラキス [メチレン-3-(3′,5′-ジ-t-ブチル-4-ヒドロキシフェニル) プロピオネート] メタン
	V-E	ビタミンE または トコフェロール
	Irganox245	トリエチレングリコールビス [3-(3-t-ブチル-4-ヒドロキシ-5-メチルフェニル) プロピオネート]
	Sumi GA80	3,9-ビス {2-[3-(3-t-ブチル-4-ヒドロキシ-5-メチルフェニル) プロピオニルオキシ]-1,1-ジメチルエチル}-2,4,8,10-テトラオキサスピロ [5.5] ウンデカン
	YoshinoxBB	4,4′-ブチリデンビス (3-メチル-6-t-ブチルフェノール)
	AO-30	1,1,3-トリス (2-メチル-4-ヒドロキシ-5-t-ブチルフェニル) ブタン

4.1 酸化防止剤

商品名（サプライヤー）の例*	分子式（分子量）m/z	概存化学物質 No./CAS NO.
Irganox 3114（BASF/旧, Ciba） アデカスタブ AO-20（ADEKA/旧, 旭電化） GSY-314（API）	$C_{48}H_{69}N_3O_6$ (784.0) 783	(5)-1073 27676-62-6
Irganox 1010（BASF/旧, Ciba） アデカスタブ AO-60（ADEKA/旧, 旭電化） トミノックス TT（API）	$C_{73}H_{108}O_{12}$ (1177.7) 1176	(3)-1693 6683-19-8
ビタミンEエーザイ（エーザイ） 理研オイル E700（理研） Irganox E201（BASF/旧, Ciba）	$C_{29}H_{50}O_2$ (430.7) 430	(9)-864 1406-18-4
Irganox 245（BASF/旧, Ciba） トミノックス 917（API） アデカスタブ AO-70（ADEKA/旧, 旭電化）	$C_{34}H_{50}O_8$ (586.8) 586	(3)-3701 36443-68-2
スミライザー GA-80（住友化学） アデカスタブ AO-80（ADEKA/旧, 旭電化）	$C_{43}H_{64}O_{10}$ (741.0) 740	(5)-5929 90498-90-1
トミノックス BB（API） スミライザー BBM（住友化学） アデカスタブ AO-40（ADEKA/旧, 旭電化）	$C_{26}H_{38}O_2$ (382.6) 382	(4)-250 85-60-9
アデカスタブ AO-30（ADEKA/旧, 旭電化） シーノックス 336B（シプロ化成）	$C_{37}H_{52}O_3$ (544.8) 544	(9)-1871 1843-03-4

分類	構造式	化学名
リン系	Irgafos168	トリス (2,4-ジ-t-ブチルフェニル) ホスファイト
	PEP-36	環状ネオペンタンテトライルビス (2,6-ジ-t-ブチル-4-メチルフェニルホスファイト)
	P-EPQ	テトラキス (2,4-ジ-t-ブチルフェニル)-4,4′-ビフェニレンジホスホナイト
	HCA	9,10-ジヒドロ-9-オキサ-10-ホスファフェナントレン-10-オキサイド
イオウ系	DSTP	ジステアリル-3,3′-チオジプロピオン酸エステル
	AO-412S	ペンタエリスリトールテトラ (β-ラウリル-チオプロピオネート) エステル

＊API：エーピーアイコーポレーション（旧．吉冨ファインケミカル）

4.1.1 定性分析

前章の前処理でも述べられているように，酸化防止剤の場合もプラスチック材料そのままでは検出は困難であり抽出法や再沈法でポリマーと分離しての回収物を使用して成分の解析を行う．

酸化防止剤は各種の有機溶剤に可溶なことから，分析法としては各種の機器分析が適用できる．標準品や標準品のクロマトグラフデータやマススペクトルがある場合には，最も有効な分析法はガスクロマトグラフ-質量分析（GC/MS）および液体クロマトグラフ-質量分析（LC/MS）である．標準品でクロマトグラムとマススペクトル，LC/MS の場合には UV 吸収パターンも合わせてデータベース化しておき，実試料の定性分析を実施する．一例として各種の酸化防止剤と紫外線吸収剤，光安定剤を混合した溶液の GC/MS 分析結果を図 4.1 に，LC/MS 分析結果を図 4.2 に示す．

GC および GC/MS による酸化防止剤の分析に使用する GC カラムとしては，化合物の極性が比較的低いものが多いこと，分子量が大きいものもあって高温にする必要

4.1 酸化防止剤

商品名（サプライヤー）の例*	分子式（分子量）m/z	概存化学物質 No./CAS NO.
Irgafos 168（BASF/旧, Ciba） スミライザー P-16（住友化学） アデカスタブ 2112（ADEKA/旧, 旭電化）	$C_{42}H_{63}O_3P$ (646.9) 646	(3)-3510 31570-04-4
アデカスタブ PEP-36（ADEKA/旧, 旭電化）	$C_{35}H_{54}O_6P_2$ (632.8) 632	(5)-6060 80693-00-1
Hostanox P-EPQ（Clariant） Irgafos P-EPQ（BASF/旧, Ciba）	$C_{68}H_{92}O_4P_2$ (1035.4) 1034	(4)-1360 38613-77-3
SANKO-HCA （三光）	$C_{12}H_9O_2P$ (216.2) 216	(5)-3777 35948-25-5
スミライザー TPS（住友化学） シーノックス（シプロ化成） DSTP「ヨシトミ」（API）	$C_{42}H_{82}O_4S$ (683.2) 682	(2)-1399 683-36-7
シーノックス 412S（シプロ化成） スミライザー TP-D（住友化学） アデカスタブ AO-412S（ADEKA/旧, 旭電化）	$C_{65}H_{124}O_8S_4$ (1161.8) 1161	(2)-1391 29598-76-3

があることから，不活性化金属製キャピラリーカラム（ALLOY カラム）が有効である．ただし，GC と質量分析計（MS）をつなぐインターフェース温度が 300℃ 程度までしか上げられない装置や磁場型の MS など ALLOY カラムが適用できない場合には耐熱性のよい薄い膜厚の無極性のシリカキャピラリーカラムを使用する．なお，装置にもよるが化合物の分子イオンがえられない場合も多く，フラグメントイオンの一致やクロマトグラムでの保持時間で判断することになる．

一方，LC/MS ではカラムとしては逆相系のオクタデシル担持シリカ系（ODS：C_{18}）を使用し，溶離液には水/メタノールもしくは水/アセトニトリルでのグラジエント測定がよく，特に pH 調整などは必要としない．ピークの重複がみられる場合にはグラジエント条件を 2 段階，3 段階に増やしたり，芳香環との相互作用を利用してフェニル基を担持したカラムが有効な場合もある．MS 条件として大半のフェノール系酸化防止剤は大気圧化学イオン化（APCI）にて（−）イオンで検出されるが，化合物により（＋）イオンで検出されやすい場合や分子イオンがえられない場合もある．さらに，各社の装置間でも劇的に変わる場合もあり，イオン化法や（＋）と（−）検

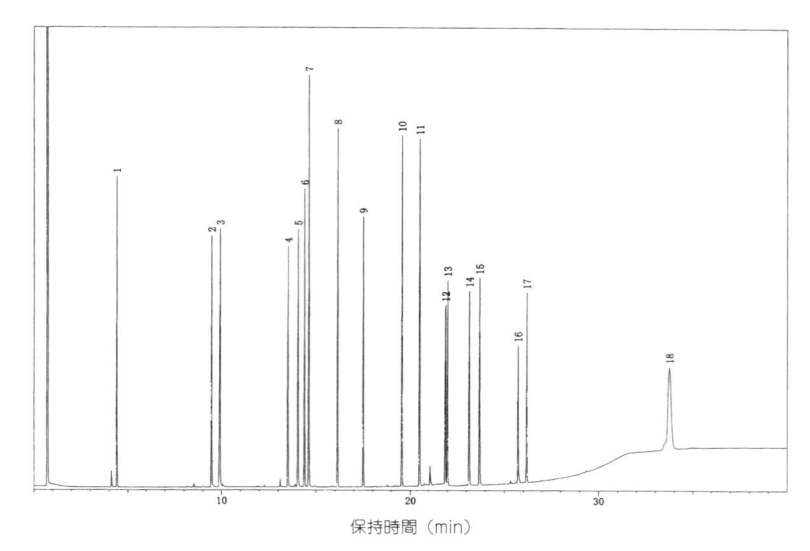

図 4.1　各種酸化防止剤，紫外線吸収剤および光安定剤の GC/MS 分析例

(ピーク No)	m/z	分子量	化合物
1	205, 220, 57	220.4	BHT（フェノール系酸化防止剤）
2	225	225.5	Tinuvin P（ベンゾトリアゾール系紫外線吸収剤）
3	216 168 199	216.2	HCA（リン系酸化防止剤）
4	300, 315, 272, 119	315.8	Tinuvin 326（ベンゾトリアゾール系紫外線吸収剤）
5	137, 312, 108	312.3	Tinuvin 312（サリシレート系紫外線吸収剤）
6	322, 43	351.8	Tinuvin 328（ベンゾトリアゾール系紫外線吸収剤）
7	339, 148, 57	382.6	ヨシノックス BB（フェノール系酸化防止剤）
8	233	438.7	Tinuvin 120（サリシレート系紫外線吸収剤）
9	124, 58	480.7	Tinuvin 770（ヒンダードアミン光安定剤）
10	57, 441, 147, 647	646.9	Irgafos 168（リン系酸化防止剤）
11	57, 531, 515, 219	530.8	Irganox 1076（フェノール系酸化防止剤）
12	219, 57, 232, 552	552.8	Irganox MD1024（フェノール系酸化防止剤）
13	138	685.1	Tinuvin 144（ヒンダードアミン光安定剤）
14	177, 161, 190, 586	586.8	Irganox 245（フェノール系酸化防止剤）
15	57, 219, 249, 87	642.9	Irganox 1035（フェノール系酸化防止剤）
16	219, 203, 784, 57	784.0	Irganox 3114（フェノール系酸化防止剤）
17	55, 43, 143, 178	683.2	DSTDP（イオウ系酸化防止剤）
18	219, 57, 259, 203	1177.7	Irganox 1010（フェノール系酸化防止剤）

装置　　　　　　　　：島津製 QP-5050A 型
カラム　　　　　　　：Ultra ALLOY⁺-1（15 m×0.25 mm ID，膜厚 0.15 mm）
オーブン温度　　　　：100℃～400℃（10℃/min, 10 min 保持）
注入口温度　　　　　：330℃
インターフェース温度：345℃
キャリアガス　　　　：He（1.4 mL/min）
イオン化法　　　　　：電子イオン化（EI）
注入量　　　　　　　：1 μL（スプリット比 1 : 5）（クロロホルム溶液）

4.1 酸化防止剤

210 nm

275 nm

310 nm

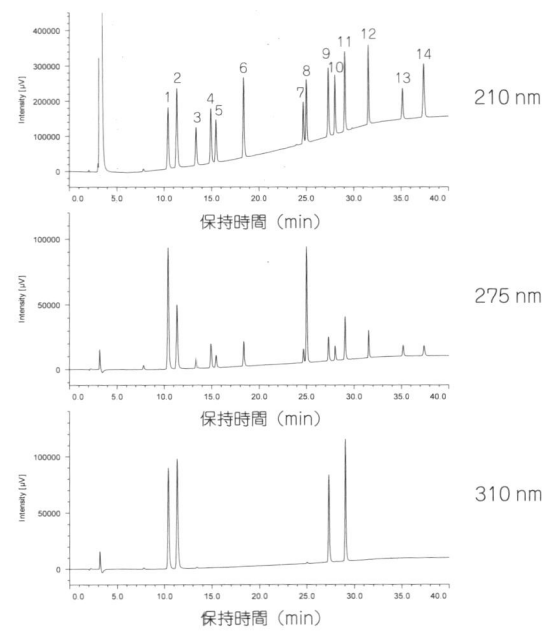

装置	: Agilent technologies 製 1200 システム（LC 部），6140 型（MS 部）
カラム	: Waters 製 XSELECT CSH C18（4.6 mmID×150 mm, 3.5 μm）
カラム温度	: 40℃
溶離液	: A：超純水，B：メタノール
	0～3 min；A/B=25/75, 3～28 min；A/B=25/75～0/100, 28～40 min；A/B=0/100
流速	: 0.8 mL/min
検出器	: UV（PDA；200～650nm）および MS（m/z=150～1350）
イオン化法	: 大気圧化学イオン化（APCI）
注入量	: 3.0 mL（UV），1.0 mL（MS）（クロロホルム/メタノール溶液）

モニター波長　上段：210 nm，中段：275 nm，下段：310 nm

（ピーク No）	m/z	分子量	化合物
1	311（－）	312.3	Tinuvin 312（サリシレート系紫外線吸収剤）
2	226（＋）	225.3	Tinuvin P（ベンゾトリアゾール系紫外線吸収剤）
3	585（－）	586.8	Irganox 245（フェノール系酸化防止剤）
4	219（－）	220.4	BHT（フェノール系酸化防止剤）
5	551（－）	552.8	Irganox MD1024（フェノール系酸化防止剤）
6	382（－）	382.6	ヨシノックス BB（フェノール系酸化防止剤）
7	641（－）	642.9	Irganox 1035（フェノール系酸化防止剤）
8	437（－）	438.7	Tinuvin 120（サリシレート系紫外線吸収剤）
9	314（－）	315.8	Tinuvin 326（ベンゾトリアゾール系紫外線吸収剤）
10	219（－），564（＋）	784.0	Irganox 3114（フェノール系酸化防止剤）
11	350（＋）	351.5	Tinuvin 328（ベンゾトリアゾール系紫外線吸収剤）
12	1176（－）	1177.7	Irganox 1010（フェノール系酸化防止剤）
13	529（－）	530.8	Irganox 1076（フェノール系酸化防止剤）
14	647（＋）	646.9	Irgafos 168（リン系酸化防止剤）

（図 4.2 の各ピークの UV 吸収パターン）
(3), (4), (5), (6), (7), (10), (12), (13)：フェノール系酸化防止剤
(14)：リン系酸化防止剤
(1), (8)：サリシレート系紫外線吸収剤
(2), (9), (11)：ベンゾトリアゾール系紫外線吸収剤

4. 各種添加剤の分析法

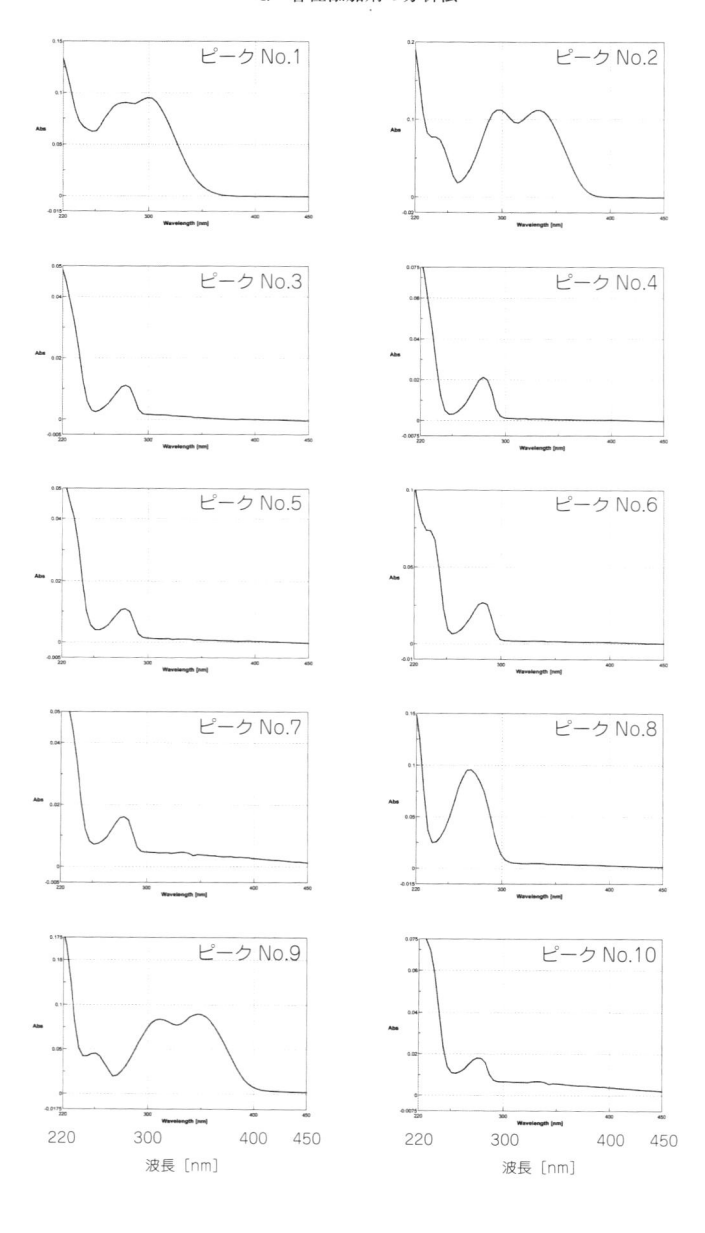

ピーク No.1　ピーク No.2
ピーク No.3　ピーク No.4
ピーク No.5　ピーク No.6
ピーク No.7　ピーク No.8
ピーク No.9　ピーク No.10

波長 [nm]　波長 [nm]

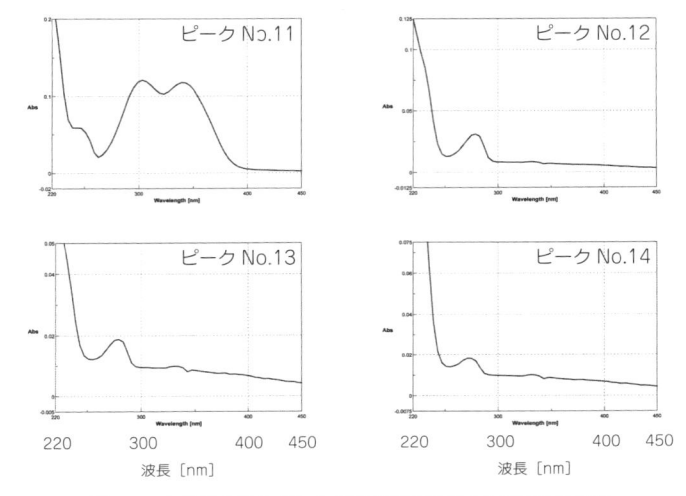

図 4.2 各種酸化防止剤および紫外線吸収剤の LC/MS 分析例

出に加えて装置の特徴を把握しての測定が必要である．LC/MS あるいは HPLC 分析では図 4.2 の例にも示したように各ピークの UV 吸収パターンも有効な情報となる．フェノール系酸化防止剤では 270～280 nm 付近に λ_{max} を有し，有無の判断に利用できる．なお，イオウ系酸化防止剤はイオン化されにくい．

標準品が入手できない場合には一般的な有機化合物の解析と同様にカラムクロマトグラフィー，薄層クロマトグラフィー，固相抽出，LC 分取など各種のクロマトグラフ処理にて単離したのちに質量分析，^{1}H-NMR, ^{13}C-NMR, FT-IR, 元素分析といった機器分析による構造解析を実施する．解析には分子量情報が重要で，酸化防止剤などの添加剤においては電界脱離イオン化法（FD-MS）が有効である．なお，ソックスレー抽出での回収物ではオリゴマーなど室温では難溶性の成分が多量に含まれる場合は，上記の精製の前段階として溶解性による粗分別にて酸化防止剤など添加剤の比率を高くするのが好ましい．

機器分析でえられたスペクトル類の解析にあたっては GC/MS や FT-IR などは装置に付属のデータベース（DB）検索が有効であるが，酸化防止剤については DB にないものも多い．また，添加剤分析に限ったことではないが，マススペクトルの DB（電子イオン化法）検索にあたっては装置によっては特に高分子量領域のイオンが弱くて DB との一致度が低いことがあるので注意が必要で，クロマトグラムなど他のデーターと合わせた総合的な判断が必要である．

MS や顕微 FT-IR では必要な試料はきわめてわずかで測定でき，NMR 分析も装置の性能向上によって ^{1}H-NMR ならば 0.1 mg で，^{13}C-NMR でも 1 mg 程度で測定可

能になってきている．酸化防止剤の化学構造は比較的単純なことから，分子量（MS），官能基（FT-IR）と合わせて解析すれば構造の特定は可能である．

4.1.2 定量分析

定量分析が必要な場面としては，①自社製造品の品質管理，②他社への製造委託製品の受入れ検査，③劣化試験などでの含有量変化，そして④他社品に使用されている添加剤の分析（定性分析も），といったことがある．定量分析は大半が GC や HPLC によるクロマトグラフィーにて実施することから，基本的に酸化防止剤の標準品を用いての分析となる．標準品がない場合には ^{1}H-NMR にて，抽出回収物などの混合物のなかで目的の化合物に特徴的なシグナルを使用して内部標準法などで定量する．

酸化防止剤の定量分析において最も考慮が必要なのは前処理方法で，よく使用されるのがソックスレー抽出や多量の試料処理では高速抽出（高温加圧）装置である．まず，抽出効率をよくするために冷凍粉砕などで試料を微細化した上で溶媒と抽出時間を適正化する．抽出法では固形試料に標準添加はできないため，ソックスレー抽出の場合にはまず6～8時間抽出し，フラスコの溶媒を取りかえてさらに抽出して濃縮物のクロマト分析にて有意な検出がないことを確認する．定量分析に使用する抽出溶媒として PP 樹脂ではクロロホルム，ナイロン6やナイロン66ではクロロホルムとメタノールの混液が良好である．これらの溶媒はポリマーの結晶性領域まで浸透しやすいためと推察される．ただし，共重合体などではポリマー自体が溶解してしまうこともあり，個々の試料処理での状況から適宜，選択することになる．

ポリマーが室温で可溶である系において特定の添加剤を定量する場合には，前処理として再沈法を使用することも多い．50～100 mL のメスフラスコに試料を数百 mg 採取してポリマーの良溶媒で数%の溶液とし，超音波洗浄機などで十分に分散しながら貧溶媒を添加してポリマーを析出させる．定容してから液部を HPLC などで測定する．回収率確認として，溶液の状態で添加剤の標準液を添加し，再沈後の液で定量的に検出されているかを測定する．

クロマトグラフ測定として芳香環を有する構造の酸化防止剤だけならば多くのフェノール系酸化防止剤で 1 μg/mL 以下の濃度レベルまで定量性がある HPLC が良好である．しかし，UV 吸収が微弱な他の添加剤なども測定が必要な場合には GC と併用することになる．逆に GC だけでは代表的なフェノール系酸化防止剤の1つである Irganox 1010（BASF 社の商品名：分子量 1177.7）などは難揮発性であるために検出できても定量性が劣る．なお，一般的な定量分析では内部標準法もよく使用されるが，多数のピークが混在することもあって適当な内部標準物質を選定するのが容易でない場合も多く，装置の注入精度がよくなっていることから絶対量での検量法で十分な精度がえられる．

試料が少ない場合や濃度が低い場合にはGC/MSやLC/MSにて選択イオンモニタリング（SIM）法を適用すればGC（FID検出）やHPLC（UV検出）の10〜100倍もしくはそれ以上の高感度での定量も可能である．

4.1.3　分析の事例
a.　材料の変色
　定常的な品質管理的な分析ではなく，トラブルやクレームで酸化防止剤の分析を実施することも多い．フェノール系の酸化防止剤でときどきあるのが製品の変色（黄変）についてのクレームである．

　古くからフェノール系酸化防止剤として使用されてきた3,5-ジ-t-ブチル-4-ヒドロキシトルエン（BHT）は酸化されると，赤色に近い橙色を呈するスチルベンキノン（SQ）に変化して製品の黄変を起こす．黄変レベルのSQはきわめて微量であるため分析は容易でないが，抽出して多波長検出でのHPLC，そしてLC/MS-SIM分析にてSQを特定できる．なお，BHTからの新たなSQの生成や逆にSQの退色化反応に注意が必要である[1]．

　BHTについては意図的に添加していなくても検出されることがときどきみられる．原因の1つとしてポリマーに各種の添加剤を配合する工程は，多種の材料を取り扱う委託生産での製造もあり清浄化しても完全には除去しきれない場合がある．BHT以外でも酸化されてキノンの構造を形成する化合物では特に塩基性の化合物と併用される場合には変色を起こしやすい．原因解明においては単なるスペクトル類の解析だけでなく，その状態になった経過を推測しながらの分析が重要となる．

b.　不均質材料の定量分析
　ペレット状態の試料について分析する場合，添加剤が高濃度に配合されたマスターバッチのペレットが配合されている場合がある．よくみるとペレットの透明性などが明らかに違うことから判別できるが，定量値が大きくばらつく場合には目視にて再確認する．

　また，環境対策としてリサイクル製品原料の破砕品を扱う機会も多くなっている．このような試料では基本のポリマーはPPなどおおよそ一定しているが，各社の製品が混在しているため非常に多くの成分が検出されて解析が煩雑になるだけでなく，均一性もわるい．分析の試料として提供された時点ですでに母集団とはずれている可能性も高いため，試料を提供されるほうにも協力してもらう必要がある．分析の基本である縮分や粉砕混合にて平均化を図る．分析法として，PPリサイクル材料の場合には冷凍粉砕ののち，クロロホルムでのソックスレー抽出を8〜10時間，ロータリー・エバポレーターにて乾固しない程度に濃縮した状態でアセトンを添加してオリゴマーやクロロホルムには溶解しやすいポリマー成分を析出させる．テフロン製のメンブラ

ン・フィルターで吸引ろ過して乾固し，クロロホルムに再溶解してGC/MSによる定性とGCによる定量．HPLCやLC/MS分析ではクロロホルムとメタノールの混合溶媒で溶解して測定に供する．

【谷岡力夫・石飛　渡・澤村実香】

参考文献
1) 大田陽介，石飛　渡，澤村実香，谷岡力夫：第14回高分子分析討論会講演要旨集，41, 2009.

参考書
1) 山田清美，有賀のり子，井上真紀，小國祐美子，久田見実季：プラスチック分析入門（西岡利勝，寳﨑達也編），pp. 311-335，丸善，2011.
2) 香川信之，寳﨑達也：実用プラスチック分析（西岡利勝，寳﨑達也編），pp 484-502，オーム社，2011.
3) 寳﨑達也：高分子分析（日本分析化学会編），pp. 100-119，丸善，2013.

4.2　光安定剤（紫外線吸収剤，ヒンダードアミン系光安定剤）の分析法

4.2.1　光安定剤の構造と特性[1]

　高分子材料は，ある種の光によって励起されることにより光誘起反応が起こり，高分子材料の物理的性能低下（光劣化）を引き起こす．この光劣化を防止する目的で配合される添加剤を光安定剤という．

　光安定剤は図4.3に示すように紫外線吸収剤とヒンダードアミン系光安定剤の2種類が代表的である．紫外線吸収剤はエネルギーレベルの高い紫外線を吸収することで高分子材料の光劣化につながる光誘起反応を抑制すると考えられており，ヒンダードアミン系光安定剤は光劣化で生じた高分子材料由来のラジカルを捕捉して劣化を抑制すると考えられている．

　代表的なベンゾトリアゾール系紫外線吸収剤の構造を表4.2に示す．熱や光に対して比較的安定で，汎用性が高く，さまざまな高分子材料で使用されている．芳香環を有する樹脂の着色防止効果が高く，ハロゲン系難燃剤処方の着色防止に効果を示す．

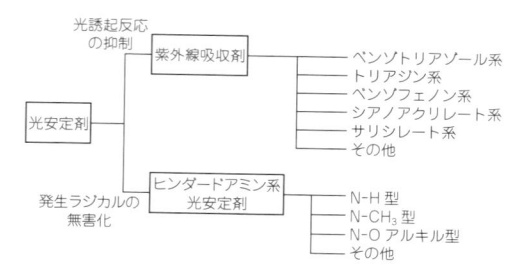

図4.3　市販の光安定剤の種類[15]

表 4.2 代表的なベンゾトリアゾール系紫外線吸収剤の構造, 分子量, 商品名[6]

	構造式	分子量	商品名
UVA-1		659	アデカスタブ LA-31 TINUVIN 360
UVA-2		316	アデカスタブ LA-36 TINUVIN 326
UVA-3		225	アデカスタブ LA-32 TINUVIN P
UVA-4		323	アデカスタブ LA-29 Cyasorb UV-5411
UVA-5		448	TINUVIN 234
UVA-6		323	RUVA-93

　ヒンダードアミン系光安定剤と併用すると相乗効果を示す．一方，一部の製品を除いて分子量が500以下であり，加工時の揮散や長期の保留性に難点がある．またポリオレフィンなどの極性の低い高分子材料に対する相溶性が低く，アルカリ，アルカリ土類，重金属などと錯体を形成して着色することがある．

　代表的なトリアジン系紫外線吸収剤の構造を表4.3に示す．一部を除いて分子量が500以上であり，加工時の飛散や長期の保留性に優れる．また熱や光に対して安定であり，ベンゾトリアゾール系紫外線吸収剤と比較してアルカリ，アルカリ土類，重金属などと錯体を形成しにくい．単位重量あたりの吸光度が大きく，芳香環を有する樹

表 4.3 代表的なトリアジン系紫外線吸収剤の構造,分子量,商品名[7]

	構造式	分子量	商品名
UVA-7		512	アデカスタブ LA-46
UVA-8		426	TINUVIN 1577
UVA-9		510	Cyasorb UV-1164
UVA-10	構造非開示	700	アデカスタブ LA-F70
UVA-11		678	TINUVIN 479

4.2 光安定剤(紫外線吸収剤,ヒンダードアミン系光安定剤)の分析法

表 4.4 代表的なベンゾフェノン系紫外線吸収剤の構造,分子量,商品名[8]

	構造式	分子量	商品名
UVA-12	(2-hydroxy-4-n-octyloxybenzophenone)	326	アデカスタブ 1413 スミソーブ 130
UVA-13	(2-hydroxy-4-methoxybenzophenone)	228	スミソーブ 110 スミソーブ 101
UVA-14	(2,2'-dihydroxy-4,4'-dimethoxybenzophenone)	274	シーソーブ 107 Uvinul 3049

表 4.5 ヒンダードアミン系光安定剤(HALS)の基本骨格[9]

N-H HALS	N-Me HALS	NO-Alkyl HALS
N-H	N-CH$_3$	NO-Alkyl

脂の着色防止効果が高い.ベンゾトリアゾール系と同様,ヒンダードアミン系光安定剤と併用すると相乗効果を示す.

代表的なベンゾフェノン系紫外線吸収剤の構造を表4.4に示す.一部の例外を除き,初期着色が少なく,極性の低い高分子材料に対する相溶性が高い.分子量が小さいため加工時の飛散や長期の保留性に難点があり,アルカリ,アルカリ土類,重金属などと錯体を形成して着色することがある.

ヒンダードアミン系光安定剤は通称 HALS (hindered amine light stabilizer) とよばれ,表4.5に示す2,2,6,6-テトラメチルピペリジン構造を基本骨格に有する化合物である.

市販の HALS の大半は N-H, N-Me 骨格であるが,これらは塩基性を有するため,酸性物質と接触を伴う配合では性能を発揮できない場合がある.このため最近ではNO-Alkyl(アルコキシアミノ基)に示される塩基性を低減した製品も開発されている.低塩基性 HALS は酸性物質との共存下でも光安定化能の低下が少ない特長を有する.

代表的な N-H ヒンダードアミン系光安定剤(HALS)の構造を表4.6に示す.市販の HALS のなかで最も多く使用されていて,紫外線吸収剤との併用により相乗効果を発揮する.N-H ヒンダードアミン系光安定剤は白色〜淡黄色であり,基材の調

表 4.6 代表的な N-H ヒンダードアミン系光安定剤の構造,分子量,商品名[10]

構造式	分子量	商品名(メーカー)
(2,2,6,6-テトラメチルピペリジニル)-O-CO-C$_8$H$_{16}$-CO-O-(2,2,6,6-テトラメチルピペリジニル) 主成分	480	アデカスタブ LA-77 Y (ADEKA) TINUVIN 770 (BASF) バイオソーブ 04 (共同薬品)
HALS 複合物		アデカスタブ LA-402 XP (ADEKA)
CH$_2$COOR / CHCOOR / CHCOOR / CH$_2$COOR, R = 2,2,6,6-テトラメチルピペリジニル	791	アデカスタブ LA-57 (ADEKA)
[BTC架橋 テトラメチルピペリジン構造] BTC = -OOCCH$_2$-CH(COO-)-CH(COO-)-CH$_2$COO-	約 1900	アデカスタブ LA-68 LD (ADEKA)
[トリアジン-ピペリジン-(CH$_2$)$_6$-N ポリマー、tert-C$_8$H$_{17}$NH 置換]	3100〜4000	アデカスタブ LA-94 (ADEKA) CHIMASSORB 944 FDL (BASF)
(2,2,6,6-テトラメチルピペリジニル)-O-CO-C(CH$_3$)=CH$_2$	225	アデカスタブ LA-87 (ADEKA)

4.2 光安定剤(紫外線吸収剤,ヒンダードアミン系光安定剤)の分析法　　175

表 4.7 代表的な N-Me ヒンダードアミン系光安定剤の構造,分子量,商品名[11]

構造式	分子量	商品名(メーカー)
(構造式)	508	アデカスタブ LA-72 (ADEKA) TINUVIN 765 (BASF)
(構造式) R = N-CH$_3$	847	アデカスタブ LA-52 (ADEKA)
HALS 複合物		アデカスタブ LA-502 XP (ADEKA)
(構造式)	約 2000	アデカスタブ LA-63 P (ADEKA)
(構造式)	239	アデカスタブ LA-82 (ADEKA)

表 4.8 代表的な NO-Alkyl ヒンダードアミン系光安定剤の構造,分子量,商品名[12]

構造式	分子量	商品名(メーカー)
$C_{11}H_{23}O$-N ... N-$OC_{11}H_{23}$	681	アデカスタブ LA-81 (ADEKA)
$H_{17}C_8O$-N ... C_8H_{16} ... N-OC_8H_{17}		Tinuvin 123 (BASF)

色への影響がなく,熱に対して比較的安定である.他の骨格に比べ塩基性が強いため,酸性物質との接触により性能が低下しやすい.

代表的な N-Me ヒンダードアミン系光安定剤（HALS）の構造を表 4.7 に示す.N-Me ヒンダードアミン系光安定剤は紫外線吸収剤との併用により相乗効果を発揮する.N-H ヒンダードアミン系光安定剤に比べ塩基性がやや低く,顔料や無機充填剤に吸着されにくい.熱に対して比較的安定である.

代表的な NO-Alkyl ヒンダードアミン系光安定剤の構造を表 4.8 に示す.NO-Alkyl ヒンダードアミン系光安定剤は N-H, N-Me HALS に比べて塩基性が低い.このため酸性物質との接触下でも塩形成しにくく,性能低下が少ない.塩基性が低いことからフェノール系酸化防止剤との併用で着色が少ない.

4.2.2 光安定剤の分析法

a. 簡便な添加剤判別法[2]

添加剤分析を行う前に,表 4.9 のような簡易テストを行うと分析対象の添加剤有無がわかる.表 4.3 以外では,酸化防止剤を熱分析の酸化誘導時間でみたり,造核剤を直火による曇り度でみたりする方法もある.添加量の多い可塑剤,充填剤などは製品そのものの赤外スペクトルで推定がつく.難燃剤は燃やしてみればよいし,製品そのものの元素分析で推定できる（Br, Cl, P など）.発泡剤は,熱分析で未発泡部分の吸発熱ピークがでることがある.アンチブロッキング剤は SEM（走査型電子顕微鏡）の表面観察や透過光顕微鏡でわかることもある.でんぷん粉塗布の有無も SEM でみられる.充填剤は製品の元素分析である程度の推定がつく.このような予備試験である程度の目安をつけておけば,のちの分析もやりやすい.

b. 薄層クロマトグラフィー（TLC）による分析

シリカゲルプレートをよく使う.添加剤の構造の違いにより R_f 値が異なるため,R_f 値である程度の定性が可能である.ただし,未知の物質をこの R_f 値だけで定性するのは困難である.

表 4.9 添加剤有無の簡易判別法[13]

添加剤	簡易判別法	判別
帯電防止剤	オネストメータで静電気減衰測定	減衰が大きければ添加されている
防曇剤	お湯を入れた容器にフィルムで蓋	フィルムが曇らなければ添加されている
紫外線吸収剤	600〜200 nm 付近の光線透過率を測定	400 nm 付近より吸収があれば添加されている（図 4.4）
造核剤	熱分析で結晶化温度を測定（PP 系）	120℃付近にピーク（通常の PP は 110℃付近）があれば添加の可能性大

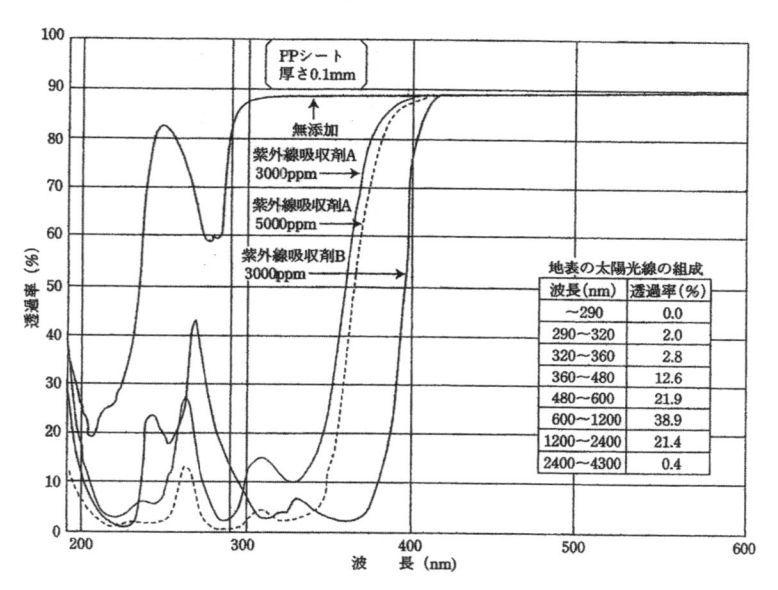

4.2 光安定剤（紫外線吸収剤，ヒンダードアミン系光安定剤）の分析法   177

図4.4 紫外線吸収剤の濃度と光線透過率[14]

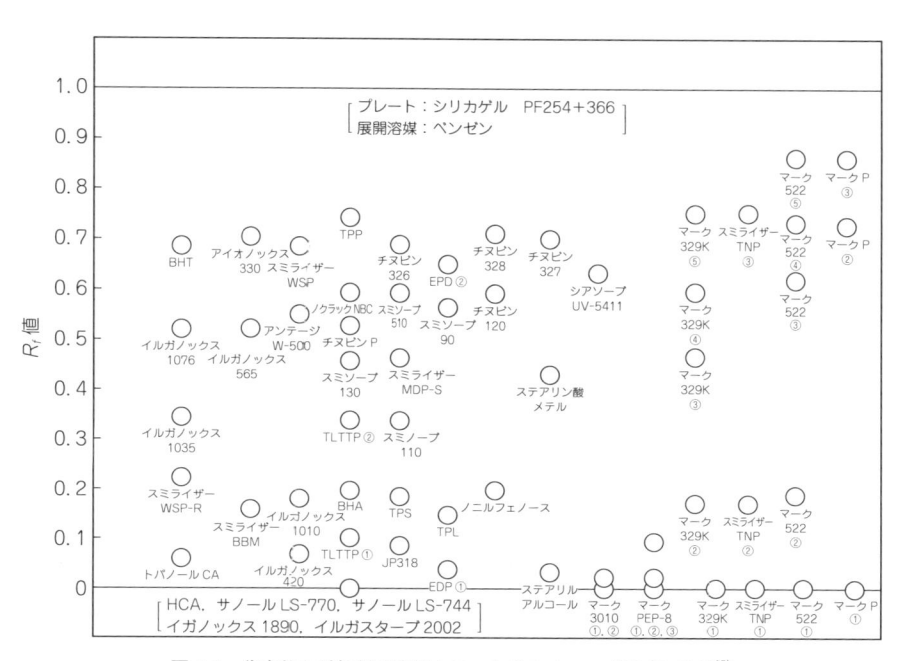

図4.5 代表的な添加剤の薄層クロマトグラフィー（TLC）分析[15]

$$R_f 値 = \frac{試料のスポット～原点の距離}{前線～原点の距離}$$

定性は分離したスポットの各成分を取り出し，IR, MSで分析するのが確実であり，一般的によく行われる手法である．図4.5は各種添加剤のTLC分析例である．選択的な呈色試薬を併用すれば精度はより向上する．添加剤をより多く分取する必要がある場合はカラムクロマトグラフィー（CC）を使用する．表4.10はTLCによる代表的な酸化防止剤および紫外線吸収剤の分析例（R_f 値）である．展開溶媒はベンゼンを使用した．TLCの展開溶媒は添加剤に応じて適当なものを選択するとよい．

c. 高速液体クロマトグラフィー（HPLC）による分析

揮発性が小さく，分子量の高い成分はGCでは分析できないので，HPLCで分析する．

表4.10 薄層クロマトグラフィーによる分析例（R_f 値）[14]

添加剤	R_f 値
BHT	0.68
Irganox 1076	0.52
Irganox 1010	0.17
DLTDP	0.14
Tinuvin 327	0.69

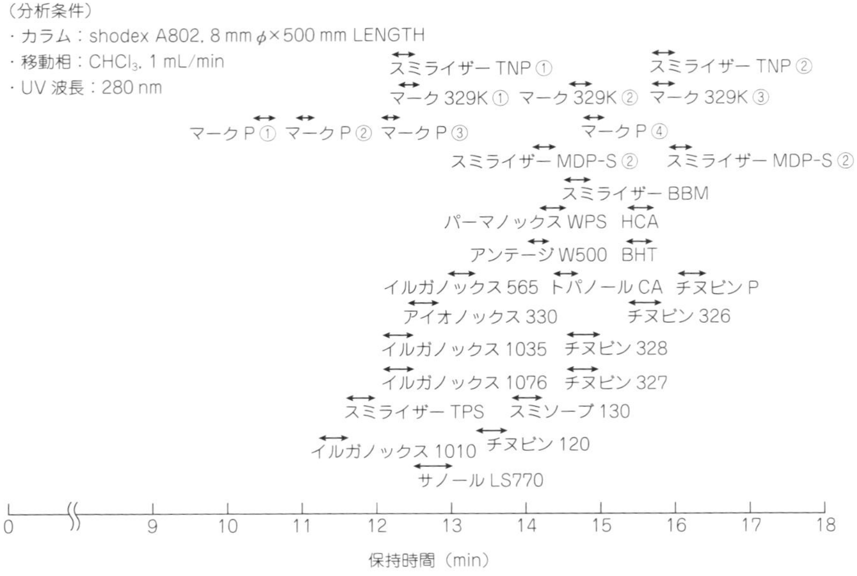

（分析条件）
・カラム：shodex A802, 8 mm φ×500 mm LENGTH
・移動相：CHCl₃, 1 mL/min
・UV波長：280 nm

図4.6 代表的な酸化防止剤，光安定剤の高速液体クロマトグラフィー分析[16]

4.2 光安定剤（紫外線吸収剤，ヒンダードアミン系光安定剤）の分析法　　179

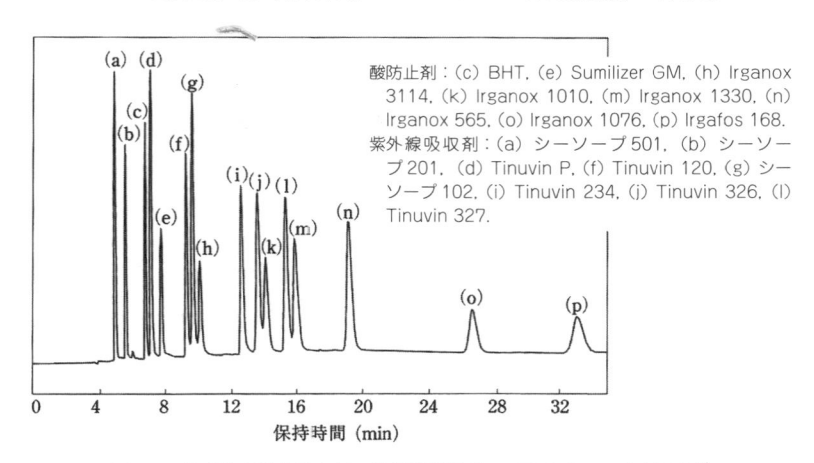

酸防止剤：(c) BHT，(e) Sumilizer GM，(h) Irganox 3114，(k) Irganox 1010，(m) Irganox 1330，(n) Irganox 565，(o) Irganox 1076，(p) Irgafos 168．
紫外線吸収剤：(a) シーソープ 501，(b) シーソープ 201，(d) Tinuvin P，(f) Tinuvin 120，(g) シーソープ 102，(i) Tinuvin 234，(j) Tinuvin 326，(l) Tinuvin 327．

図 4.7　代表的な酸化防止剤，紫外線吸収剤の HPLC クロマトグラム[18]

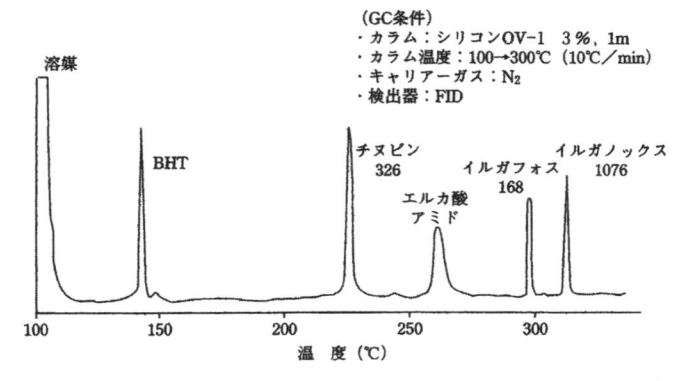

(GC条件)
・カラム：シリコンOV-1　3％，1m
・カラム温度：100→300℃ (10℃/min)
・キャリアーガス：N_2
・検出器：FID

図 4.8　代表的な酸化防止剤，紫外線吸収剤，滑剤のガスクロマトグラム[16]

分析の種々の条件（カラム，移動相溶媒，検出器）や分析チャートなどについてはいろんな文献に記述がある[3]．図4.6，図4.7 に HPLC による分析例を示す．HPLC もある程度わかっている物質であれば保持時間で判別もつくが，未知物質の定性は難しい．各成分を分取し，IR や MS で分析を行うか，LC-IR や LC-MS にて分析する．

d．ガスクロマトグラフィー（GC）による分析

HPLC と違って気体状態の成分をカラムで分離して分析するため，分子量として 600〜800 程度までの成分しか分析できないが，感度が高いので添加剤分析にはよく使われる．GC も HPLC と同じで，分離するだけで各成分に関する情報はあまりえられないため，GC-MS や GC-IR で定性するのが一般的である．図 4.8 〜図 4.10 に GC 添加剤分析例を示す．

180 4. 各種添加剤の分析法

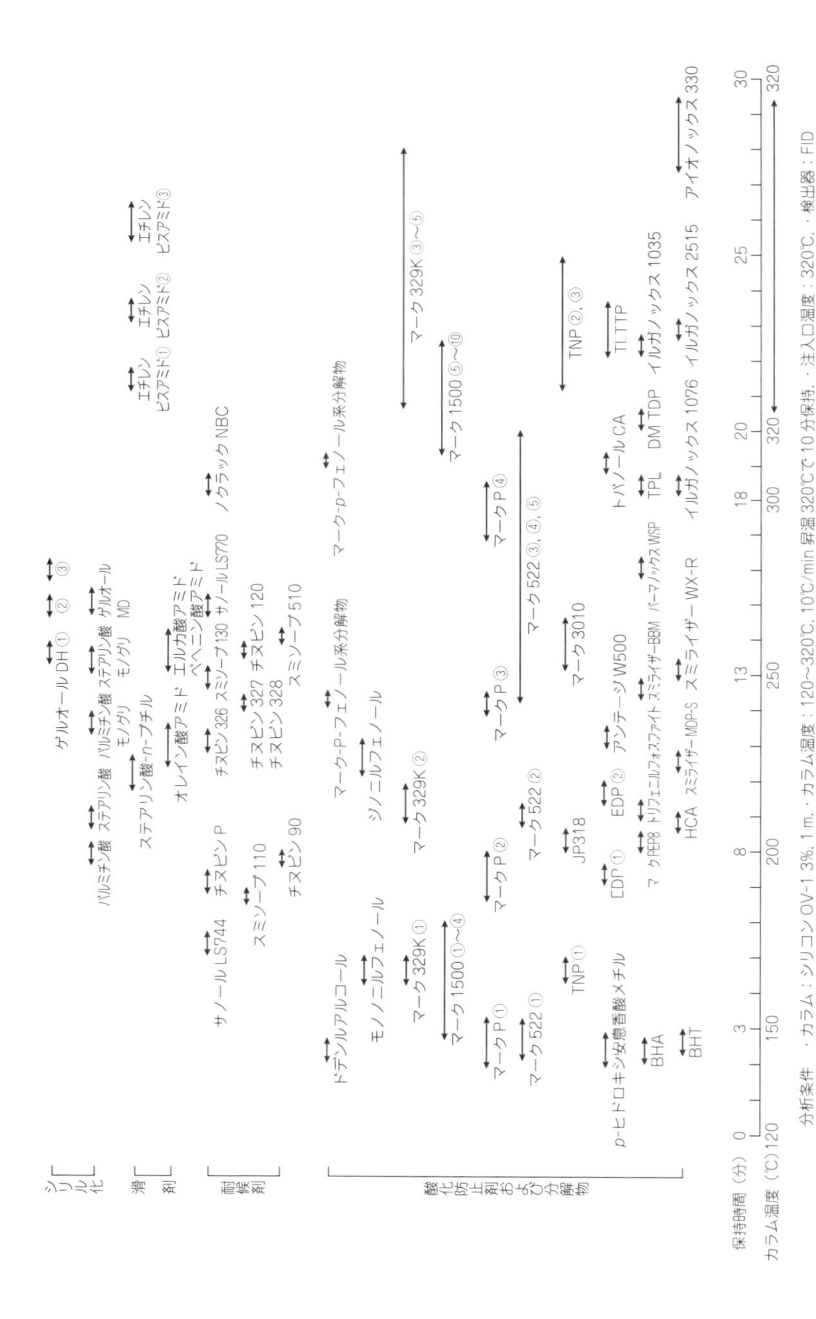

図 **4.9** 代表的な添加剤のガスクロマトグラフィー分析[17]

分析条件・カラム：シリコン OV-1 3%、1 m、カラム温度：120～320℃、10℃/min 昇温 320℃で 10 分保持、注入口温度：320℃、検出器：FID

4.2 光安定剤（紫外線吸収剤，ヒンダードアミン系光安定剤）の分析法　　181

酸化防止剤：(a) BHT，(j) Irgafos 168，(k) Irganox 1076，(m) Irganox 565，(o) Irganox 1330，(l) Sumilizer TPM，(n) Sumilizer TPS．
紫外線吸収剤：(e) Tinuvin 326，(f) Tinuvin 327，(h) Tinuvin 120，(i) Tinuvin 770．
滑剤：(b) パルミチン酸，(c) ステアリン酸，(d) オレイン酸アミド，(g) エルカ酸アミド．

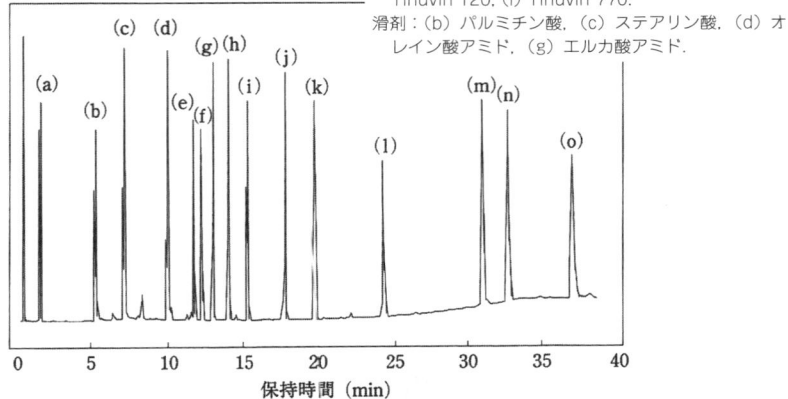

図 4.10　代表的な酸化防止剤，紫外線吸収剤，滑剤の GC クロマトグラム[18]

e. 赤外分光法（FT-IR）による分析

薄層クロマトグラフィーおよびカラムクロマトグラフィーなどにより分取された成分の IR スペクトルから光安定剤の定性分析も可能である．代表的な光安定剤および紫外線吸収剤の IR スペクトルを図 4.11〜図 4.13 に示す．

f. ラマン分光法による分析

薄層クロマトグラフィーおよびカラムクロマトグラフィーなどにより分取された成分のラマンスペクトルから光安定剤の定性分析も可能である．代表的な紫外線吸収剤および光安定剤のラマンスペクトルを図 4.14 に示す．

g. ヒンダードアミン系光安定剤（HALS）の分析法[4]

代表的な HALS の構造分類と主要例を表 4.11 に示す．ポリプロピレン中のヒンダードアミン系光安定剤の分析について紹介する[5]．耐候性に優れた材料には HALS が配合されることが多い．HALS のアミンタイプには NH 型，NCH_3 型，NOR 型，NX 型があり種類が多いこと，赤外吸収でアミン特有のピークがない第三級アミンもあること，高分子量タイプもあることから定性が難しい．このような場合には一般的な分析スキームではなく，HALS 類を選択的にグループ分けするスキームが有効である．図 4.15 に示すように試料を熱デカリンに溶かしたのち，希硫酸で液-液抽出すると塩基性である HALS は塩をつくって塩酸層へ移る（他の添加剤は移らない）．塩酸層を NaOH で中和すると HALS は溶解性を失うので，クロロホルムで液-液抽出するとクロロホルム層へ移る．クロロホルム層に存在するのは HALS だけなので定性は赤外

182   4. 各種添加剤の分析法

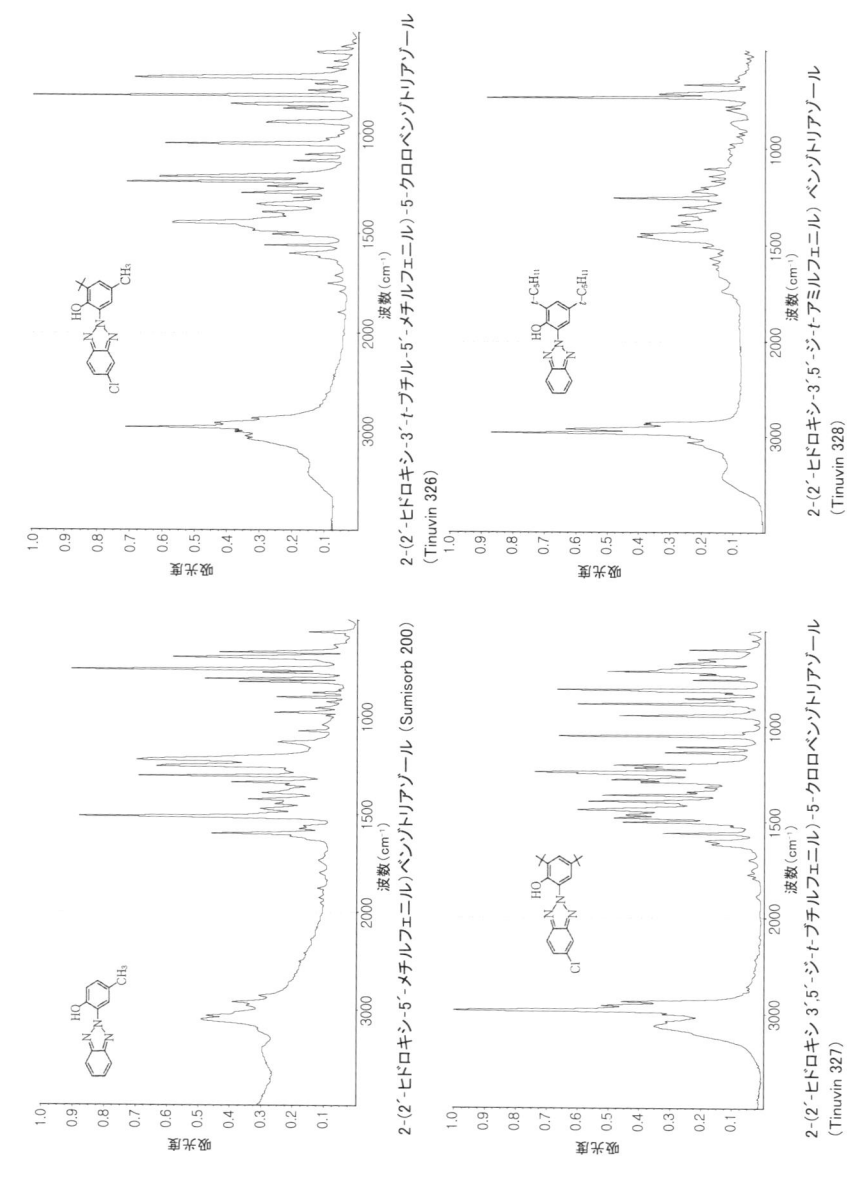

図 4.11 代表的な紫外線吸収剤の赤外吸収スペクトル

4.2 光安定剤（紫外線吸収剤，ヒンダードアミン系光安定剤）の分析法

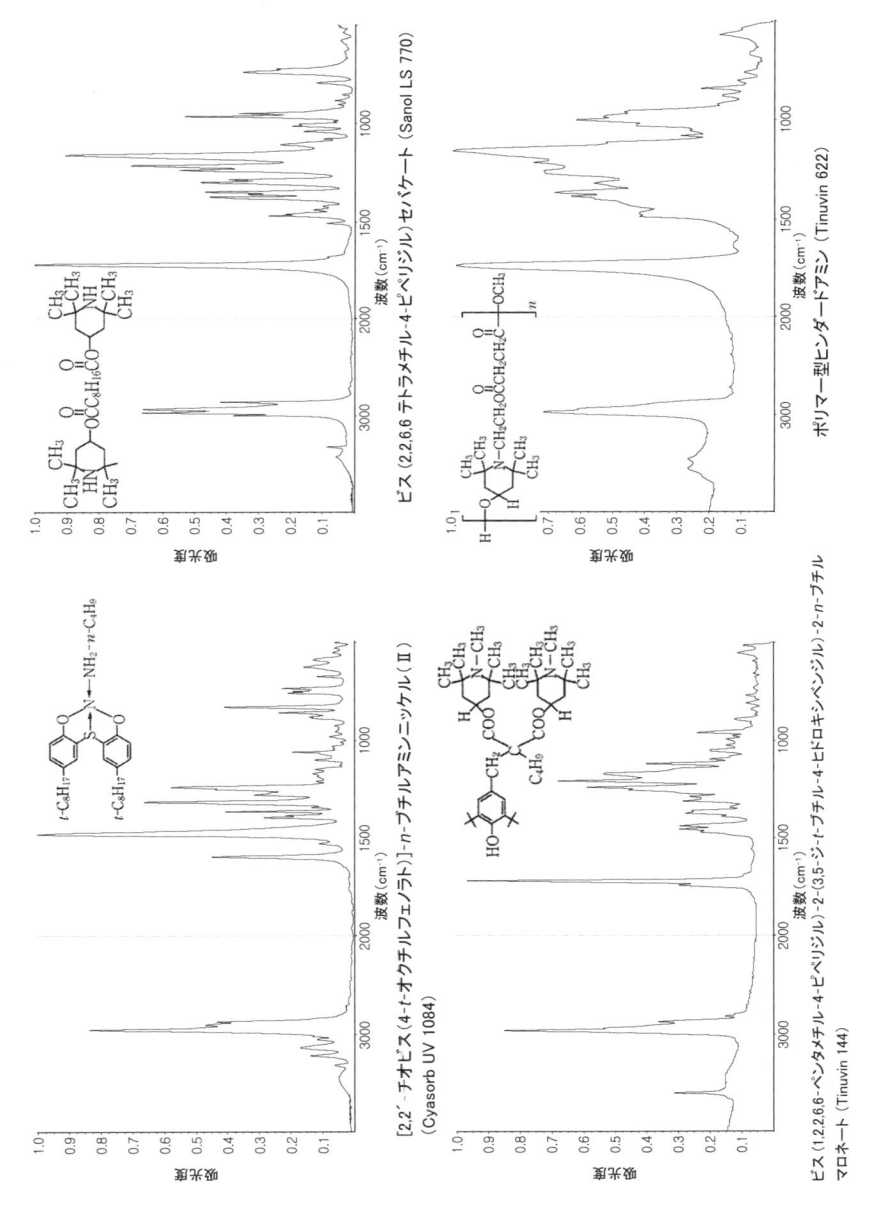

図 4.12 代表的な光安定剤の赤外吸収スペクトル

[2,2′-チオビス(4-t-オクチルフェノラト)]-n-ブチルアミンニッケル(Ⅱ)
(Cyasorb UV 1084)

ビス(1,2,2,6,6-ペンタメチル-4-ピペリジル)-2-(3,5-ジ-t-ブチル-4-ヒドロキシベンジル)-2-n-ブチルマロネート (Tinuvin 144)

ビス(2,2,6,6-テトラメチル-4-ピペリジル)セバケート (Sanol LS 770)

ポリマー型ヒンダードアミン (Tinuvin 622)

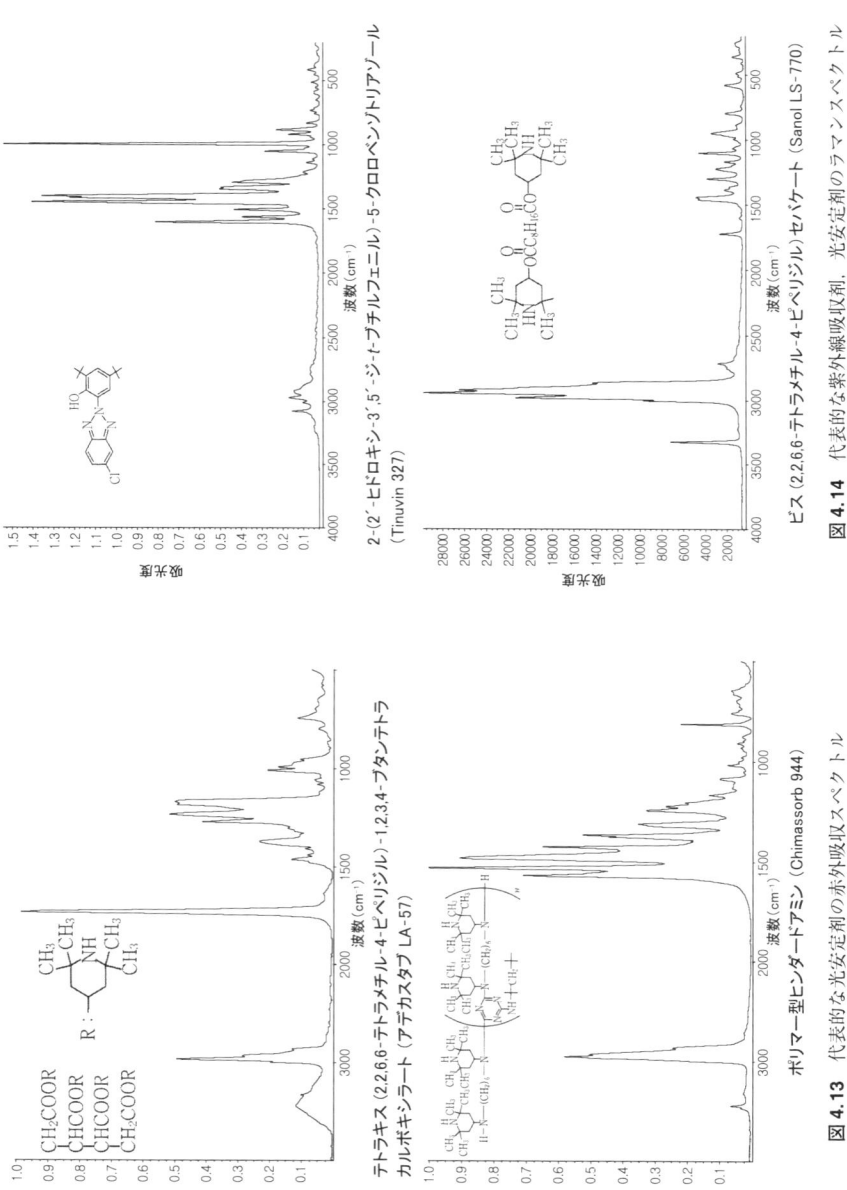

図 4.13 代表的な光安定剤の赤外吸収スペクトル

図 4.14 代表的な紫外線吸収剤，光安定剤のラマンスペクトル

表 4.11　HALS の構造分類と主要例[5]

アミンのタイプ	低分子量型	高分子量型
NH 型	TINUVIN 770	CHIMASSORB 944
NCH_3 型	アデカスタブ LA52	CHIMASSORB 119
NOR 型	TINUVIN 123	—
NX 型	サノール LS2626	TINUVIN 622

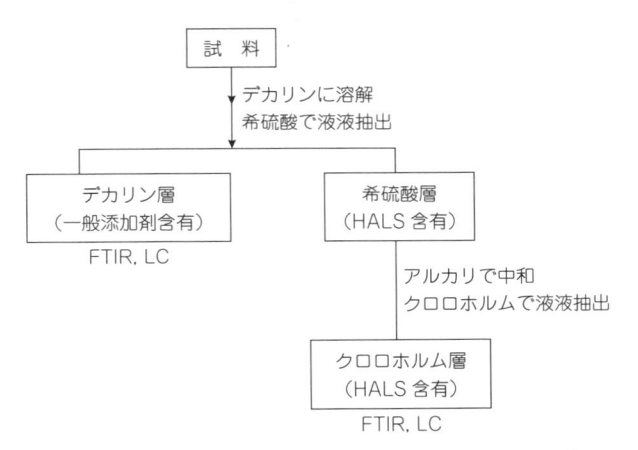

```
              試　料
                │
                │ デカリンに溶解
                ▼ 希硫酸で液液抽出
        ┌───────┴───────┐
   デカリン層            希硫酸層
（一般添加剤含有）      （HALS 含有）
   FTIR, LC                │
                           │ アルカリで中和
                           │ クロロホルムで液液抽出
                           ▼
                      クロロホルム層
                      （HALS 含有）
                        FTIR, LC
```

図 4.15　ポリプロピレン中の HALS の選択分離のスキーム[5]

試料：ポリプロピレンモデル試料.
配合：Irganox 1076（フェノール系）/
Tinuvin 177（トリアジン系）/
Chimasorb 944（HALS）/Tinuvin
144（HALS）.

● : Chimasorb 944 由来
△ : Tinuvin 144 由来

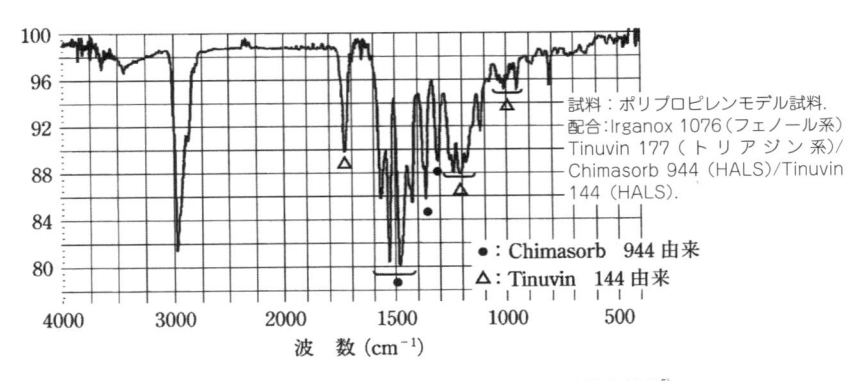

図 4.16　試料から選択分離された HALS の定性分析例[5]

吸収スペクトルでも HPLC でも容易である．NH 型および NCH_3 型 HALS は分離回収率は 40%～70% であり，これに対して NOR 型 HALS は希硫酸層へまったく抽出されない．NX 型 HALS の場合，低分子量型のサノール LS2626 は希硫酸層へ抽出されないが，高分子量型の Tinuvin622 の回収率は 40% 程度であった．

HALSとしてChimasorb 944とTinuvin 144を配合したモデルポリプロピレン試料について，このようにしてえられた結果を図4.16に示す．希硫酸層にはHALSしか移らないので，他の成分に妨害されることなく，Chimasorb 944とTinuvin 144であることは容易に確認できる．

【西岡利勝】

参考文献
1) 春名　徹編：高分子添加剤ハンドブック，p.49，シーエムシー出版，2010.
2) 江崎義博：プラスチック中の添加剤分析，出光技法，**48**(2)，176，2005.
3) 柘植　新，高山　森：ポリマー添加剤の分離・分析技術，日本科学情報，1987.
4) 佃　由美子，高山　森：第14回高分子分析討論会要旨集，**97**，2009.
5) 高山　森：高分子分析（日本分析化学編），p.167，丸善，2013.
6) 春名　徹編：高分子添加剤ハンドブック，p.52，シーエムシー出版，2010.
7) 春名　徹編：高分子添加剤ハンドブック，p.55，シーエムシー出版，2010.
8) 春名　徹編：高分子添加剤ハンドブック，p.56，シーエムシー出版，2010.
9) 春名　徹編：高分子添加剤ハンドブック，p.58，シーエムシー出版，2010.
10) 春名　徹編：高分子添加剤ハンドブック，p.61，シーエムシー出版，2010.
11) 春名　徹編：高分子添加剤ハンドブック，p.63，シーエムシー出版，2010.
12) 春名　徹編：高分子添加剤ハンドブック，p.64，シーエムシー出版，2010.
13) 江崎義博：プラスチック中の添加剤分析，出光技法，**48**(2)，178，2005.
14) 江崎義博：プラスチック中の添加剤分析，出光技法，**48**(2)，179，2005.
15) 江崎義博：プラスチック中の添加剤分析，出光技法，**48**(2)，180，2005.
16) 江崎義博：プラスチック中の添加剤分析，出光技法，**48**(2)，181，2005.
17) 江崎義博：プラスチック中の添加剤分析，出光技法，**48**(2)，182，2005.
18) 西岡利勝，實崎達也編：実用プラスチック分析，p.487，オーム社，2011.

4.3　可　塑　剤

4.3.1　可 塑 剤 と は

可塑剤とは，ある材料に柔軟性を与える目的や，加工しやすくする目的で添加する物質のことである．おもに**ポリ塩化ビニル**（PVC）を中心としたプラスチックを軟らかくするために用いられる．可塑剤は，ほとんどが酸とアルコールから合成されるエステル化合物である．酸としては，フタル酸，トリメリット酸，アジピン酸，アルコールはオクタノール，ノナノール，高級混合アルコールなどが主である．

これらの酸とアルコールをさまざまに組み合わせることで，多種多様な可塑剤がつくられている．

可塑剤が最も使用されているPVCを例にとって可塑剤の働きと分析方法を説明する．PVCは単体では硬い樹脂である．それはPVCの分子同士が強く引きつけ合って形を保っているからである．ところが，これを加熱すると，互いに引きつけ合う力よりも分子の運動量のほうが大きくなり，分子間の距離が広がり軟らかくなる．その状

態で可塑剤の分子が入ると，PVC 分子の接近が妨げられ，冷却して常温に戻っても軟らかい状態を保つことが可能となる．これが，PVC を軟らかくする可塑剤の働きであり，専門的には可塑化とよばれている．PVC 分子には極性があり，可塑剤分子にはプラス，マイナスをもつ極性部ともたない非極性部がある．PVC 分子と可塑剤分子はこの極性部で電気的に結びつき，しかも非極性部が PVC 分子相互の間隔を広げて軟らかさを保持している．

　可塑剤に必要とされる基本的な物性として，分子量と沸点があげられる．可塑剤の分子量が小さく，沸点が低いと PVC の加熱成形時に可塑剤が揮発してしまうからである．また，上述のように，可塑剤は極性部と非極性部とを兼ね備えていなければならない．エステル化合物はこの要求性能を満足することができる．したがって，成形時に揮発しないような分子量と沸点を有し極性部と非極性部とを兼ね備えたエステル化合物が可塑剤として適している．

　数多くのエステル化合物のなかから，以下のような性能を備えたものが選ばれ，可塑剤として使用される．
① 相溶性がよく，加工性がよい
② 可塑化効率がよい

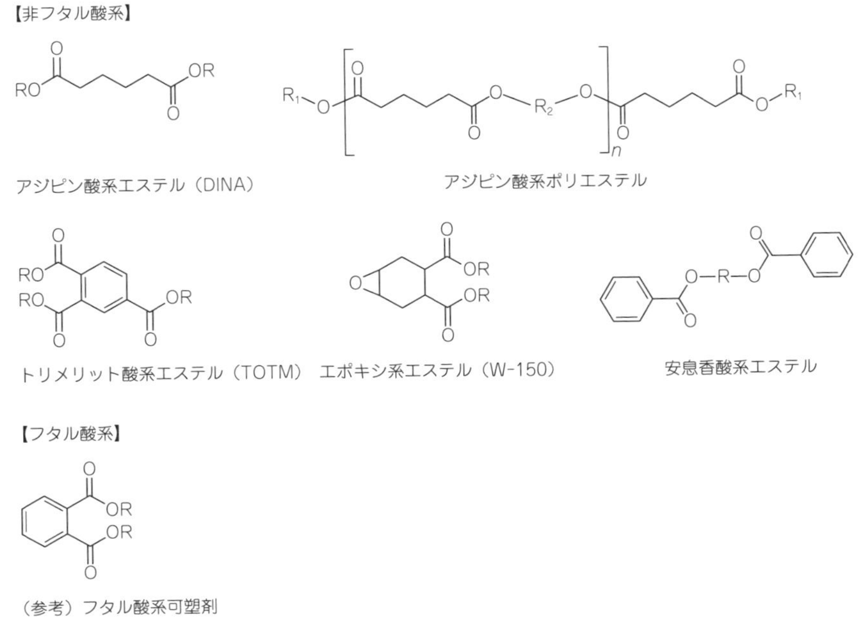

【非フタル酸系】

アジピン酸系エステル（DINA）　　　　アジピン酸系ポリエステル

トリメリット酸系エステル（TOTM）　エポキシ系エステル（W-150）　　安息香酸系エステル

【フタル酸系】

（参考）フタル酸系可塑剤

図 4.17　おもなエステル化合物の構造式とその分類[4]

表 4.12 非フタル酸エステルのおもな可塑剤の特徴と用途[4]

名　称	記号	特徴	おもな用途
アジピン酸ジオクチル	DOA	耐寒性, ゾル粘度安定性	酢酸セルロース, 希釈剤
アジピン酸ジイソノニル	DINA	耐寒性, 低揮発性	酢酸セルロース, ポリスチレン, 化粧品原料
アジピン酸ジノルマルアルキル (C_6, C_8, C_{10})		耐寒性	塗料, 接着剤
アジピン酸ジアルキル (C_7, C_9)		耐寒性	汎用
アゼライン酸ジオクチル	DOZ	耐寒性	電線, フィルム
セバシン酸ジブチル	DBS	耐寒性	汎用
セバシン酸ジオクチル	DOS	耐寒性, 低揮発性	電線, 床材
リン酸トリクレシル	TCP	耐熱性, 難燃性	耐熱電線, レザー
アセチルクエン酸トリブチル	ATBC	相溶性	汎用
エポキシ化大豆油	ESBO	熱安定性, 耐候性	接着剤, シーリング剤
トリメリット酸トリオクチル	TOTM	低揮発性, 絶縁性	接着剤, シーリング剤
ポリエステル系		非移行性, 耐油性	接着剤, シーリング剤
塩素化パラフィン		難燃性	接着剤, シーリング剤

③　耐久性(低揮発性, 低移行性, 耐油性)がよい
④　耐寒性, 耐熱性, 耐候性, 耐汚染性などがよい
⑤　電気の絶縁性がよい

　これら各種可塑剤として使用されるエステル化合物は大別すると非フタル酸系エステルとフタル酸系エステルに分類される. おもなエステル化合物の構造式を図4.17に示した. さらに, おもな非フタル酸系エステルとフタル酸系エステルの特徴と用途を表4.12から表4.13に示す. このように, 用途によって, 使用される可塑剤も変更されるため, いろいろな種類の可塑剤が使用されている.
　また, 可塑剤は単体として用いられる場合と混合して用いられる場合がある. 可塑剤を単体として用いた場合でも, 可塑剤が単一の分子量かつ構造を有することは少なく, 不純物を含むものや構造が同じではあるが分子量の異なるものが含まれる場合や, 分子量は同じであるが異性体を含む場合がある. したがって, これら構成成分を分離して分析を行う必要がある. 分離分析を行うには, クロマトグラフィーが使用される. 可塑剤の分析においては, 可塑剤の分子量や構造によってGC, HPLCが使い分けられている.

4.3 可塑剤

表 4.13 おもなフタル酸エステルの特徴と用途[5]

名　称	記号	分子量	沸点 (℃)	特徴	おもな用途
フタル酸ジメチル	DMP	194	282	相溶性	酢酸セルロース, 希釈剤
フタル酸ジエチル	DEP	222	298	相溶性	酢酸セルロース, ポリスチレン, 化粧品原料
フタル酸ジブチル	DBP	278	339	加工性, 可塑化効率	塗料, 接着剤
フタル酸ジ-2-エチルヘキシル	DOP (DEHP)	390	386	標準的	汎用
フタル酸ジノルマルオクチル	DnOP	390	—	低揮発性, 耐寒性	電線, フィルム
フタル酸ジイソノニル	DINP	418	403	低揮発性, 耐寒性	汎用
フタル酸ジノニル	DNP	418	—	低移行性, 絶縁性	電線, 床材
フタル酸ジイソデシル	DIDP	446	420	低揮発性, 絶縁性	耐熱電線, レザー
フタル酸混基エステル（$C_6 \sim C_{11}$）		—	—	低揮発性, 耐寒性	汎用
フタル酸ブチルベンジル	BBP	312	370	加工性, 耐油性	接着剤, シーリング剤

4.3.2 PVC中の可塑剤分離

　PVCはテトラヒドロフラン（THF）が良溶媒で，メタノールが貧溶媒である．そこでPVCをTHFに1昼夜溶解させたのち，遠心分離を行い，充填剤を取り除く．そののち，過剰のメタノールによってPVCを再沈殿させろ別する．沈殿物がPVCで，上澄み液に可塑剤が含まれる．上澄み液を乾固させることでメタノール，揮発性成分を除去し，可塑剤が含まれた成分として取り出す．

4.3.3 ガスクロマトグラフィー（GC）による可塑剤の定性，定量

　抽出した可塑剤を溶媒に溶解してGC測定を行う．GCでは同一条件にてあらかじめ濃度既知の標準可塑剤との溶出位置と溶出形状を比較することで，可塑剤の定性を行う．典型的なDOPでのGCクロマトグラムを図4.18にGC測定条件を表4.14示す．調べたい可塑剤に特有の溶出位置でのシグナル強度と濃度既知の標準可塑剤での同一溶出位置でのシグナル強度から定量を行う．

　可塑剤によっては溶出位置が重なる場合があるので，MS検出器をGCあとに取りつけたGC-MSより定量を行う場合もある．GC-MSの場合，試料を気化しイオン化させた状態での分析を行う．ある特定のフラグメントイオンより試料の同定，定性，

定量を行う．フラグメントイオンは同一であっても，調べたい物質と別の試料で同じフラグメントイオンが存在する場合には，質量数でのスペクトルから識別できない場合もある．また，エポキシ化大豆油やエポキシ化亜麻仁油のようにイオン化しにくい可塑剤の場合には，誘導体化などの工夫をして GC 測定ができるように前処理を行う必要がある[1]．

GC だけでは十分な情報はえられない．GC に MS を直結すると分離されたものの定性分析ができる．GC/MS 装置は自動検索システムが組み込まれており，比較的簡単に検索できる．標準添加剤の MS スペクトルを測定し検索ファイルに登録しておけば便利であり，確実に定性ができる．図 4.19 に可塑剤 DOP の MS スペクトルを示す．

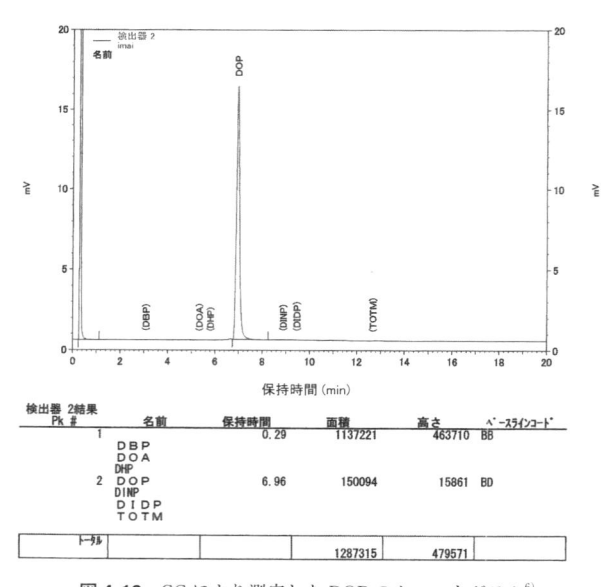

図 4.18　GC により測定した DOP のクロマトグラム[6]

表 4.14　GC 測定条件[6]

クロロホルム/メタノール＝1/1 混合溶媒
可塑剤 1 g を 5 mL 混合溶媒に溶解
注入量 2 μL
カラム：3% クロモソルブW（AW）60〜80 メッシュ充填カラム
昇温条件：室温から 10℃/min で昇温
FID 温度：300℃
窒素：約 1 kg/cm^2
水素：0.6 kg/cm^2
酸素：0.6 kg/cm^2

4.3 可塑剤

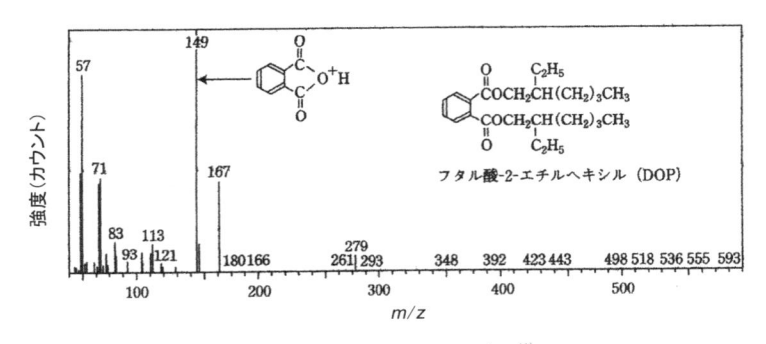

図 4.19 DOP の MS スペクトル[11]

質量数149のピークはジメチルエステルより高級なすべてのフタル酸エステルに見いだされるピークであり，このピークでフタル酸エステルであることがわかる．このようにフラグメントイオンより構造の推定ができ，分子イオンピークがでれば物質の分子量がわかる．

4.3.4 液体クロマトグラフィー（LC）による可塑剤の定性，定量

可塑剤として最もよく知られているのが，フタル酸エステル類である．フタル酸エステル類は SEC モードでも，逆相モードでも順相モードでも分離が可能であるが，分離条件によって溶出順序が異なってくる場合がある[2]．さらに，分析対象のフタル酸エステルによっては分離が不十分であることから，GC で定性，定量が行われていることが多い．また，可塑剤を抽出するために，PVC の溶解，遠心分離，再沈殿，上澄み液の乾固などの操作を行ったのちに，GC で定性，定量を行うので時間がかかり，また分子量の高いエステルは GC では定性，定量ができないため，上澄み液の乾固物の重さから定量を行う場合も多い．

フタル酸系エステル化合物では通常 LC で用いる 254 nm の吸収を用いて芳香族に由来する UV 吸収を検出が可能である．また芳香族を有するエステル化合物も同様に 254 nm での UV 吸収を用いて検出が可能であるが，アジピン酸エステルのように芳香族のない脂肪族エステルの場合には C=O の二重結合由来の 210～220 nm 近傍での吸収を用いて検出を行う必要がある．また，リン酸エステル系化合物も 254 nm の吸収を有するが，フタル酸系エステル化合物と保持体積で区別できない場合，290 nm の波長を用いると，フタル酸系エステル化合物は UV 吸収が弱いが，リン酸エステル系化合物は UV 吸収が強いので識別が可能である．各溶出体積での UV スペクトルをえることができるフォトダイオードアレイ検出器を使用することで，スペクトルパターンからエステル化合物の識別が可能である．一般的に行われている可塑剤の LC

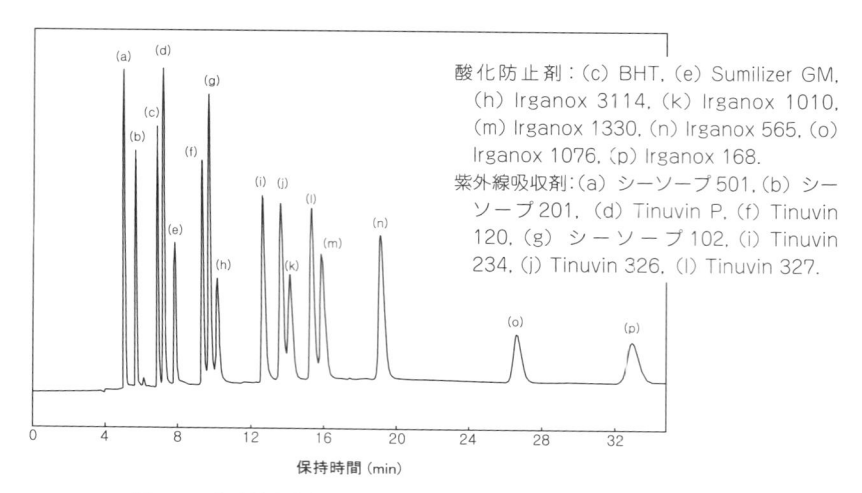

図 4.20　代表的な酸化防止剤，紫外線吸収剤の HPLC クロマトグラム[7]

酸化防止剤：(c) BHT, (e) Sumilizer GM, (h) Irganox 3114, (k) Irganox 1010, (m) Irganox 1330, (n) Irganox 565, (o) Irganox 1076, (p) Irganox 168.
紫外線吸収剤：(a) シーソーブ 501, (b) シーソーブ 201, (d) Tinuvin P, (f) Tinuvin 120, (g) シーソーブ 102, (i) Tinuvin 234, (j) Tinuvin 326, (l) Tinuvin 327.

条件で，酸化防止剤と紫外線吸収剤を同時に，一斉分析した例を図 4.20 に示す．

4.3.5　サイズ排除クロマトグラフィー（SEC）による可塑剤の定性，定量

ポリエステル系可塑剤やエポキシ化大豆油やエポキシ化亜麻仁油のような高分子量のエポキシ系エステル化合物，塩素化パラフィンなどは，通常の GC や LC を用いた方法では検出できない．一方，SEC は分子のサイズによる分離が行われるため，高分子量化合物の分析をするのに適している．通常 SEC の溶媒に使用されている THF にこれらの可塑剤は溶解する．したがって，SEC から定性，定量することが可能である．ただし，THF は UV 吸収が強いために UV のカットオフ波長が 220 nm であるため，C=O 二重結合由来の 210〜220 nm 近傍での吸収波長を使用することができない．かろうじて 222 nm の波長を用いて定性，定量することができるが，一般に使用されている酸化防止剤（BHT）入りの THF では 222 nm の波長での溶媒の吸収が強く検出することができず，酸化防止剤（BHT）の含まれていない THF を使用することで検出が可能である．また，UV 吸収がほとんどない塩素化パラフィンの定性，定量には示差屈折計（RI）を検出器として用いることで定性，定量が可能である．ただし，これら可塑剤の溶出する領域での分離をよくする必要があるため，それに適したカラム構成にする必要がある．

4.3.6　可塑剤の局所分析

可塑剤の局所分析として，可塑剤が製品表面へブリードした場合の分析について

4.3 可塑剤

フタル酸エステル特有
鋭く，強い吸収
1600 cm⁻¹, 1580 cm⁻¹

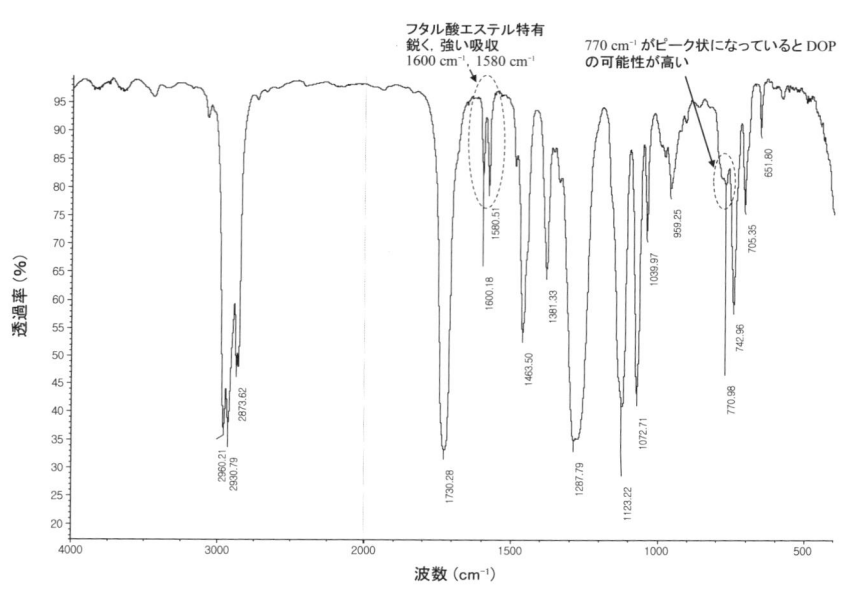

770 cm⁻¹ がピーク状になっていると DOP
の可能性が高い

図 4.21 フタル酸ジエチルヘキシル（DOP）の IR スペクトル[8]

1600 cm⁻¹ をはさんで 2 つの
ピークが出る（フタル酸エステル
の吸収より弱い）

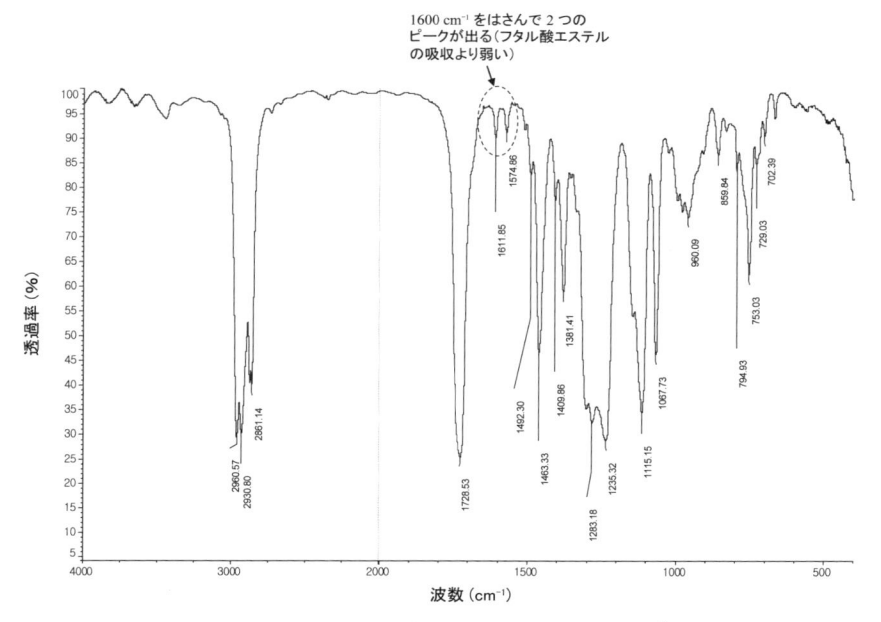

図 4.22 トリメリット酸系エステルの IR スペクトル[9]

以下に述べる．ブリード成分量が多い場合には，そのまま，KBr 板に塗りつけ透過法により IR で分析することができる．また，構成成分や無機物質の有無を調べるために SEM-EDX を用いたブリード成分の元素分析を行う．例えば，SEM-EDX より銅元素が検出されれば上述した銅害の可能性が考えられる．銅害とは銅だけではなく，他の金属や金属化合物と高分子材料の接触（特に高温での）により起こるため，金属元素が検出された場合には銅害の可能性はないかと考える必要が生じる．また，PVC 材料の場合には，硬質の PVC では量が少ないが，軟質 PVC では数十％の可塑剤が含まれている．したがって，可塑剤がブリードしたのではないかと疑ってかかる必要がある．測定したブリード成分の IR スペクトルを可塑剤の IR スペクトルと比較することで，可塑剤の種類を同定することが可能である．フタル酸系エステルの場合には，1600 cm^{-1}, 1580 cm^{-1} の鋭く，強い吸収が特徴的である．トリメリット酸系エステルでは 1612 cm^{-1} と 1575 cm^{-1} 付近に 2 つのピークがあり，フタル酸系エステルの吸収よりも吸収が弱いので識別が可能である（図 4.21，図 4.22 参照）．

4.3.7　実際のクレーム分析例[3)]

PVC 電線材料において緑青色に変色した液状成分が検出されるという問題が発生した．その成分と変色した液状成分が検出された部分と変色していなかった部分の比較分析を行った結果を示す．まず，緑青色の液状成分を KBr 板に塗りその IR を測定

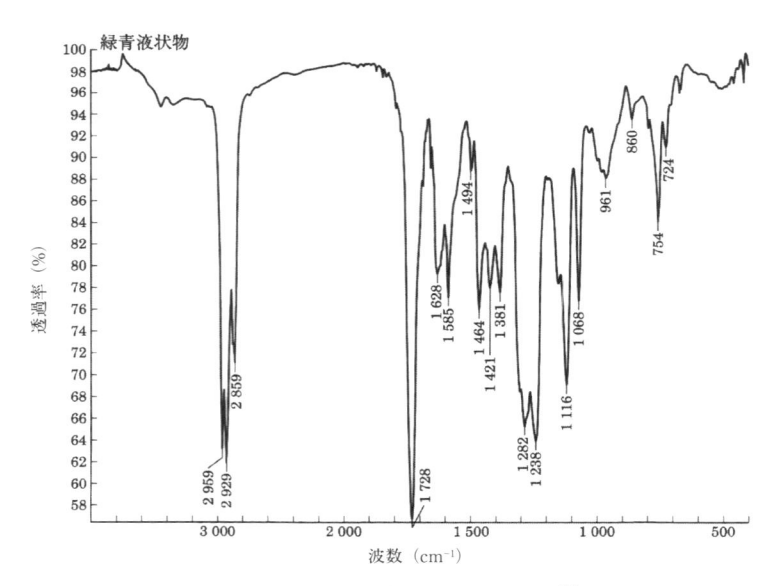

図 4.23　緑青色液状成分の IR スペクトル[10)]

4.3 可塑剤

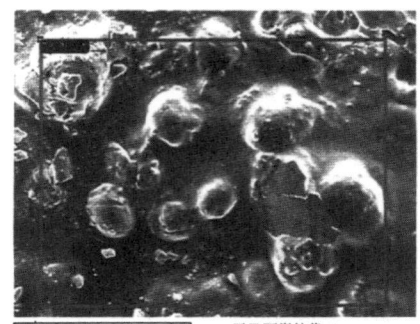

スペクトル処理：
定量計算に使用されていないピーク：3.710 keV
処理オプション：すべての元素が分析されました
(ノーマライズ)
繰り返し回数＝5

スタンダード：
C   CaCO₃   1999/06/01
O   SiO₂   1999/06/01
Cl   KCl   1999/06/01
Cu   Cu   1999/06/01
Zn   Zn   1999/06/01

電子顕微鏡像1

元素	概算濃度	強度補正	質量濃度(%)	質量濃度 σ(%)	原子数濃度(%)
CK	162.08	0.9843	64.43	0.40	74.65
OK	29.88	0.4372	26.74	0.40	23.26
ClK	1.93	0.8198	0.92	0.04	0.36
CuK	14.10	0.7534	7.32	0.18	1.60
ZnK	1.14	0.7494	0.60	0.11	0.13
トータル			100.00		

図4.24　SEM-EDXによる元素分析結果[10]

した（図4.23参照）．その結果，トリメリット酸系エステルのスペクトルとほぼ一致したが，1585〜1628 cm^{-1}にCOO由来のベースラインの落ち込みが認められたことからトリメリット酸系エステルが劣化したものと考えられる．また，SEM-EDXによる元素分析の結果，Cl，Cu，微量のZnが検出された（図4.24参照）．したがって銅害によって可塑剤が表面にブリードしたと考えられる．そこで，プラスチック中の添加剤分析の項で記載したLCによる試料調整方法（PVC材料約15 mgを10 mLのTHFに1昼夜放置し溶解後水5 mLを加え上澄み液を0.45 μmフィルターでろ過し逆相LCにより可塑剤の定性，定量を行う）を用いて，液状成分が検出された材料と検出されなかった材料に含まれる可塑剤量の比較を行った．その結果，液状成分が検出されなかった材料の可塑剤量が20.6%であったのに対して，液状成分が検出された材料の可塑剤量が13.5%と材料中の可塑剤の量が少なくなっていることがわかった．このことから，銅を触媒として材料中の可塑剤が表面にブリードし，劣化したと考察した．

【西岡利勝・寶崎達也】

参考文献
1) 菅野慎二，河村葉子，六鹿元雄，棚元憲一：食品衛生学雑誌，**47**(3), 89, 2006.

2) 酒井芳博：関東化学, The Chemical News, No. 4（通巻210号), 20-25, 2008.
3) 寶﨑達也, 西岡利勝：実用プラスチック分析（寶﨑達也, 西岡利勝編), p.461, オーム社, 2011.
4) 寶﨑達也, 西岡利勝：高分子添加剤の分離・分析技術, p.119, 技術情報協会, 2011.
5) 寶﨑達也, 西岡利勝：高分子添加剤の分離・分析技術, p.120, 技術情報協会, 2011.
6) 寶﨑達也, 西岡利勝：高分子添加剤の分離・分析技術, p.121, 技術情報協会, 2011.
7) 寶﨑達也, 西岡利勝：高分子添加剤の分離・分析技術, p.123, 技術情報協会, 2011.
8) 寶﨑達也, 西岡利勝：高分子添加剤の分離・分析技術, p.124, 技術情報協会, 2011.
9) 寶﨑達也, 西岡利勝：高分子添加剤の分離・分析技術, p.125, 技術情報協会, 2011.
10) 寶﨑達也, 西岡利勝：高分子添加剤の分離・分析技術, p.126, 技術情報協会, 2011.
11) 江崎義博：プラスチック中の添加剤分析, 出光技法, **48**(2), p.183, 2005.

4.4　造核剤・透明化剤の分析法

4.4.1　造核剤・透明化剤の構造[1]

　造核剤（または核剤）とは，結晶性高分子の結晶化過程に直接関与する添加剤である．造核剤の添加により溶融状態からの高分子鎖の結晶化が促進され，材料全体としての結晶化速度の増大により，成形加工時の生産性改善，結晶化度の増大による力学特性・物性の改善，結晶組織の微細化による成形品の透明性の改善などが期待できる．造核剤のなかで特に成形品の透明性改良に効果が高いものを透明化剤とよぶ．

　ポリプロピレン（PP）用造核剤を表4.15に，PP用透明化剤を表4.16に示す．ポリエチレンテレフタレート（PET）用造核剤を表4.17に，ポリ乳酸（PLA）用造核剤を表4.18に，ポリアミド（PA）用造核剤を表4.19に示す．

4.4.2　造核剤・透明化剤の分析法

a.　ポリプロピレン中の造核剤の分析法[2]

　PPは透明性向上（球晶径微小化）や物性向上（剛性，耐衝撃性向上），成形サイクル短縮（結晶化温度高くなる）などを目的に造核剤が添加されることがある．

① 　熱分析（DSC）：DSC（示差走査熱分析計）で結晶化温度を測定すると，通常のPPは110℃前後であるが，造核剤添加PPは120℃近くまで高くなる．結晶化温度の測定により造核剤添加の有無がわかる．

② 　GC, MS分析：ソルビトール系造核剤はシリル化GC, MSで分析できる．

③ 　元素分析：Na系（マークNa10，マークNa11など）やp-t-ブチル安息香酸アルミニウム（PTBBA-Al）は原子吸光などで微量のNaやAlを分析して推定する．PTBBA-Alは分解しp-t-ブチル安息香酸にしてIRやMSで存在を確認し定性する．

④ 　赤外分光分析：代表的な造核剤のIRスペクトルを図4.25に，代表的な透明

4.4 造核剤・透明化剤の分析法

表 4.15 PP 用造核剤[5]

化学名	構造式	商品名(メーカー)
リン酸-2,2'-メチレンビス-(4,6-ジ-*tert*-ブチルフェニル)ナトリウム		アデカスタブ NA-11 (ADEKA)
安息香酸ナトリウム		MLNA.08 (ADEKA PALMA ROLE S.A.S)
ジ-*p*-*tert*-ブチル安息香酸ヒドロキシアルミニウム		Sandostab 4030 (クラリアントジャパン)
非開示	非開示	HPN-68L (ミリケンジャパン)
非開示	非開示	HPN-20E (ミリケンジャパン)
非開示	非開示	IRGASTAB NA 287 (BASF ジャパン)
非開示		パインクリスタル KM-1500 (荒川化学工業)
非開示		パインクリスタル KM-150 M (荒川化学工業)
N,N'-ジシクロヘキシル 2,6-ナフタレンジカルボキサミド		エヌジェスター NU-100 (新日本理化)

表 4.16 PP 用透明化剤[6]

化学名	構造式	商品名（メーカー）
非開示	非開示	アデカスタブ NA-21（ADEKA）
非開示	非開示	アデカスタブ NA-71（ADEKA）
1,3:2,4-ビス-o-(ベンジリデン) ソルビトール		EC-1（EC 化学） ゲルオール D （新日本理化） Irgaclear D （BASF ジャパン） Millad 3905 （ミリケンジャパン）
1,3:2,4-ビス-o-(4-メチルベンジリデン) ソルビトール		ゲルオール D （新日本理化） Irgaclear DM （BASF ジャパン） Millad 3940 （ミリケンジャパン）
1,3:2,4-ビス-o-(3,4-ジメチルベンジリデン) ソルビトール		Millad 3988 （ミリケンジャパン）
非開示	非開示	Millad NX-8000 （ミリケンジャパン）
非開示	非開示	Irgaclear XT-386 （BASF ジャパン）
非開示	非開示	リカクリア PC1 （新日本理化）
非開示	M = Na/K/Ca	パインクリスタル KM-1300 （荒川化学工業）

表 4.17　PET 用造核剤[7)]

化学名	構造式	商品名（メーカー）
非開示	非開示	アデカスタブ NA-05（ADEKA）
非開示	非開示	Bruggolen P 250（Brüggemann Chemical）
モンタン酸ナトリウム	(構造式)	Licomont NaV 101（クラリアントジャパン）

表 4.18　PLA 用造核剤[8)]

化学名	構造式	商品名（メーカー）
フェニルホスホン酸亜鉛	(構造式)	エコプロモート（日産化学工業）
N, N', N''-トリシクロヘキシル-1,3,5-ベンゼントリカルボキサミド	(構造式)	エヌジェスター TF-1（新日本理化）

表 4.19　PA 用造核剤[8)]

化学名	構造式	商品名（メーカー）
非開示	非開示	Bruggolen P 22（Brügemann Chemical）
モンタン酸カルシウム	(構造式)	Licomont CaV 102（クラリアントジャパン）

化剤の IR スペクトルを図 4.26 に示す．ソルビトール系は 1100 cm^{-1} に C-O-C, 1020 cm^{-1} に C-OH, 3200〜3300 cm^{-1} に OH に帰属されるバンドが観測される．
⑤　ラマン分光分析：代表的な造核剤のラマンスペクトルを図 4.27 に，代表的な透明化剤のラマンスペクトルを図 4.28 に示す．

b.　ポリ乳酸中の造核剤の分析法
　高分子材料中の添加剤の分析法としては，溶媒抽出などの前処理により高分子材料中から添加剤を分離したのちに GC, LC や IR などで分析する方法が一般的であるが，

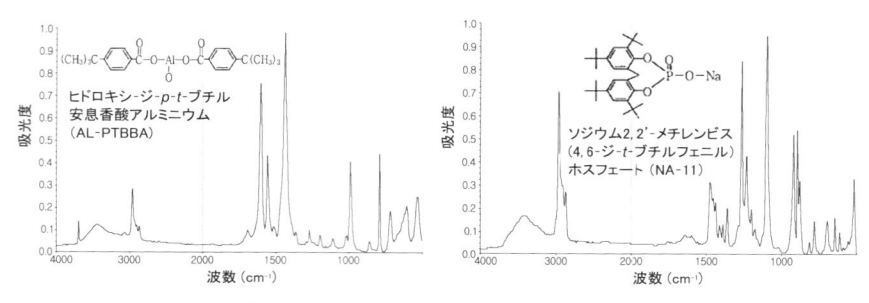

図 4.25 代表的な造核剤の赤外吸収スペクトル

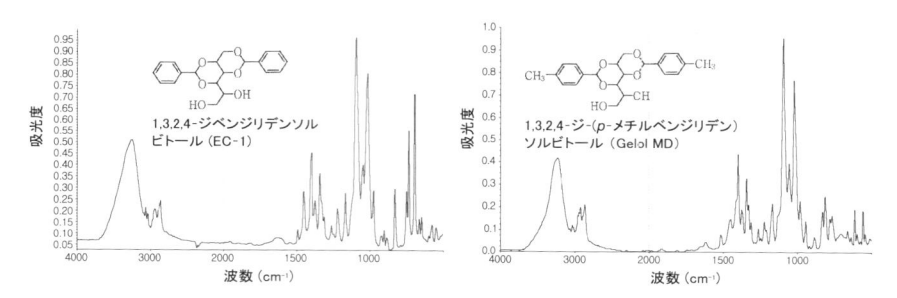

図 4.26 代表的な透明化剤の赤外吸収スペクトル

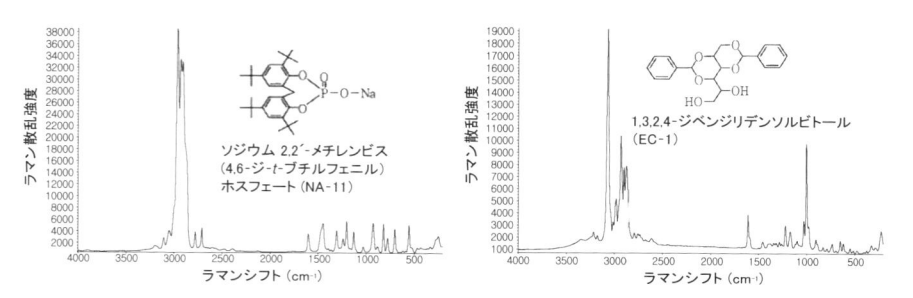

図 4.27 代表的な造核剤のラマンスペクトル　　図 4.28 代表的な透明化剤のラマンスペクトル

抽出操作が煩雑で時間を要する．また，溶解性が小さい添加剤は抽出されないという制約もある．

筆者らは，多機能型熱分解装置を用いる熱脱着 (TD)-GC/MS に注目，煩雑な前処理を必要としない効率性に加え，難溶性の添加剤も分析できるという利点があることから，有効な添加剤分析法としての，検討を進めてきた[3]．今回は，ポリ乳酸 (PLA) 中の造核剤の定量への応用を試みた[4]．

PLA はバイオマス由来であり，CO_2 循環の観点などで期待されている樹脂である．

4.4 造核剤・透明化剤の分析法

しかし，結晶化速度が低いために，成形速度が遅いことと，成形品の性能（寸法安定性，剛性など）不足という欠点があり，普及を阻む要因の1つになっている．対策として造核剤の添加による改良が試みられており，効果的な造核剤として，フェニルホスホン酸亜鉛（PPA-Zn）（エコプロモート：日産化学工業社製）が上市されている．

PPA-Zn の定量は，P や Zn 元素を指標とする蛍光 X 線法で可能であるが，この手法では共存する他の成分に妨害される可能性があるため，より PPA-Zn の構造を反映した分析法が望まれている．そこで，PLA 中の数％の PPA-Zn 分析法として，TD-GC/MS と反応熱分解-GC/MS の適用性を検討した．

(1) 実験

① 試料：PPA-Zn を含有する PLA
② 装置：多機能型熱分解装置（EGA/PY-3030D，フロンティア・ラボ社製）を GC/MS のスプリット/スプリットレス注入口に直結して用いた．
③ 操作
- 発生ガス分析（EGA）　試料カップ（エコカップ LF，同社製）に，PLA 試料約 500 μg を採取し，GC 注入口出口と MS 間を不活性金属キャピラリー管（内径 0.15 mm，長さ 2.5 m）で接続し 300℃ に保持した．次に試料のプログラム昇温したサーモグラムから，PPA-Zn のガス化温度を求めた．
- 反応熱分解-GC/MS 分析　まず TD-GC/MS で PLA 主成分を除去し，次に試料カップの残さに TMAH 溶液*3 μL を加え，Rx/Py-GC/MS を行った．

*水酸化テトラメチルアンモニウムの 25 wt％ メタノール溶液．

(2) 結果と考察

最初に PLA 試料に TMAH 溶液を添加して PPA-Zn をメチル化誘導体として検出することを試みたが，TMAH 溶液の大部分が主成分の PLA と反応するため，PPA-Zn の十分なメチル化には数十 μL 以上の TMAH 溶液が必要であり，実用性を欠くと判断し，次のように手法を変えた．

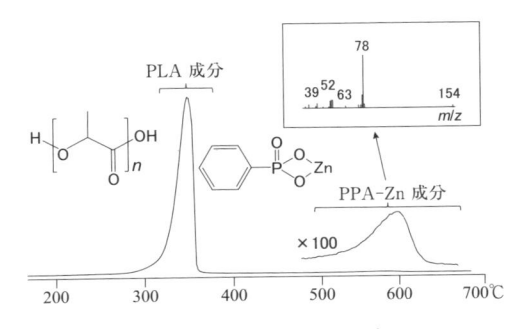

図 4.29 試料の EGA サーモグラム

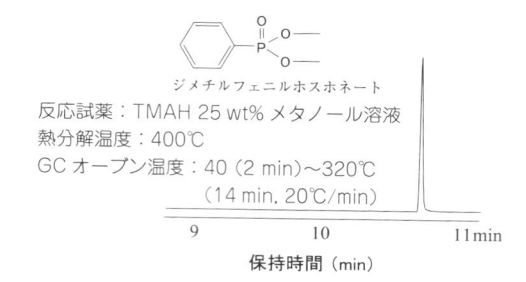

ジメチルフェニルホスホネート
反応試薬:TMAH 25 wt% メタノール溶液
熱分解温度:400℃
GC オーブン温度:40 (2 min)〜320℃
(14 min, 20℃/min)

保持時間(min)

図 4.30　反応熱分解-GC/MS でえた PPA-Zn のクロマトグラム

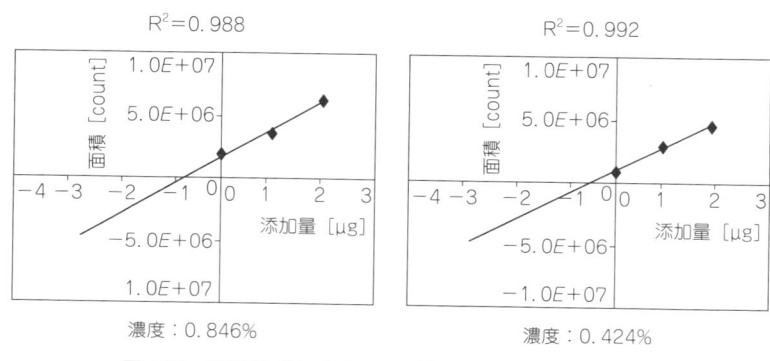

濃度:0.846%　　　　　　　　　　濃度:0.424%

図 4.31　標準添加法による PLA 試料中の PPA-Zn の定量分析

　基礎データとして測定した試料の EGA サーモグラムを図 4.29 に示す. PLA 成分は 250〜370℃でガス化し,PPA-Zn 成分は 500〜650℃でガス化することがわかった.
　そこで,まず PLA を 400℃で加熱脱着除去し,その残さに TMAH 溶液を反応させて残さ中の PPA-Zn をジメチル誘導体として,図 4.30 に示すような TIC をえる反応熱分解-GC/MS を検討した. そして,この新たな前処理法における最適反応熱分解温度を,250〜600℃の間で検討したところ,500℃が最適温度であった.
　これらの条件を用いて,PPA-Zn 濃度が異なる PLA 試料 2 種に対して,標準添加法により濃度を推定した結果を図 4.31 に示す. この手法における定量分析の再現性は RSD:8.5% ($n=5$) と,良好な結果をえることができた.
　以上のことから,本法は PLA 試料中の PPA-Zn の定量分析に有効であることがわかった.

【西岡利勝・江崎義博】

参考文献
1) 春名　徹編:高分子添加剤ハンドブック,p.92,シーエムシー出版,2010.

2) 江崎義博:プラスチック中の添加剤分析,出光技法, **48**(2), p.176, 2005.
3) 松井和子,渡辺忠一,高山 森:第17回高分子分析討論会,IV-02, 2012.
4) 松井和子,渡辺忠一,高山 森:第18回高分子分析討論会,p.85, II-12, 2013.
5) 春名 徹編:高分子添加剤ハンドブック,p.95,シーエムシー出版, 2010.
6) 春名 徹編:高分子添加剤ハンドブック,p.96,シーエムシー出版, 2010.
7) 春名 徹編:高分子添加剤ハンドブック,p.97,シーエムシー出版, 2010.
8) 春名 徹編:高分子添加剤ハンドブック,p.98,シーエムシー出版, 2010.

4.5 難 燃 剤

　プラスチックに用いられる難燃剤には,ハロゲン系,リン系,無機系,シリコーン系など[1]がある.ハロゲン系難燃剤のうち特に臭素系難燃剤については,環境に対する影響への懸念などから分析需要が高まってきている.本節では特に2006年にEUで施行され,2013年に改正されたRoHS規制(Restriction of the use of certain Hazardous Substances in electrical and electronics equipment)[2,3]に対応した分析法を中心に解説する.

4.5.1 臭素系難燃剤の規制動向

　臭素系の難燃剤としておもなものに,ポリブロモジフェニルエーテル(PBDE),ポリブロモビフェニル(PBB),ヘキサブロモシクロドデカン(HBCDD),テトラブロモビスフェノールA(TBBPA),ヘキサブロモベンゼン(図4.32)などがある.他にも臭素化したポリスチレンなど,ポリマー鎖中に臭素を入れて難燃化しているものもある.

　臭素系難燃剤に対する規制が世界における多くの国や地域で行われている.世界におけるおもな規制を表4.20に示す.表に示した使用規制以外でも,臭素系難燃剤を取り巻く状況は厳しくなってきている.まず,RoHS規制で規制されたPBB, PBDEの代替品として使用されてきたヘキサブロモシクロドデカン(HBCDD)が新たなRoHS規制の規制候補物質となり,2016年までに見直しを行うこと[3]になった.さらに化学物質の審査および製造などの規制に関する法律(化審法)の第1種特定化学物質としてPBBとPBDEの一部が2010年5月より指定され,HBCDDも追加されることが2013年7月に公表[4]された.第1種特定化学物質に指定されているPBBはヘキサブロモビフェニル,PBDEはテトラブロモジフェニルエーテル,ペンタブロモジフェニルエーテル,ヘキサブロモジフェニルエーテル,ヘプタブロモジフェニルエーテルである.

　表4.20で示したRoHS規制は,2006年7月よりEU諸国において発効された有害物質の使用規制である.RoHS規制によって電気電子機器中へのカドミウム,6価ク

ロム,鉛,水銀およびPBB, PBDEの使用が一部の例外を除き規制された.RoHS規制における規制物質の閾値は,カドミウムが100 ppm, それ以外は1000 ppmである.臭素系難燃剤であるPBBとPBDEは,図4.32からもわかるように臭素付加数が1から10までである異性体の総称であり,PBB, PBDEともに209種の異性体が存在している.このため,閾値は各異性体の含有濃度を合算した濃度となる.PBDEのうち臭素付加数が10であるデカブロモジフェニルエーテル(BDE-209)に関してはRoHS規制では除外された[5]が,その後欧州裁判所によってこの決定が無効であるとの判決が下された.リスクマネジメントの観点からもBDE-209は規制対象物質として取り扱う必要がある.

(a) ポリブロモビフェニル (PBB)

(b) ポリブロモジフェニルエーテル (PBDE)

(c) テトラブロモビスフェノール A (TBBPA)

(d) ヘキサブロモシクロドデカン (HBCDD)

(e) ヘキサブロモベンゼン

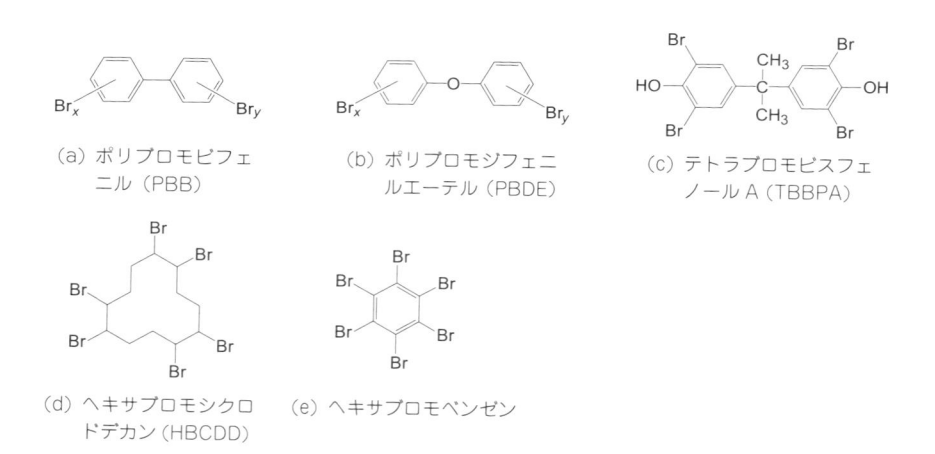

図4.32 おもな臭素系難燃剤の構造式.図中の x, y は $x+y=1\sim10$ となる.

表4.20 世界のおもな国・地域における臭素系難燃剤の規制状況[30]

国・地域	名 称	施行年
EU	Restriction of the use of certain Hazardous Substances in electrical and electronics equipment (RoHS)	2006
	Registration, Evaluation, Authorization and Restriction of Chemicals (REACH)	2007
中華人民共和国	電子信息産品汚染防治管理弁法(中国版RoHS)	2007
大韓民国	電気電子製品および自動車の資源循環に関する法律(韓国版RoHS)	2008
日本	電気・電子機器の特定の化学物質の含有表示方法(J-Moss)	2006
ノルウェー	Prohibition on Certain Hazardous Substances in Consumer Products (PoHS)	2008

4.5.2 PBB, PBDE 分析法
a. PBB, PBDE 分析法の概要と注意点

RoHS 規制の発効を受けて，国際電気標準会議（International Electrotechnical Commission：IEC）では規制対象物質の測定法を作成し，2008 年 12 月に IEC 62321（Electrical products-Determination of levels of six regurated substances (lead, mercury, cadmium, hexavalent chromium, polybrominated biphenyls, polybrominated diphenyl ethers)）[6] として制定した．ただし，6 価クロムと PBB, PBDE の精密測定法に関しては Annex となっている．IEC 62321 には詳細な分析手順以外にも品質管理法などが記載されており PBB, PBDE 分析の参考書として有用である．

PBB, PBDE 分析におけるフローチャートの例を図 4.33 に示す．図には記載していないが，測定対象のプラスチックの素材を同定しておくことが，抽出時における溶媒の選択などに役立つ．プラスチックの同定法としては赤外分光法（IR）[7] などがある．RoHS 規制において規制物質の含有濃度は均質な部材に対して測定する必要がある．分析にさいしては，機械的に分解が困難な程度まで分離し，均質な部分を測定することが求められている．試料のサンプリングについては IEC/TC111/WG3 より公開仕様書[8]が出されている．分析においてはまず均一化した試料に対して蛍光 X 線（XRF）測定を用いたスクリーニングを行う．XRF 測定で閾値以上の臭素濃度を示した試料に対して二次スクリーニングや精密分析を行う．

臭素系難燃剤の分析では測定方法だけでなく，試料の取り扱いも重要である．PBB, PBDE には光分解性[9] や熱分解性[10] が確認されている．特に試料に光が照射されると，光分解によって濃度が減少し，精確な測定が行えない．試料の保存や測定の前処理中には遮光が必要となる．前処理中の試料の分解は褐色ガラスを用いることでかなり防ぐことができる．ソックスレー抽出装置など褐色ガラス製の器具が手に入りにくい場合にはアルミ箔などで覆って遮光する．熱分解に関しては，前処理や測定中に分解が生じないことをあらかじめ確認しておく必要がある．その他の誤検出の原因として器具の洗浄不足[11] があげられる．特に高濃度の試料を測定したガラス器具の洗浄が不十分なまま再利用すると，次回の測定で難燃剤が検出されることがある．IEC 62321 では測定に用いるガラス器具（メスフラスコなどは除く）やガラスウールなどはあらかじめ清浄化処理を行うように規定されている．清浄化の手法としては清浄なオーブン中，450℃で 30 分以上処理することがあげられている．実際には使用するガラス器具はできるだけ使い捨てにすることが望ましい．ガラス器具を再利用する場合には難燃剤の良溶媒（例えばトルエン）で十分に洗浄（例えば超音波洗浄）することで汚染を減らすことができる．

206   4. 各種添加剤の分析法

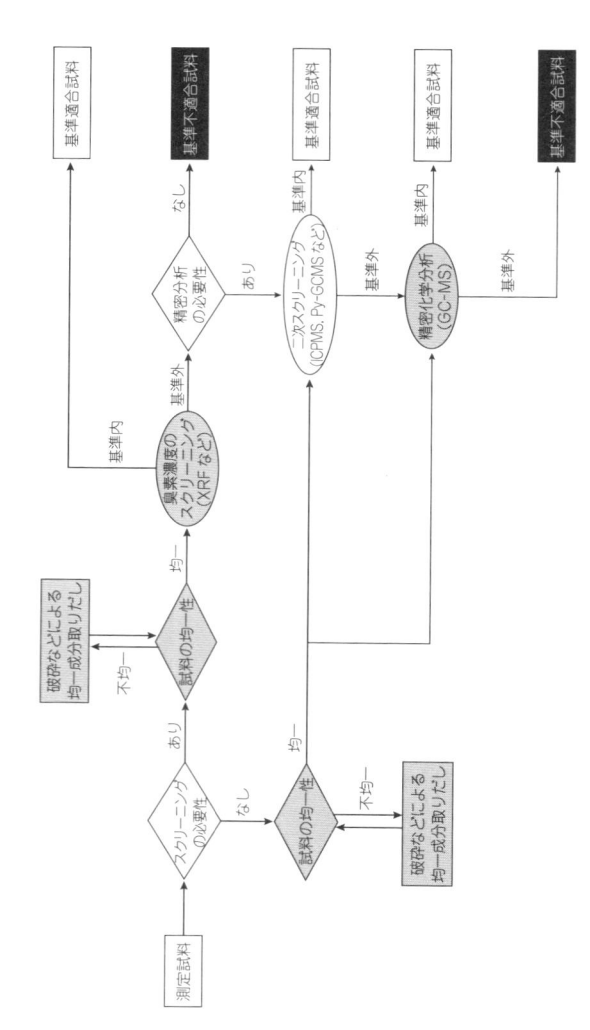

図4.33 臭素系難燃剤の分析におけるフローチャートの一例[31].
アミの部分はIEC 62321に記載されている部分.

4.5 難燃剤

表 4.21 臭素を含むプラスチック標準物質の例

供給・頒布機関	標準物質名	基材	対象物質	形状
独立行政法人 産業技術総合研究所	NMIJ CRM 8108-b	ポリスチレン	BDE-209	ディスク状
	NMIJ CRM 8109-a	ポリ塩化ビニル	BDE-209	ディスク状
	NMIJ CRM 8110-a	ポリスチレン	BDE-209	ディスク状
	NMIJ CRM 8137-a	ポリプロピレン	Br	ペレット状
National Institute of Standards and Technology (NIST)	SRM2855	ポリエチレン	Na, Si, P, S, Ca, Ti, Cr, Zn, Br, Cd, Hg, Pb	ペレット状
Bundesanstalt für Materialforschung und -prüfung (BAM)	BAM-H010	ABS樹脂	Pb, Br, Cd, Cr, Hg	チップ状
	BAM-H010-D1〜D3	ABS樹脂	Pb, Br, Cd, Cr, Hg	ディスク状
Institute for Reference Materials and Measurements (IRMM)	ERM-EC590	ポリエチレン	PBDE, BB-209, Br, Sb	ペレット状
	ERM-EC591	ポリプロピレン	PBDE, BB-209, Br, Sb	ペレット状
	ERM-EC680k	ポリエチレン	As, Br, Cd, Cl, Cr, Hg, Pb, S, Sb	ペレット状
	ERM-EC681K	ポリエチレン	As, Br, Cd, Cl, Cr, Hg, Pb, S, Sb	ペレット状
Korea Research Institute of Standards and Science (KRISS)	113-01-011〜015	ABS樹脂	As, Cd, Cr, Hg, Pb, Ni, Zn, Sb, Se, Br	ペレット状
	113-01-016〜020	ABS樹脂	As, Cd, Cr, Hg, Pb, Ni, Zn, Sb, Se, Br	ディスク状
	113-03-001	HIPS	PBDE, Br	ペレット状
	113-03-002	HIPS	PBDE, Br	ディスク状
	113-03-003	HIPS	PBDE, Br	ディスク状
	113-03-004	ABS樹脂	PBDE	ペレット状
	113-03-005	エポキシ樹脂	PBDE	ディスク状
日本分析化学会	JSAC 0641	ポリエステル	PBDE, Br	ペレット状
	JSAC 0642	ポリエステル	PBDE, Br	ペレット状
	JSAC 0651〜0655	ポリエステル	Br	ディスク状
株式会社 住化分析センター	PVC-5E	ポリ塩化ビニル	Cd, Pb, Hg, Cr, Br	ディスク状
	PE-5E	ポリエチレン	Cd, Pb, Hg, Cr, Br	ディスク状
JFEテクノリサーチ 株式会社	JSM P 700-1	ポリエチレン	Cd, Pb, Hg, Cr, As, Br, Cl, S	チップ状
	JSM P 701-1	ポリエチレン	Cd, Pb, Hg, Cr, As, Br, Cl, S	チップ状
	JSM P710-1 a〜g	ポリエチレン	Cd, Pb, Hg, Cr, As, Br	ディスク状
Analytical Reference Materials International Corporation (米国)	Multi-Element Reference Samples Set (Heavy Metals in Pokyethylene)	ポリエチレン	Br, Hg, Cr, Pb, Cd	ディスク状
	Multi-Element Reference Samples Set (Heavy Metals in Pokyvinyl Chloride)	ポリ塩化ビニル	Br, Hg, Cr, Pb, Cd	ディスク状

b. 蛍光X線（XRF）測定によるスクリーニング

プラスチック中に含まれる臭素系難燃剤のスクリーニングはXRFを用いた含有臭素の濃度によって行われる．XRF測定における臭素含有濃度の閾値は300 mg/kgである．これはプラスチック中にデカブロモビフェニル（BB-209）が1000 mg/kg含まれていた場合の臭素濃度にほぼ一致する．図4.32に示したように，臭素系難燃剤にはPBB，PBDEの他に多くの物質が使用されている．そのため，臭素の濃度がスクリーニングの閾値を超えていたとしても，その試料が規制対象物質になるとは限らない．閾値を超えた試料に対してはより精密な分析を行う必要がある．

XRF測定における注意点として，試料の形状や，基材に含まれている成分によって観測される蛍光X線強度が変わることがあげられる．例えば，基材中に塩素が多く含まれると検出されるX線強度が大きく減衰する．また，臭素の定量に用いるK_α線は水銀のL_β線と干渉するため，注意が必要である．XRF測定では測定の前後に標準物質を使用して装置を校正しておくことが望ましい．表4.21に2013年4月現在で入手可能な標準物質の一例をあげる．

c. 二次スクリーニング

IEC 62321では二次スクリーニングは規定されていない．しかし，図4.33で示した精密化学分析は，煩雑な前処理が伴うために二次スクリーニングを行うことが多くなっている．現在提案されている二次スクリーニング手法のうちでよく利用されているのは，熱分解（熱脱着）-ガスクロマトグラフ-質量分析（Py-GC-MS）法[12),13)]，イオン付着質量分析法[14)]などである．これらの手法は，熱によってプラスチック中に含まれる難燃剤を脱離させ，測定装置に導入して分析している．他にもナノイオン化ドット法[15)]，飛行時間型二次イオン質量分析法[16)]などが提案されている．

d. 精密分析

ここではIEC 62321のAnnex Aに記されているGC-MS測定法を中心として解説する．ただし，Annex Aにおける対象物質はハイインパクトポリスチレン（HIPS），ABS（ポリアクリロニトリル-ポリブタジエン-ポリスチレン）樹脂，およびポリカーボネートとABS樹脂のブレンド物のみと記載されている．これ以外のプラスチックについては，共同実験などから信頼性がえられていないため[17)]である．実際には他のプラスチックの分析にもAnnex Aが適用されているが，適用するさいには十分な検証が必要である．

1）試　薬

溶媒などに用いる試薬はすべてGCグレードもしくはそれ以上の純度のものを用いる．PBBおよびPBDEの標準物質（溶液）はAccuStandard社，Cambridge Isotope Laboratories社，Wellington Laboratories社などから販売されており，日本の試薬メーカーを通して手に入れることができる．

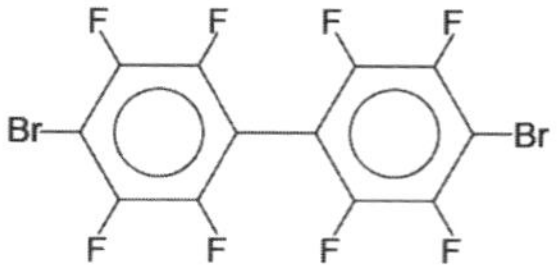

4.5 難燃剤

図 4.34 4,4′-dibromoctafluorobiphenyl（DBOFB）の構造式

　回収率を確認するためのサロゲート物質としては，4,4′-dibromoctafluorobiphenyl（DBOFB，図 4.34），^{13}C ラベルされた penta-BDE や octa-BDE が推奨されている．注入量の変動を補正する Internal standard（IS）には，2,2′,3,3′,4,4′,5,5′,6,6′-decachlorobiphenyl（CB-209）が推奨されている．しかし CB-209 は polychlorobiphenyl（PCB）の一種であり，その使用には厳しい管理，制限が求められる．ここで示したサロゲート物質や IS は，おもに検出器として用いる質量分析装置として四重極タイプが想定されている．二重収束型の場合は，^{13}C ラベルされた PBDE の 9〜10 臭化物を用いることもできる．

2） 標準溶液の作製

　検量線を作製するための標準溶液の濃度は等濃度間隔で5点以上とする．IEC 62321 では標準溶液を5種類作製している．標準溶液の濃度は PBB と PBDE の臭素付加数が1〜10個の各同族体および DBOFB については 50, 150, 250, 350, 450 ng/mL，CB-209 の濃度は全標準溶液で一定の 200 ng/mL としている．

　検量線は臭素付加数ごとに代表的な PBB，PBDE を用いて作製することになる．同じ臭素付加数でも物質ごとに検出感度は異なるため，検出された濃度は換算値となる．報告書では，検量線作成に用いた標準物質と，測定値が換算値であることを明記する必要がある．検量線作成に用いる PBB，PBDE 標準物質の一例を表 4.22 に示す．作製する標準溶液には，PBB の 1〜10 臭化物，PBDE の 1〜10 臭化物が同族体ごとに1種類以上含まれるようにする．ただし，一部の難燃剤のみを使用することや表以外の異性体への変更も問題はない．

3） サンプル抽出

　IEC 62321 では抽出法としてソックスレー抽出法，もしくは試料の溶解－再沈と超音波抽出を組み合わせた手法が提案されている．通常の測定ではプラスチックスからの臭素系難燃剤の抽出はソックスレー抽出で行う．

　ソックスレー抽出器は，抽出前に2時間程度適切な溶媒（通常は抽出に用いる溶媒，トルエンを用いることが多い）70 mL でソックスレー抽出の操作を行い，装置の洗浄をしておく．測定サンプルはあらかじめ液体窒素温度下で粉砕し，500 μm 以下のサイズにしておく．粉砕した試料から 100±10 mg を精秤し，円筒フィルターに

表 4.22 GC-MS 測定における標準物質としてよく用いられる PBB, PBDE の例（IEC 62321 より）

付加臭素数	略　　称	名　　称
1	BB-003	4-bromo biphenyl
2	BB-015	4,4′-ddibromo biphenyl
3	BB-029	2,4,5-tribromo biphenyl
4	BB-049	2,2′,4,5′-tetrabromo biphenyl
4	BB-077	3,3′,4,4′-tetrbromo biphenyl
5	BB-103	2,2′,4,5′,6-pentabromo biphenyl
6	BB-153	2,2′,4,4′,5,5′-hexabromo biphenyl
6	BB-169	3,3′,4,4′,5,5′-hexabromo biphenyl
7〜9 臭化物の混合物	Dow FR-250	—
10	BB-209	decabromo biphenyl
1	BDE-003	4-bromo diphenyl ether
2	BDE-015	4,4-dibromo diphenyl ether
3	BDE-028	2,4,4′-tribromo diphenyl ether
3	BDE-033	2′,3,4-tribromo diphenyl ether
4	BDE-047	2,2′,4,4′-tetrabromo diphenyl ether
5	BDE-099	2,2′,4,4′,5-pentabromo diphenyl ether
5	BDE-100	2,2′,4,4′,6-pentabromo diphenyl ether
6	BDE-153	2,2′,4,4′,5,5′-hexabromo diphenyl ether
6	BDE-154	2,2′,4,4′,5,6′-hexabromo diphenyl ether
7	BDE-183	2,2′,3,4,4′,5′,6-heptabromo diphenyl ether
8	BDE-203	2,2′,3,4,4′,5,5′,6-octabromo diphenyl ether
9	BDE-206	2,2′,3,3′,4,4′,5,5′,6-bromo diphenyl ether
10	BDE-209	decabromo diphenyl ether

入れ，さらにサロゲート物質（DBOFB）を 10 μg 加える．ガラスウールを上から入れて抽出中にサンプルが浮き上がるのを防ぐようにする．ソックスレー抽出装置に 70 mL のトルエンを加え，全体をアルミホイルで覆って遮光する．1 回の抽出時間は 2〜3 分になるように設定し，少なくとも 2 時間抽出する．抽出した液を 100 mL のフラスコに移し，さらに丸底フラスコを少量のトルエンでゆすぎ，ゆすいだ溶液も加える．このとき，もし溶液が濁っているようなら 1 mL のメタノールを加える．これは溶液中に残っているプラスチックの低分子量成分などを沈殿させるためである．このさいの密度の変化は無視する．抽出溶媒でメスアップした抽出液 1 mL に IS（CB-209）200 ng を添加し GC 用のバイアル瓶に入れ，蓋をして十分に混合させ，GC-MS 測定溶液とする．

　プラスチックが有機溶媒に溶解する物質であれば，溶解-再沈による抽出を用いることができる．試料 100 mg を褐色バイアル中で精秤し 9.8 mL の溶媒（HIPS の場合トルエンなど）を加え質量を記録する．ただし溶媒量は試料中に含まれる難燃剤の量

に応じて変更してもよい．ここに DBOFB を 1 μg 添加する．添加したのちの質量も記録する．サンプル，溶媒，バイアル，キャップ全体の質量を記録する．蓋をしたのち，試料が溶けるまで 30 分間以上超音波にかける．冷却後再び質量を測定し溶解前と質量が変化していないことを確認する．褐色バイアル瓶に溶液を 1 mL 入れ，質量を測定する．PBB と PBDE の良溶媒でポリマーには貧溶媒の溶媒（HIPS の場合イソオクタン）9 mL をバイアル瓶に入れポリマーを沈殿させ，質量を記録する．上澄み液もしくは孔径 0.45 μm の PTFE フィルターをとおしてポリマー成分を除去した溶液から 1 mL をとって 10 mL のメスフラスコに入れ，採取した溶液の質量を精秤する．溶媒でメスアップして，質量を精秤し，その後よく混合する．メスアップした抽出液 1 mL に IS（CB-209）200 ng を添加し，GC 用のバイアル瓶に入れ蓋をして十分に混合させ，GC-MS 測定溶液とする．この操作において，溶媒の密度は同じ組成の良溶媒と貧溶媒の混合溶液を作製し，メスフラスコを用いて算出しておく．

以上が IEC 62321 の抽出操作の概要である．実際の抽出過程では抽出方法，溶媒，抽出時間を最適化することが重要となる．例えば超音波抽出法は，完全に溶解しないプラスチック（HIPS や ABS 樹脂など）や溶媒に不溶なポリエチレンやポリプロピレンに対しても有効なことが報告[18]されている．逆に酸やアルカリを用いてプラスチックを完全溶解させようとすると，対象物質の PBB, PBDE も分解させてしまう可能性[11]があり，できるだけ避けたほうがよい．ただし，抽出条件は個々の試料に含まれる添加剤や組成などによって異なることを忘れてはならない．少なくとも複数の溶媒を用いて抽出効率が最もよい溶媒を選ぶこと，抽出時間がかわっても抽出量が変化しない定常状態に達していることの確認は必要である．

他にも抽出液に含まれる不純物が測定結果に影響を与える場合がある．例えば，ポリスチレン中に含まれていたパラフィンが測定結果に影響を与えた事例[19]が報告されている．この場合，サイズ排除クロマトグラフィー（SEC）[20]を用いた分取が有効であった．不純物の除去方法としては，土壌中から PBDE を抽出するさいに用いられるフロリジルカラム[21]やシリカゲルカラム[22]などによる前処理なども参考となる．

4) ガスクロマトグラフ-質量（GC-MS）分析測定

IEC 62321 に示されている GC-MS 測定条件を以下に示す．質量分析装置は四重極タイプと二重収束タイプのどちらを用いてもかまわない．

① GC カラム：非極性カラム（0〜5% フェニル化カラム）長さ 15 m 内径 0.25 mm，フィルム厚 0.1 μm 高温用カラム（最高 400℃）．

② 注入口条件：使用機器に用いている注入口のタイプ別に以下のように設定されている．

・プログラム昇温（PTV）注入口：温度プログラムは 50〜90℃（溶媒の沸点によって測定者が決定）で注入．300℃/min で 350℃ まで昇温し 15 分間保持．スプリッ

トレスでパージ時間1分，パージ流量50 mL/min.
- クールオンカラム注入口：温度条件はPTVに準拠．オンカラム注入口の場合には臭素付加数の多いocta-BDEやnona-BDEの測定において感度の点で有利であるがマトリックス効果の影響が出る危険性がある．
- スプリット/スプリットレス注入口：スプリット/スプリットレス注入口の条件は，注入口温度280℃，注入量1 mL，スプリットレスにおけるパージ時間は0.5分，パージ流量は54.2 mL/min
- 以上の注入口と同等のインジェクションユニットも用いることができる．
③　ガラスライナー：4 mmシングルボトムテーパー，底部にガラスウール入．
④　キャリヤーガス：ヘリウム（純度99.999％以上），1.0 mL/minのコンスタントフロー
⑤　カラムオーブン：110℃で2分間保持，40℃/minで200℃まで昇温，10℃/minで260℃まで昇温，20℃/minで340℃まで昇温，このまま2分間保持
⑥　transfer line：300℃，ダイレクト
⑦　イオンソース：温度230℃，EI, 70 eV.

表4.23　PBB, PBDEの定量に用いる参照イオン（IEC 62321より）

難燃剤	付加臭素数	m/z Quantification ions	Optional ions	Identification ions
PBB	1 (*mono*-BB)	231.9	233.9	
	2 (*di*-BB)	311.8	309.8	313.8
	3 (*tri*-BB)	389.8	387.8	391.8
	4 (*tetra*-BB)	309.8	307.8	467.7
	5 (*penta*-BB)	387.7	385.7	545.6
	6 (*hexa*-BB)	467.6	465.6	627.5
	7 (*hepta*-BB)	545.6	543.6	705.4
	8 (*octa*-BB)	625.5	623.5	627.5
	9 (*nona*-BB)	703.4	701.4	705.4 (863.4)
	10 (*deca*-BB)	783.3	781.3	785.3 (943.1)
PBDE	1 (*mono*-BDE)	247.9	249.9	
	2 (*di*-BDE)	327.8	325.8	329.8
	3 (*tri*-BDE)	405.8	403.8	407.8
	4 (*tetra*-BDE)	325.8	323.8	483.7
	5 (*penta*-BDE)	403.7	401.7	561.6
	6 (*hexa*-BDE)	483.6	481.6	643.5
	7 (*hepta*-BDE)	561.6	559.6	721.4
	8 (*octa*-BDE)	641.5	639.5	643.5 (801.3)
	9 (*nona*-BDE)	719.4	717.4	721.4 (879.2)
	10 (*deca*-BDE)	799.3	797.3	959.1

⑧ 検出モード:SIM(各定量イオンの測定周期が1秒間に3〜4となるように調整).
定量に用いるイオンを表4.23に示す.

実際には測定ごとに条件を最適化することが重要となる.GC-MS に用いるカラムに関しては多くのカラムメーカーから PBB,PBDE 分析のアプリケーションデータが公開されている.カラムの選定にあたってはこれらのデータを参考にするのがよい.一部のメーカーからは PBB,PBDE の分析に特化したカラムも市販されている.IEC 62321 ではカラムの長さは 15 m が推奨されているが,臭素付加数の少ない PBB や PBDE では分離能が不十分な場合がある.このような場合にはより長いカラム(30 m)などを用いたほうがよい結果を与えることがある.一方,臭素付加数が 8 以上になると検出感度が下がることが確認[10),23),24)]されている.臭素付加数の多い物質では検出感度が低下しやすい[23)]ため,注入濃度を濃くすることも必要である.また臭素付加数の多い PBB や PBDE は 30 m 以上のカラムを用いると検出されないことがあるので注意が必要である.他にも注入口条件やカラムの長さを変えた場合に臭素系難燃剤が分解[24),25)]することなどが報告されている.

GC-MS 測定において PBB,PBDE の定量は SIM で行うが,測定溶液のスキャン測定を行っておくことを忘れてはならない.スキャン測定を行うことで,標準溶液に用いた PBB,PBDE 以外の同族体の溶出の確認や,ピークの同定を行うことができる.

5) PBB と PBDE の濃度計算

標準溶液の GC-MS 測定結果から検量線を作製する.検量線は直線もしくは二次曲線とする.検出器に四重極型の MS を用いた場合,臭素付加数が 8〜10 の PBB,PBDE は二次曲線になる可能性が高い.検量線から測定溶液中に含まれる PBB,PBDE 濃度を算出する.特に検量線が二次曲線となっている場合には,ピークが重ならないように測定条件を設定することが望ましい.算出した濃度が検量線の範囲外の場合は,試料溶液を希釈して再測定を行う.定量は,それぞれ同じ臭素付加数の PBB,PBDE の検量線を用いて行う.

IEC 62321 では測定溶液中に添加した DBOFB の回収率はクオリティーコントロールにのみ用い,PBB,PBDE の含有濃度の補正には用いない.DBOFB の回収率は 70〜130% の範囲であることが必要とされている.

e. 標準物質

GC-MS による PBB,PBDE の精密分析は測定結果がばらつくことが多い.表 4.21 に示した標準物質のなかから測定対象とできるだけ同じ基材でできたものを用いて前処理や分析方法の最適化,妥当性確認および測定者の技量確認などを行っておくことが信頼性の確保のために重要となる.

f. その他の分析法

臭素系難燃剤の分析は非常に多く提案されており,これまであげた他にも高速液体

クロマトグラフィー[18),26)], LC-MS[27),28)], ICP-MS[10),23),29)] なども提案されている. 測定対象によってはこれらの手法を用いることも考慮すべきである. 　　　　【松山重倫】

参考文献
1) プラスチック添加剤-添加剤による機能付与と高性能化, pp. 9-20, 東レリサーチセンター, 2007.
2) Directive 2002/95/EC of the European Parliament and of the Council., *Off J. Eur Comm.*, L**37**, 19, 2003.
3) Directive 2011/65/EU of the European Parliament and of the Council., *Off J. Eur Comm.*, L**174**, 88, 2011.
4) 経済産業省:News Release, 2013.
5) Commission decision., *Off J. Eur Comm.*, L**271**, 48, 2005.
6) IEC62321, Electrotechnical products-Determinatio of levels of six regurated substances (lead, mercury, cadmium, hexavalent chromium, polybrominated biphenyls, polybrominated diphenyl ethers), 2008.
7) 高山　森:高分子分析ハンドブック (日本分析化学会高分子分析研究懇談会編), 朝倉書店, pp. 382-388, 2008.
8) IEC/PAS 62596 Ed.1 (Electrotechmical products-Guideline for the sampling procedure for the determination of restricted substances), 2009.
9) de Boer, J., Allchin, C., Law, R., Zegers, B., Boon, J. P.:Method for the analysis of polybrominated diphenylethers in sediments and biota, *Trends in Anal. Chem.*, **20**, 591-599, 2001.
10) 田尾博明, 中里哲也, 赤坂幹男, R. B. Rajendran, E. Sofia:ガスクロマトグラフィー/プラズマガススイッチングー誘導結合プラズマ質量分析法の開発とポリ臭素化ジフェニルエーテル定量への応用. 分析化学, **56**, 657-667, 2007.
11) 林　篤宏:RoHS 指令における臭素系難燃剤一正しい分析をするために, 産業と環境, 69-72, 2006.
12) A.Hosaka, C. Watanabe, S. Tsuge:Rapid Determination of Decabromodiphenyl Ether in Polystyrene by Thermal Desorption-GC/MS. *Anal. Sci.*, **21**, 1145-1147, 2005.
13) T. Yuzawa, A. Hosaka, C. Watanabe, S. Tsuge:Evaluation of the Thermal Desorption-GC/MS Method for the Determination of Decabromodiphenyl Ether (DeBDE) in Order of a Few Hundred ppm Contained in a Certified Standard Polystyrene Sample. *Anal. Sci.*, **24**, 953-955, 2008.
14) 沖　充浩, 近藤亜里, 近藤亜里:イオン付着質量分析法を用いた RoHS 対応臭素系難燃剤の迅速測定. 東芝レビュー, **64**, 52-55, 2009.
15) T. Seino, H. Sato, A. Yamamoto, A. Nemoto, M. Torimura, H. Tao:Matrix-Free Laser Desorption/Ionization-Mass Spectrometry Using Self-Assembled Germanium Nanodots. *Anal. Chem.*, **79**, 4827-4832, 2007.
16) 中　慈朗, 平野則子, 黒川博志:一滴抽出法による臭素系難燃剤および六価クロムの短時間分析. 真空, **48**, 365-371, 2005.
17) 竹中みゆき:RoHS 指令 (EU 規制) (2), ぶんせき, **12**, 667-668, 2009.
18) 北田幸男, 中込政樹, 上杉祐子, 木村真澄:超音波抽出/HPLC によるプラスチック材料中の臭素系難燃剤の簡易検出法. 分析化学, **60**, 367-371, 2011.
19) S.Matsuyama, S. Kinugasa, H. Ohtani:Influence of Impurities on Determination of Decabrominateddiphenyl Ether in Plastic Materials by Gas Chromatography/Mass Spectrometry. *Inter. J. Polym. Anal. Charact.*, **17**, 199-207, 2012.
20) 松山重倫, 衣笠晋一, 大谷　肇:臭素系難燃剤含有プラスチック認証標準物質の開発. 分析化学,

60, 301, 2011.
21) 岩村幸美, 陣矢大助, 門上希和夫：スルホキシドカラムクリーンアップを用いた底質及び魚肉試料中ポリ臭素化ジフェニルエーテル類の分析. 環境化学, **19**, 527-536, 2009.
22) H. M. Stapleton, J. M. Keller, M. M. Schantz, J. R. Kucklick, S. D. Leigh, S. A. Wise：Determination of polybrominated diphenyl ethers in environmental standard reference materials. *Anal Bioanal Chem.*, **387**, 2365-2379, 2007.
23) 中里哲也, 赤坂幹男, R. B. Bajendran, 田尾博明：ガスクロマトグラフィー/誘導結合プラズマ質量分析法によるポリスチレン樹脂中ポリ臭素化ジフェニルエーテルの定量, 分析化学, **55**, 481-489, 2006.
24) J. Björklund, P. Tollbäck, C. Östman：Evaluation of the gas chromatographic column system for the determination of polybrominated diphenyl ethers. *Organohalogen Comp.*, **61**, 239-242, 2003.
25) J. Björklund, P. Tollbäck, C. Hiärne, E. Dyremark, C. Östman：Influence of the injection technique and the column system on gas chromatographic determination of polybrominated diphenyl ethers. *J. Chromatgr. A*, **1041**, 201-210, 2004.
26) M. Riess, van R. Eldik：Identification of brominated flame retardants in polymeric materials by reversed-phase liquid chromatography with ultraviolet detection. *J. Chromatogr. A*, **827**, 65-71, 1998.
27) L. Debrauwer, A. Riu, J. Majdouline, E. Rathahao, I. Jouanin, J-P. Antignac, R. Cariou, B. le Bizec, D. Zalko,：Probing new approaches using atmospheric pressure photo ionization for the analysis of brominated flame retardants and their related degradation products by liquid chromatography-mass spectrometry, *J. Chromatogr. A*, **1082**, 98-109, 2005.
28) R. Cariou, J-P. Antignac, L. Debrauwer, D. Manume, F. Monteau, D. Zalko, B. le Bizec, F. Andre：Comparison of Analytical Strategies for the Chromatographic and mass Spectrometric Measurement of Brominated Flame Retandants：1. Polybrominated Diphenylethers. *J. Chromatgr. Sci.*, **44**, 489-497, 2006.
29) S. Migwu, W. Chao, J. Yongjuan, D. Xinhua, F. Xiang：Determination of Selected Polybrominated Diphenylethers and Polybrominated Biphenyl in Polymers by Ultrasonic-Assisted Extraction and High-Performance Liquid Chromatography-Inductively Coupled Plasma Mass Spectrometry, *Anal. Chem.*, **82**, 5154-5159, 2010.
30) 松山重倫：高分子添加剤の分離・分析技術, p. 129, 技術情報協会, 2011.
31) 松山重倫：高分子添加剤の分離・分析技術, p. 130, 技術情報協会, 2011.

4.6 界面活性剤（帯電防止剤）の分析法

4.6.1 帯電防止剤の構造

プラスチックはそのほとんどが絶縁体であるため, 物体との接触・剥離や摩擦によって発生した静電気が漏洩しにくく, 帯電によるさまざまな障害が発生する. このような静電気の帯電による障害を避けるためには, 電荷が蓄積しないようにするか, 蓄積した電荷を漏洩させるようにする必要がある. 表面電荷の漏洩を促進させる目的でプラスチックに使用される添加剤の一つが帯電防止剤である. 低分子型帯電防止剤の代表的な構造を表 4.24 に示す[1].

表 4.24 代表的な低分子型帯電防止剤[7]

分 類	構造式と化学名	適 応
非イオン	CH_2OCOR | $CHOH$ | CH_2OH グリセリンモノ脂肪酸エステル	PE, PP, PVC
非イオン	$RCO-N\begin{matrix}CH_2CH_2OH\\CH_2CH_2OH\end{matrix}$ 脂肪酸ジエタノールアミド	PE, PP
非イオン	$RN\begin{matrix}CH_2CH_2OH\\CH_2CH_2OH\end{matrix}$ アルキルジエタノールアミノ	PE, PP, PS
アニオン	RSO_3Na アルキルスルホン酸塩	PE, PP, PS ABS, PC
アニオン	$R-\bigcirc-SO_3Na$ アルキルベンゼンスルホン酸塩	
カチオン	$H_3C-\overset{R}{\underset{CH_3}{N^+}}-CH_3$ アルキルトリメチルアンモニウム塩	塗布用
カチオン	ベンジル-$N^+(CH_3)_2$ アルキルベンジルジメチルアンモニウム塩	
両性	$H_3C-\overset{R}{\underset{CH_2COO^-}{N^+}}-CH_3$ アルキルベタイン	
両性	$HOCH_2CH_2-\overset{R}{\underset{CH_2COO^-}{N^+}}$(イミダゾリン環) アルキルイミダゾリウムベタイン	

4.6.2 帯電防止剤の分析法[2]

帯電による埃などの付着や曇り防止,あるいは電子部品包装の静電気による影響防止のため,界面活性剤型の帯電防止剤が使用される.

a. オネストメーター

帯電防止剤の添加,塗布の有無はオネストメーターで静電気減衰を測定するとわかる.減衰が大きければ,帯電防止剤が添加もしくは塗布されている.

b. 赤外分光法（IR）

塗布タイプは表面の IR スペクトル測定により定性可能な場合がある．OH 基を有するものは 3400 cm^{-1}，アミド系は 1620 cm^{-1}，スルホン系は 1200 cm^{-1} にバンドが観測される．

図 4.35 に代表的な帯電防止剤の赤外吸収スペクトルを示す．また表 4.25 に ASTM-D 2357 に記載された代表的な界面活性剤の赤外吸収スペクトルの特性吸収バンドの帰属を示す．

c. ラマン分光法

代表的な帯電防止剤のラマンスペクトルを図 4.36 に示す．

d. イオン性確認

イオン性は抽出液の呈色反応でわかる．アニオン系はチモールブルー試験，カチオン系はブロモフェノールブルー試験，ノニオン系はチオシアン酸コバルト試験などがある．

（1） チモールブルー試験

試料 5 mL（pH 7）にチモールブルー試薬（0.1% チモールブルー 3 滴を 0.005 N 塩

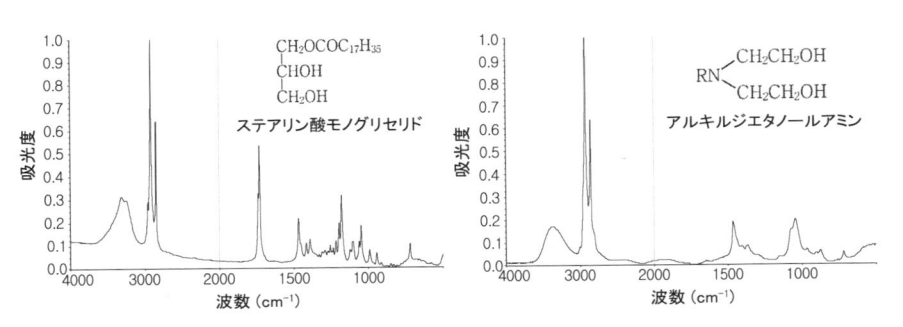

図 4.35 代表的な帯電防止剤の赤外吸収スペクトル

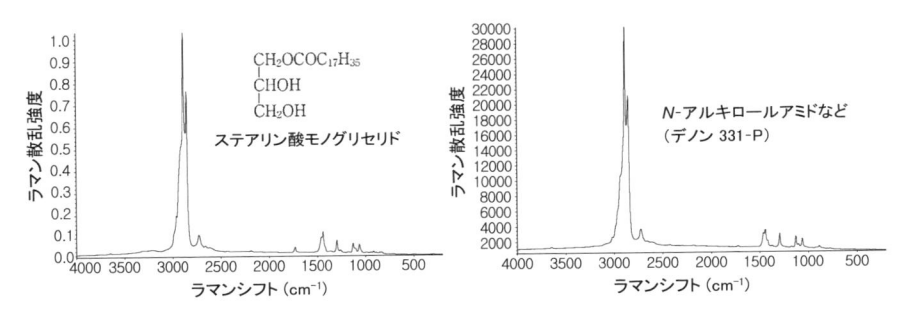

図 4.36 代表的な帯電防止剤のラマンスペクトル

表 4.25　市販界面活性剤の赤外吸収バンド（ASTM-D 2357 より）[8]

界面活性剤	吸収波数 (cm^{-1})	吸収波形	吸収強度	帰　属
高級アルコール硫酸塩	1250	シャープ	強	硫酸エステル基
	1205	シャープ	強	硫酸エステル基
	1087	シャープ	種々	アルコール硫酸基
	971	幅広	弱	アルコール硫酸基
	926	幅広	弱	アルコール硫酸基
アシル化メチルタウリン塩	1639	シャープ	強	アミドカルボニル基
	1563	肩として	弱	二級アミド
	1235〜1176	幅広	強	スルホン基
	1064	シャープ	強	C-N およびスルホン基
アシル化イセチオン酸塩	1724	シャープ	強	エステルカルボニル
	1563	幅広	弱	石鹸
	1235〜1176	幅広	強	スルホン基
	1176	幅広	強	エステル C-O
	1064	シャープ	強	アルキルスルホン基
モノグリセリド硫酸塩	3333	シャープ	強	自由度の低い O-H
	1724	シャープ	強	エステルカルボニル
	1266	シャープ	強	硫酸エステル基
	1235	シャープ	強	硫酸エステル基
	1176	幅広	種々	エステル C-O
	1111	幅広	弱	H-C-OH 二級
	1064	シャープ	種々	H-C-OH 二級
アルキルフェノールエトキシ硫酸エステル塩	1613	シャープ	弱	芳香核
	1515	シャープ	種々	芳香核
	1351	幅広	弱	ポリオキシエチレン
	1250〜1220	幅広	強	硫酸エステル基
	1149〜1087	幅広	強	ポリオキシエチレン
	952〜917	幅広	種々	ポリオキシエチレン
	833	幅広	種々	芳香核パラ置換
ポリオキシエチレン脂肪酸エステル	3448	シャープ	種々	O-H
	1724	シャープ	強	エステルカルボニル
	1351	シャープ	種々	ポリオキシエチレン
	1149〜1087	幅広	強	ポリオキシエチレン
	952〜917	幅広	強	ポリオキシエチレン
	1176	肩として	種々	エステル C-O
高級アルコールポリオキシエチレンエーテル	3448	シャープ	種々	O-H
	1351	シャープ	強	ポリオキシエチレン
	1149〜1087	幅広	強	ポリオキシエチレン
	1064	シャープ	種々	C-OH
	952〜917	幅広	強	ポリオキシエチレン
アルキルフェノールポリオキシエチレンエーテル	3448	シャープ	種々	O-H
	1613	シャープ	種々	芳香核 s
	1515	シャープ	強	芳香核 s
	1351	シャープ	強	ポリオキシエチレン
	1250	シャープ	強	フェノール性ポリエーテル
	1190	シャープ	強	フェノール性ポリエーテル
	1149〜1087	幅広	強	ポリオキシエチレン
	833	幅広	種々	芳香核パラ置換

界面活性剤	吸収波数 (cm^{-1})	吸収波形	吸収強度	帰属
ステアリン酸モノグリ	3333	幅広	強	O-H
	1724	シャープ	強	エステルカルボニル
	1176	幅広	強	エステル C-O
	1111	幅広	種々	C-OH 二級
	1064	幅広	種々	C-OH 二級
	1042	幅広	種々	C-OH 二級
モノアルキロールアミド	3333	シャープ	強	O-H
	3125	肩として	弱	N-H
	1639	シャープ	強	アミドカルボニル
	1064	シャープ	種々	C-OH
	1042	シャープ	種々	C-OH
	926	幅広	弱	エタノール
石鹸	1563	シャープ	強	カルボン酸陰イオン
	962	幅広	弱	有機酸塩
	926	幅広	弱	有機酸塩
	725	シャープ	中	典型的石鹸
	694	シャープ	中	典型的石鹸
ポリオキシエチレンアルキルエーテル硫酸塩	1351	幅広	弱	ポリオキシエチレン
	1266〜1220	幅広	強	酸塩エステル塩
	1149〜1089	幅広	強	ポリオキシエチレン
	925〜917	幅広	強	ポリオキシエチレン
アルファオレフィンスルホン酸塩	3448	幅広	弱	-OH
	2950	シャープ	種々	-CH$_2$
	2940	シャープ	種々	-CH$_2$
	1470	シャープ	種々	-CH$_2$
	1190	幅広	強	スルホン酸塩
	1070	シャープ	強	スルホン酸塩
	970	幅広	弱	トランスオレフィン
アルキルベンゼンスルホン酸塩	1493	肩として	弱	芳香核 s
	1235〜1176	幅広	強	スルホン酸塩
	1136	シャープ	種々	スルホン酸塩
	1042	シャープ	強	ABS 吸収
	1010	シャープ	強	ABS 吸収
	833	幅広	種々	パラ置換
脂肪族四級アンモニウムクロリド	3448	シャープ	強	四級塩
	1639	幅広	弱	四級塩
	980〜943	シャープ	種々	四級塩
	917	シャープ	弱	四級塩

酸 5 mL に加えたもの）5 mL を加える．赤紫色を呈すれば，アニオン系が存在する．

(2) ブロモフェノールブルー試験

0.2 N 酢酸ナトリウム 37.5 mL，0.2 N 酢酸 462.5 mL，0.1% ブロモフェノールブルー 10 mL（96% エタノール溶液）の混合液（pH 3.6〜3.9 であること）5 mL に試料 1% 程度の水溶液（pH 7）1 mL を加える．深青色を呈すればカチオン系が存在する．

(3) チオシアン酸コバルト試験

チオシアン酸コバルトアンモニウム試薬（チオシアン酸アンモニウム 87 g と硝酸コバルト 14 g を 500 mL 純水に溶かしたもの）5 mL に試料濃度 1% 程度の水溶液を加え，振とう後 2 時間放置する．ポリオキシエチレン系，ノニオン系界面活性剤は青色を呈す．赤紫または紫色の場合は陰性である．青色の沈殿と赤紫色の溶液を生成すればカチオン系界面活性剤の存在を示す．

e. GC, MS

界面活性剤の違いによりいろいろな手法がとられているが，モノグリ系の場合はシリル化して分析する．

(1) シリル化

① 50 mL ナス型フラスコに添加剤抽出溶液 2 mL 程度を入れ，濃縮乾固する．
② ピペットで N,N-ジメチルホルムアミド（DMF）1 mL を加える．
③ 60℃のウォーターバスで 1 min 程度加熱溶解する．
④ 注射器で ABS（N,O-ビス（トリメチルシリル）アセトアミド）を 1 mL 加える．
⑤ 60℃のウォーターバスで 1 min 程度加熱しながら反応させる．
⑥ 30 分放置後，GC 分析を行う．

4.6.3 帯電防止剤の分析例

a. 帯電防止剤の関与による白化[3]

PP 成形品を熱処理したさいに，部分的に白化した．表面を走査型電子顕微鏡（SEM）で観察したところ，白化部の表面形態（図 4.37a）は正常部（非白化部）の表面形態（図 4.37b）と比較して，明らかに荒れた形態を呈していた．そこで，EDS を用いて元素分析を行った．その結果を SEM の高倍率写真と合わせて図 4.38 に示した．表面形態は両者で異なるものの，元素構成は炭素（C）・酸素（O）が主体であり，顔料由来のチタン（Ti）を合わせても，その強度比に差がなかった．一方，白化部をみると薄片状の形態が観察されており，かつクロスハッチ状のものもみられた（図 4.37a）．白化部・正常部それぞれを乾燥したガーゼでふき取り，そのガーゼをクロロホルムで抽出し，抽出物をガスクロマトグラフィー（GC）で分析した（図 4.39a, b）．白化部には特徴的な 2 本のピークをもつが，正常部（非白化部）には存在しない．材料に添加している添加剤のうち，帯電防止剤がこの特徴的な 2 本のピークをもつ（図 4.39c）ことから，帯電防止剤が薄片状の構造を形成していることがわかる．この帯電防止剤が熱処理温度付近に融点をもつため，結晶化が進行したと推察される．クロスハッチ状の薄片は結晶成長の痕跡と考えられる．

なお，この例での白化部位は成形品の特定部位に限定されており，白化の原因は成形過程でガス化した帯電防止剤が金型外に排出されず，成形品の特定部位の表面に過

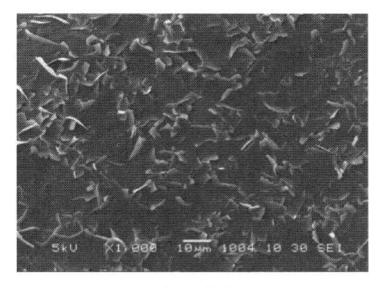

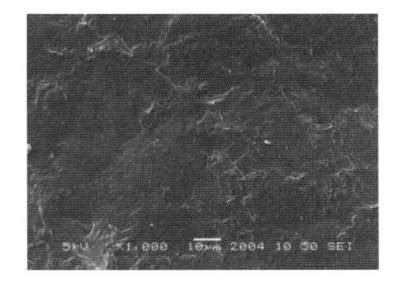

4.6 界面活性剤(帯電防止剤)の分析法

(a) 白化部   (b) 正常部(非白化部)

図 4.37 熱処理で発生した白化部位の SEM 観察[3]

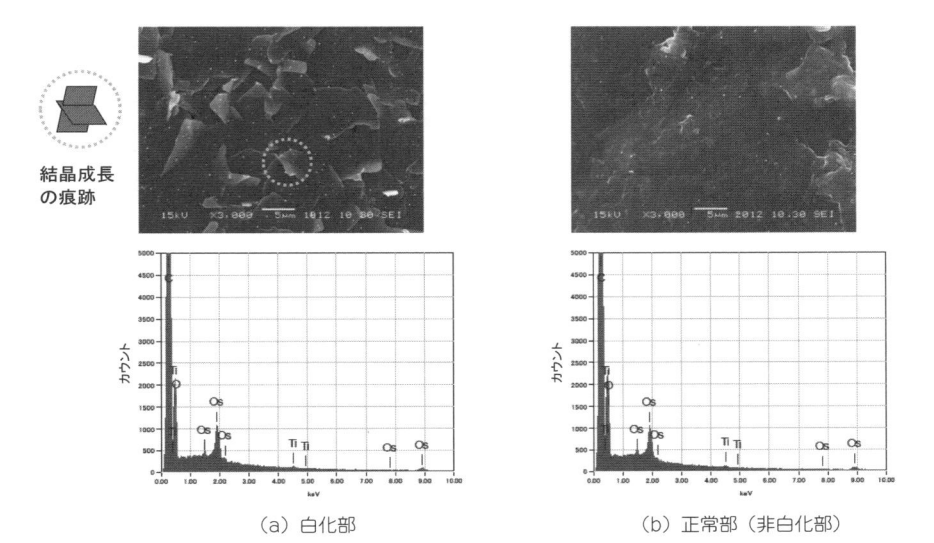

結晶成長
の痕跡

(a) 白化部   (b) 正常部(非白化部)

図 4.38 SEM-EDS による分析[4]. オスミウム (Os) は試料染色に使用した染色剤の成分.

剰に存在していることによる.ガスの抜けをよくした成形品では,熱処理後の白化が生じていない.また,熱処理後に帯電防止性能が発現していることから,所定量の帯電防止剤が表面にある場合には白化するような形態を生じないといえる.

b. ポリプロピレンフィルム中の帯電防止剤の分析:UV ラベル化 HPLC[4]

情報から非イオン系(アルコール系)帯電防止剤の使用が予想されたため,誘導体化(UV ラベル化)を行い HPLC 分析を実施した.まず,フィルムをクロロホルムで抽出し,溶液を蒸発乾固してから残さをピリジンに溶かし,UV ラベル化剤として少量の DNBC(3,5-ジニトロベンゾイルクロリド)を添加,65℃で 15 min 加熱して反応させ,液を HPLC 測定に供した.えられたクロマトグラムを図 4.40 に示す.

222   4. 各種添加剤の分析法

(a) 白化部

(b) 正常部（非白化部）

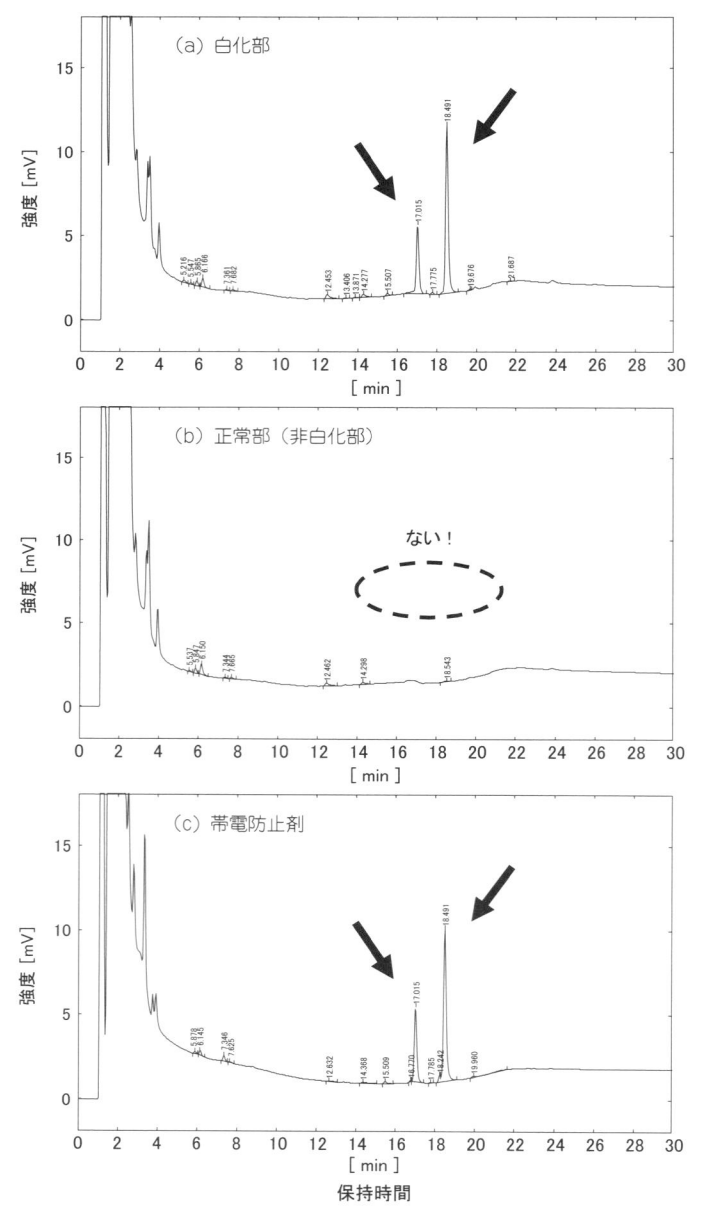

ない！

(c) 帯電防止剤

保持時間

図 4.39 ガスクロマトグラフィー（GC）による分析[5]

試　料：ポリプロピレンフィルムからの抽出物.
分離条件（逆相 HPLC）
　カラム：YMC-Pack A-311
　移動相：メタノール 0.017 mol L^{-1} リン酸（93：7）
① モノグリセリド
② アルキルジエタノールアミン

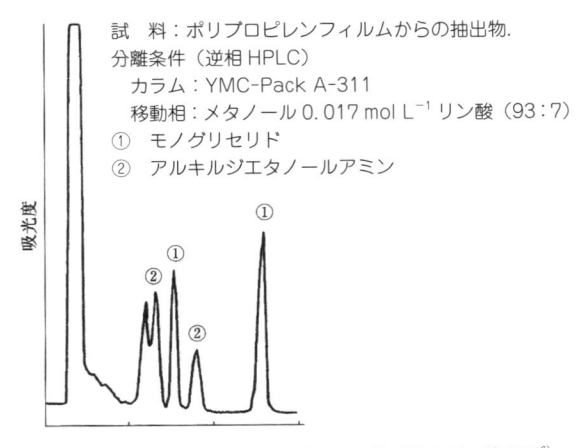

図 4.40 UV ラベル化 HPLC 法による帯電防止剤の検出例[6]

【西岡利勝・江崎義博】

参考文献
1) 春名　徹編：高分子添加剤ハンドブック，p.130，シーエムシー出版，2010.
2) 江崎義博：プラスチック中の添加剤分析，出光技法，48(2), 176, 2005.
3) 平野幸喜：実用プラスチック分析（西岡利勝，寶﨑達也編），p.545，オーム社，2011.
4) 平野幸喜：実用プラスチック分析（西岡利勝，寶﨑達也編），p.546，オーム社，2011.
5) 平野幸喜：実用プラスチック分析（西岡利勝，寶﨑達也編），p.547，オーム社，2011.
6) 高山　森：高分子分析（日本分析化学会編），p.167, 丸善，2013.
7) 春名　徹編：高分子添加剤ハンドブック，p.136，シーエムシー出版，2010.
8) 中村正樹：高分子添加剤の分離・分析技術，pp.107-108, 技術情報協会，2011.

4.7　滑剤の分析法

4.7.1　滑剤の構造

　滑剤は，成形時の流動性向上（内部滑剤）や金属との粘着防止，フィルムの滑り性，袋の開口性向上（外部滑剤）のため添加される．このような作用により，加工時の樹脂温度の上昇を抑制し，熱分解を抑制する効果も果たしている．
　滑剤は，その作用により外部滑剤と内部滑剤に分けられる．また滑剤は，一般的にその化学構造から①炭化水素系，②脂肪酸系，脂肪族アルコール系，③脂肪族アミド系，④金属石鹸系，⑤エステル系に分類される．代表的な炭化水素系滑剤を表 4.26 に示す．表 4.27 に代表的な脂肪酸系，脂肪族アルコール系滑剤を，表 4.28 に代表的な脂肪族アミド系滑剤を，表 4.29 に代表的な金属石鹸系滑剤を，表 4.30 に代表的なエステル

4. 各種添加剤の分析法

表 4.26 代表的な炭化水素系滑剤[2]

名 称	組 成	性 状	対象樹脂
流動パラフィン	アルキルナフテン炭化水素	無味, 無臭, 無色の液体	PVC
パラフィンワックス	n-パラフィン	融点 50～70℃, 無臭, 無色の固体	PVC
ポリエチレンワックス	低分子量ポリエチレン 部分酸化型ポリエチレン	軟化点 100～130℃, 白～乳白色の固体	PVC, PE, PP

表 4.27 代表的な脂肪酸系, 脂肪族アルコール系滑剤[2]

名 称	組 成	性 状	対象樹脂
ステアリルアルコール	$C_{18}H_{37}OH$	融点 55～66℃, 白色固体	PVC, ABS, EVA
ステアリン酸	$C_{17}H_{35}COOH$	融点 59～62℃, 白色固体	PVC, PS, EVA
12-ヒドロキシステアリン酸	$C_6H_{13}CH(OH)-C_{10}H_{20}COOH$	融点 74～75℃, 白色固体	PVC, PE, PP

表 4.28 代表的な脂肪族アミド系滑剤[3]

名 称	組 成	性 状	対象樹脂
ステアリン酸アミド	$C_{17}H_{35}CONH_2$	融点 100～105℃, 白色固体	PP, PE
オレイン酸アミド	$C_{17}H_{33}CONH_2$	融点 70～78℃, 白色固体	PP, PE
エルカ酸アミド	$C_{21}H_{41}CONH_2$	融点 76～85℃, 白色固体	PP, PE
メチレンビスステアリン酸アミド	$CH_2(NHCOC_{17}H_{35})_2$	融点 135～140℃, 白色固体	PVC, ABS, PS, AS
エチレンビスステアリン酸アミド	$C_2H_4(NHCOC_{17}H_{35})_2$	融点 140～145℃, 白色固体	PVC, ABS, PS

表 4.29 代表的な金属石鹸系滑剤[4]

名 称	組 成	性 状	対象樹脂
ステアリン酸カルシウム	$Ca(OCOC_{17}H_{35})_2$	融点 145～160℃, 白色固体	PVC, PP, PE, PTE, ABS, FRP
ステアリン酸亜鉛	$Zn(OCOC_{17}H_{35})_2$	融点 120～125℃, 白色固体	PVC, ABS, PS
ステアリン酸マグネシウム	$Mg(OCOC_{17}H_{35})_2$	融点 110～135℃, 白色固体	PVC, ABS, メラミン
ステアリン酸鉛	$Pb(OCOC_{17}H_{35})_2$	融点 110～120℃, 白色固体	PVC

4.7 滑剤の分析法

表 **4.30** 代表的なエステル系滑剤[5]

名　称	組　成	性　状	対象樹脂
硬化油		融点 85〜87℃，白色固体	PVC, ABS
ステアリン酸モノグリセリド	$C_{17}H_{35}COCH_2CH(OH)-CH_2(OH)$	融点 55〜63℃，白色固体	PVC
ステアリン酸ブチル	$C_{17}H_{35}COOC_4H_9$	融点 22〜24℃，透明無色液体	PVC, EVA, PS, ABS
ペンタエリスリトールテトラステアレート	$(C_{17}H_{35}COOCH_2)_4C$	融点 60〜70℃，白色固体	PVC, PC
ステアリルステアレート	$C_{17}H_{35}COOC_{18}H_{37}$	融点 52〜58℃，白色固体	PVC, ABS, MBS

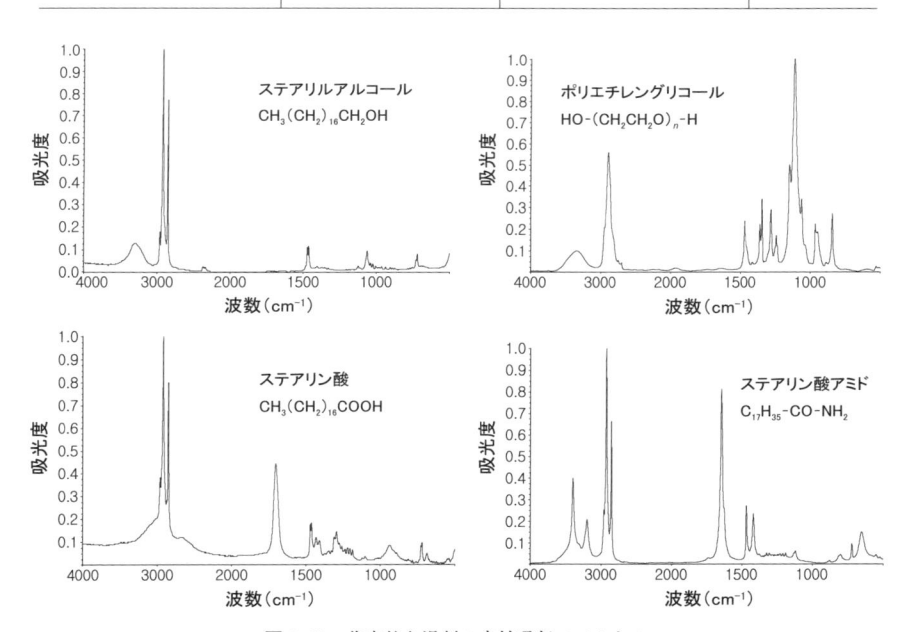

図 **4.41** 代表的な滑剤の赤外吸収スペクトル

系滑剤を示す[1]．

4.7.2 滑剤の分析法[6]

代表的な滑剤の IR スペクトルを図 4.41 と図 4.42 に示す．また代表的な滑剤のラマンスペクトルを図 4.43 に示す．脂肪族アミド系がよく使われる．

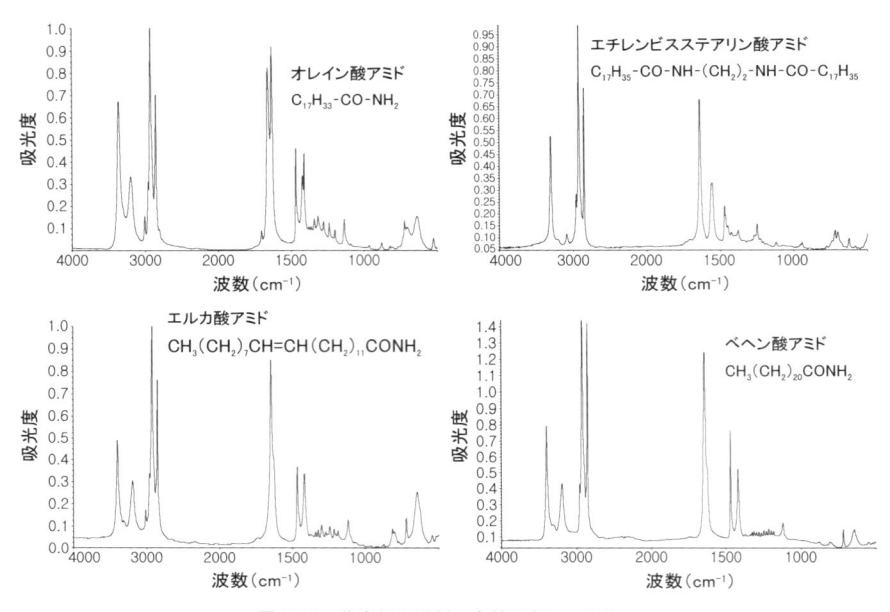

図 4.42　代表的な滑剤の赤外吸収スペクトル

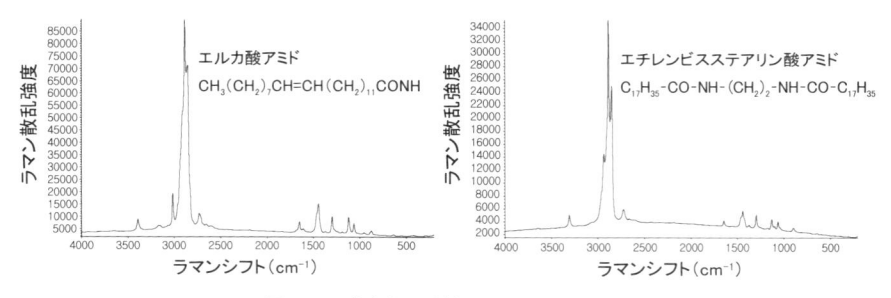

図 4.43　代表的な滑剤のラマンスペクトル

a. 脂肪酸第1アミド（エルカ酸アミド，オレイン酸アミドなど）

IR スペクトルでは 3180 cm^{-1}, 3350 cm^{-1} に NH 伸縮振動，1660 cm^{-1} に C=O 伸縮振動，1630 cm^{-1} に NH 変角振動に帰属されるバンドが観測される．脂肪酸アミドの脂肪酸の識別は 1360～1180 cm^{-1} 付近に観測される等間隔の小吸収帯の数で判別できないこともないが，GC や GC-MS で分析したほうが間違いは少ない．この等間隔の小吸収帯は鎖状メチレン連鎖の末端に極性グループのついた種々の化合物の固体に観測されるバンドであり，メチレン連鎖の長さに比例する．

GC 分析では，アルキル基の長さの違いにより保持時間が異なるので，アルキル基

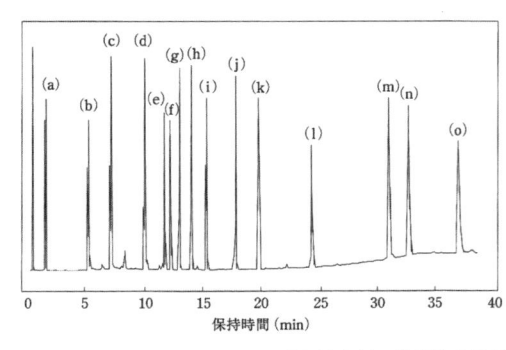

酸化防止剤：(a) BHT, (j) Irgafos 168, (k) Irganox 1076, (m) Irganox 565, (o) Irganox 1330, (l) Sumilizer TPM, (n) Sumilizer TPS.
紫外線吸収剤：(e) Tinuvin 326, (f) Tinuvin 327, (h) Tinuvin 120, (i) Tinuvin 770.
滑　剤：(b) パレミチン酸, (c) ステアリン酸, (d) オレイン酸アミド, (g) エルカ酸アミド.

図 4.44　代表的な酸化防止剤, 紫外線吸収剤, 滑剤の GC クロマトグラム[7]

の長さの定性ができる．図 4.44 に代表的な滑剤の GC クロマトグラムを示す．

MS 分析では，$CH=C(OH)-NH_2^+$ のフラグメントイオンによる質量数 59 の特徴的なピークがみられ，72 にもピークがみられる．飽和脂肪酸アミドと不飽和脂肪酸アミドの違いも細かくみればわかる（不飽和脂肪酸アミドのほうが質量数 55 のピーク強度が強い）．

b.　脂肪族第 2 アミド（エチレンビスステアリン酸アミドなど）

エチレンビスステアリン酸アミドなどの第 2 アミドは IR スペクトルで，3300 cm^{-1} （NH 伸縮振動），1640 cm^{-1}（C=O 伸縮振動），1550 cm^{-1}（NH 変角振動）のバンドが観測される．ステアリン酸 n-ブチルのようなエステル系は，1740 cm^{-1}, 1175 cm^{-1} にエステルに由来するバンドが観測される．

GC 分析ではクロロホルム抽出液を冷却すると析出するため（この析出物の IR 分析でもわかる），高温でろ過し，高温で GC 分析に供する．

c.　金属石鹸（ステアリン酸カルシウムなど）

ステアリン酸カルシウムは分散剤や中和剤としても使用されるが，有機溶剤には溶解しにくく，熱メタノールで抽出し室温で沈殿したものを分離し IR 分析する．1580 cm^{-1}, 1540 cm^{-1} に C=O に帰属されるバンドが観測される．

GC 分析では，酸（0.5 N 塩酸）で分解し，脂肪酸にして抽出しシリル化 GC で分析する．元素分析として，原子吸光，蛍光 X 線などで Ca や Zn などの金属成分の存在（$CaCO_3$ などがあると分析できない）を測定し，Ca 量などで換算しステアリン酸カルシウムなどの定量も行う．

【西岡利勝・江崎義博】

参考文献
1)　春名　徹編：高分子添加剤ハンドブック，p.138，シーエムシー出版，2010.
2)　春名　徹編：高分子添加剤ハンドブック，p.140，シーエムシー出版，2010.
3)　春名　徹編：高分子添加剤ハンドブック，p.141，シーエムシー出版，2010.

4) 春名　徹編：高分子添加剤ハンドブック，p.142，シーエムシー出版，2010.
5) 春名　徹編：高分子添加剤ハンドブック，p.143，シーエムシー出版，2010.
6) 江崎義博：プラスチック中の添加剤分析，出光技法，48(2)，2005.
7) 西岡利勝，實崎達也編：実用プラスチック分析，オーム社，2011.

4.8　加硫剤，加硫促進剤の分析法

　加硫ゴム製品は，ポリマーも単一ではなく，数種が混合されて使用されることも多い．さらに充填剤など種々の添加剤を混練し，加硫（架橋）することによって，さまざまな性能を発揮する製品となる．

　加硫ゴムは，加硫による三次元架橋のため溶媒に不溶で，さらに補強性を高める目的で配合されたカーボンブラックのため，光の透過性も制限され，赤外分光法を始めとする分光分析などを行ううえで制約を受けてしまうことが多い．また，ゴム配合剤のなかには混練，架橋工程で化学変化を起こすことによってその機能を発揮するものも少なくないので，分析対象は必ずしも配合剤そのものではなく反応生成物が分析対象となることもある．したがって，加硫ゴムの分析を行う場合は，これらの特徴を十分考慮して分離を行う必要がある．図 4.45 に加硫ゴムの系統的組成分析のスキームを示す．個別のゴムについては日本分析化学会高分子分析研究懇談会編の「高分子分析ハンドブック」（朝倉書店）に記載されている．そのほかゴムの分析法についての成書[1]〜[4]をあげるので参考にされたい．

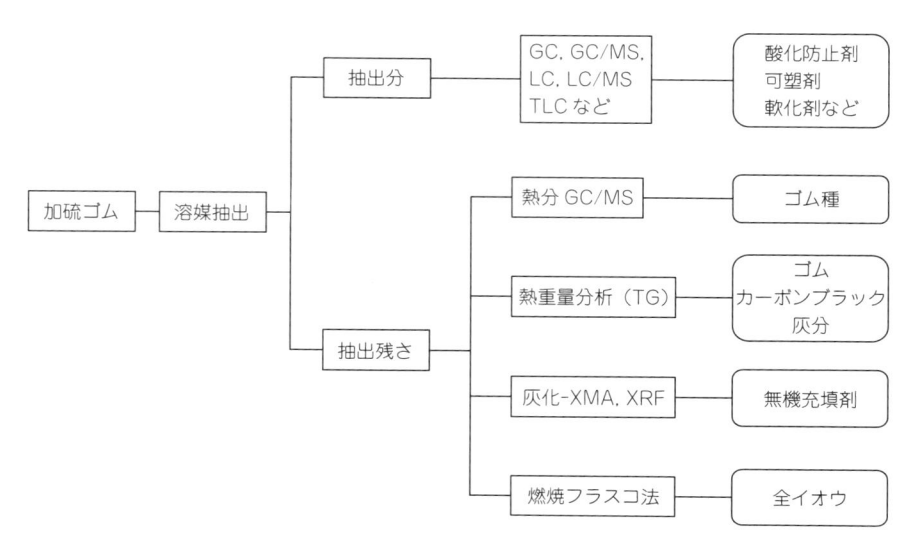

図 4.45　加硫ゴムの系統的組成分析のスキーム[5]

4.8.1 加硫剤の分析法[5]

加硫剤としてはイオウが最も多く用いられ，次いで有機過酸化物が用いられる．また，クロロプレインゴム（CR）や，クロロスルホン化ポリエチレン（CSM）などには，亜鉛華（ZnO），酸化マグネシウムなどの金属酸化物やウレア系化合物が用いられる．加硫剤はゴム中で反応してポリマーに結合したり，構造が変化したりするため，分析は困難になる場合が多い．最もよく用いられる加硫剤はイオウであるので，以下にイオウの分析法について詳述する．

a. 全イオウの定量分析法

加硫ゴム中の全イオウの定量方法として，JIS（JIS K 6233）では酸素燃焼フラスコ法，過酸化ナトリウム融解法，電気炉燃焼法が規定されている．よく用いられるのは酸素燃焼フラスコ法で，試料を酸素中で燃焼しイオウを硫酸イオンとして過酸化水素水に吸収し，これをトリンを指示薬として，過塩素酸バリウム溶液で滴定する方法である．充填剤として炭酸カルシウムを含有する試料は，燃焼時に不溶性の硫酸カルシウムが生成するので，これを可溶化するために吸収液に過酸化水素/塩酸溶液を使用する．必要に応じて（鉛，アンチモン，亜鉛，バリウムおよびカルシウム化合物が存在する場合），滴定前に陽イオン交換カラムを用いて妨害金属イオンを除去する．

硫酸イオンをイオンクロマトグラフィー（IC）により定量する方法や，ゴム試料片をそのまま元素分析計で分析する方法もある．全イオウ量にはプロセス油（軟化剤），カーボンブラック，イオウ含有加硫促進剤などのイオウ分も含まれるので，配合イオウ量を求めるには，ある程度の許容幅をもたせなければならない．経験的に，分析により求めた全イオウ量から軟化剤およびカーボンブラック含量の 0.5% を減じて算出する場合もある．

b. 遊離イオウの定量法

配合時に添加したイオウは加硫工程を経て，すべてが架橋に関与するわけではなく，微量ではあるがそのままゴム中に残るものがある．これを遊離イオウとよび，この量は配合したイオウがどの程度有効に架橋を形成したかの目安となる．遊離イオウはゴム分子鎖に結合していないイオウであるので，これを定量するには架橋したゴムから遊離イオウを単離しなければならない．遊離イオウを単離する方法として JIS（JIS K 6234）では臭素法，銅網法，亜硫酸ナトリウム法の3つが定められている．また，簡便な方法として，架橋ゴムをアセトンまたはテトラヒドロフラン（THF）抽出し，サイズ排除クロマトグラフィー（SEC）で定量する方法がある．THF を移動相とし，低分子量分析用ポリスチレンゲルカラムで分離を行うと，遊離イオウはカラムとの相互作用により最後に溶出する．UV 検出器を用いると非常に感度よく分析することができる．

表 4.31　加硫促進剤の分解生成物[11]

加硫促進剤種	加硫による変化	酸加水分解生成物
チアゾール系	チアゾール類混合物	ベンゾチアゾール
スルフェンアミド系	チアゾール＋アミン	ベンゾチアゾール，アミン
グアニジン系	変化なし	グアニジン
チオウレア系	チオウレア and/or ウレア	アミン
チウラム系	ジチオカルバミン酸塩	二硫化炭素，アミン
ジチオカルバミン酸塩	変化なし	二硫化炭素，アミン

4.8.2　加硫促進剤の分析[5]

　加硫促進剤は加硫反応の過程で，その大部分が分解するか別の化合物に変化する．残存している加硫促進剤を分析することによって配合された加硫促進剤を同定できる場合もあるが，一般には加硫反応後の生成物から元の加硫促進剤を推定する．

　スルフェンアミド系，チアゾール系，チウラム系，ジチオカルバミン酸塩（ジチオカルバメート系），促進剤は酸で処理すると，二硫化炭素（CS_2）アミン，メルカプトベンゾチアゾール（MBT），および金属を生成するので，これらを定性することにより元の促進剤を推定する[6]．表4.31に各種加硫促進剤からの加水分解生成物を示す．

　化学処理を行わず，加硫ゴムをポリマーの分解温度より低い温度で熱分解し，有機アルカリ試薬共存化での反応熱分解を用いた手法[7]や，パージアンドトラップ法などで揮発成分をトラップ管（吸収剤）に捕集して濃縮し，各種チアゾール系の加硫促進剤の定性分析を行った例もある[8]．

　加硫反応時の熱履歴により分解してしまう加硫促進剤は，加硫ゴムでは分解生成物を分析対象とするのに対し，未加硫ゴムでは分解前の添加剤を対象とすることができる．加硫促進剤は熱的に不安定なので，未加硫ゴムからの抽出は室温で浸漬抽出する．ゴム分の溶解を防ぎながら抽出効率を高めるため，抽出溶媒にはエタノール/トルエン，アセトン/THFのようなゴムに対する良溶媒と貧溶媒の混合溶媒が用いられる．液体クロマトグラフィー条件には，ODS系カラムを用いた逆相クロマトグラフ法が一般的で，溶媒系としては例えば水/THF系でのグラジエント法があげられる．

　そのほか，加硫促進助剤として使用されるステアリン酸は，加硫過程で酸化亜鉛と反応してステアリン酸亜鉛となり，全量を溶媒で抽出するのは困難である．塩酸/アセトン，塩酸/メタノール，硫酸/メタノール溶液による熱時抽出後メチルエステルなどに誘導体化し，GC/MSにより分析する．

4.8.3　DART-TOFMSによる加硫促進剤の分析[9]

a.　エピクロルヒドリンゴム加硫成形品表面のブルーム物分析

　ゴム製品は，加硫剤，加硫促進剤，酸化防止剤など，さまざまな添加剤を配合して

4.8 加硫剤,加硫促進剤の分析法

表 4.32 サンプルゴム配合

ポリマー種	エピクロルヒドリンゴム
加硫剤 加硫促進剤	イオウ,TET,TS (TET,TS は等量配合)
補強剤	カーボンブラック
その他の添加剤	ZnO,ステアリン酸,$CaCO_3$,酸化防止剤

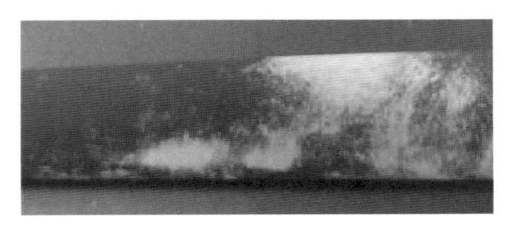

図 4.46 サンプルゴム表面のブルームの状態

N,N,N',N'-Tetraethylthiuram disulfide (TET)

N,N,N',N'-Tetramethylthiuram sulfide (TS)

Zinc diethyldithiocarbamate (EZ)

Zinc dimethyldithiocarbamate (PZ)

図 4.47 加硫促進剤の構造式

成形するが,添加剤の添加量や保管雰囲気によってこれらの添加剤や反応生成物などがブルーム(析出)する.このブルーム物は,製品機能低下の要因となる場合があるため,ブルーム物を定性定量することはゴム配合設計においては非常に重要である.

ブルーム物の分析では元素分析と FT-IR 分析が一般的であるが,混合物の場合は

微量成分を見落とす場合がある．溶剤分離や再沈などの前処理も有効であるが，微量成分のために消失してしまう可能性があり，不溶性の場合は前処理を行えないという難しさがある．これらの問題を解決する手法として，DART-TOFMS（direct analysis in real time-time of flight mass spectrometer）を用いたブルーム物の直接分析法を検討した．

表4.32にサンプルゴム配合を示す．このサンプルゴムを加硫成形したゴムからブルームした物を試料とした．図4.46にサンプルゴム表面のブルームの状態を示す．ブルーム物は白色であった．図4.47に加硫促進剤の構造式を，また図4.48に加硫促進剤の反応式の一例を示す．TS，TETなどのチウラム系加硫促進剤は，イオウ，酸化亜鉛とともに加硫反応が進行する[10]．これらの加硫促進剤添加量が過多であった場合，ブルーム物は，加硫促進剤そのものか反応副生成物の可能性があると推測される．

次に図4.49にブルーム物および加硫促進剤のFT-IRスペクトルを示す．加硫促進剤標準品をFT-IR（ATR法）にて測定したところ，それぞれ異なるIRスペクトルが観測された．ブルーム物は主としてPZと判断できるが，ほかの微量成分の含有有

図4.48 加硫促進剤の反応

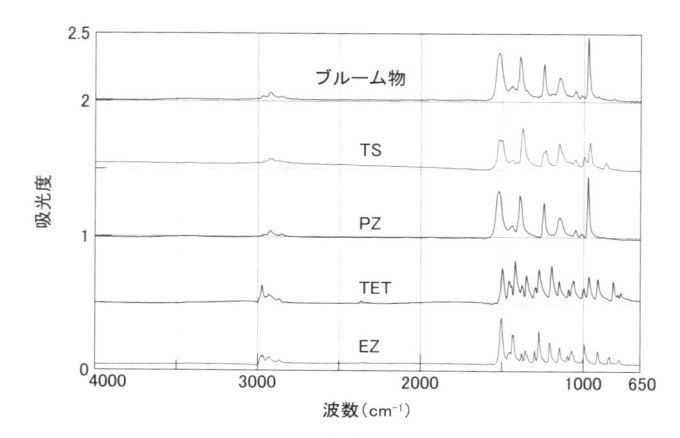

図4.49 ブルーム物および加硫促進剤のFT-IRスペクトル

4.8 加硫剤,加硫促進剤の分析法

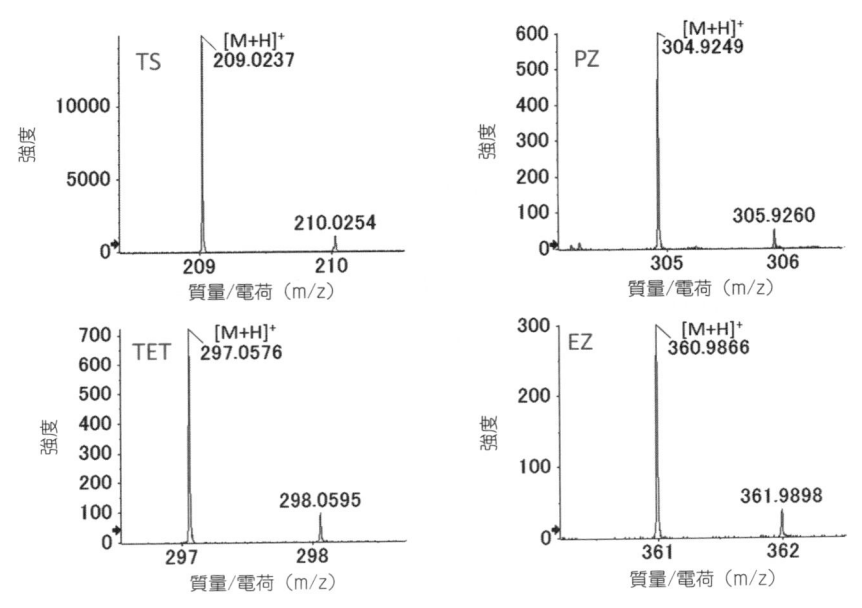

図 4.50 加硫促進剤標準品の DART-TOFMS による TOFMS スペクトル

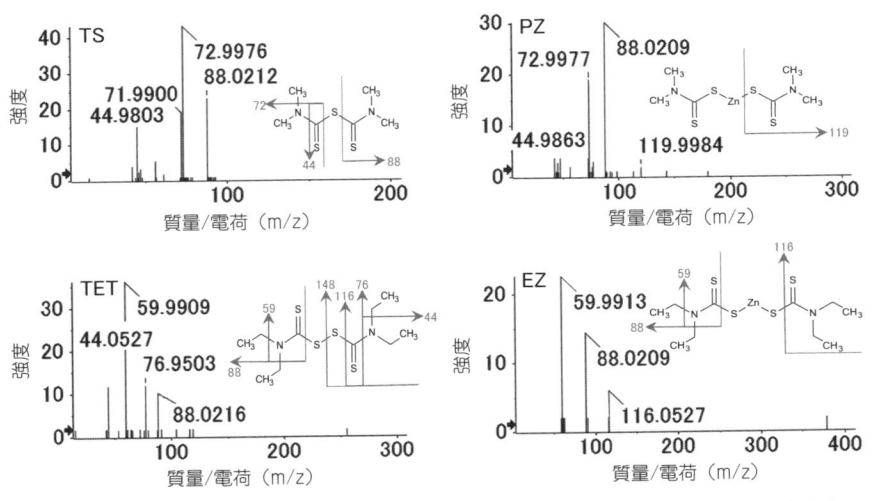

図 4.51 DART-TOFMS による各加硫促進剤の水素付加体をプリカーサーイオンとしたときの MSMS スペクトル

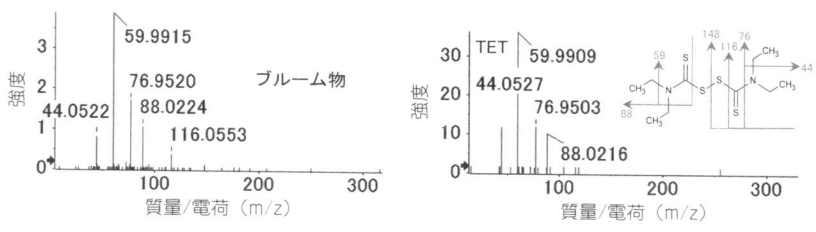

図 4.52 DART-TOFMS による TET 水素付加体をプリカーサーイオンとしたときの MSMS スペクトル（左図：ブルーム物，右図：TET 標準品）

無を判断できない．

図 4.50 に加硫促進剤標準品の DART-TOFMS による TOFMS スペクトルを，図 4.51 に DART-TOFMS による各加硫促進剤の水素付加体をプリカーサーイオンとしたときの MSMS スペクトルを示す．加硫促進剤標準品が，それぞれ水素付加体（TS：m/z 209.02，TET：m/z 297.06，PZ：m/z 304.92，EZ：m/z 360.99）として観測でき，各フラグメントも良好に帰属できたことから，加硫促進剤の分析に DART-TOFMS が有効であることがわかった．次に，ブルーム物を測定したところ，主として PZ の水素付加体が観測された．

その他の加硫促進剤の含有有無調査として，TS，TET，EZ の水素付加体をプリカーサーイオンとしたときの MSMS スペクトルを測定したところ，ブルーム物より TET の水素付加体のみ観測された．図 4.52 に DART-TOFMS による TET 水素付加体をプリカーサーイオンとしたときの MSMS スペクトルを示す．

DART-TOFMS 分析より，ブルーム物中の加硫促進剤として PZ，TET が含有しており，TS，EZ は含有していないことが明らかとなった． 【西岡利勝・竹井千香子】

参考文献
1) M. J. R. Loadman：Analysis of Rubber and Rubber-like Polymers, 4th Ed., Kluwer Academic Publishers, 1998
2) 日本ゴム協会編：ゴム工業便覧 第 4 版，日本ゴム協会，1994．
3) 日本ゴム協会編：新版ゴム技術の基礎，日本ゴム協会，1999．
4) 日本ゴム協会編：ゴム試験法 第 3 版，丸善，2006．
5) 加藤信子：高分子添加剤の分離・分析技術，p.173，技術情報協会，2011．
6) Patel et. al., 103rd Meeting of rubber div., ACS, Paper, No.21, 1973.
7) 伊藤芳郎ほか：第 1 回高分子分析討論会講演要旨集，I-19, 1996．
8) 大栗直毅：日本ゴム協会誌，**67**, 768, 1994．
9) 竹井千香子：第 18 回高分子分析討論会講演要旨集，I-03, 2013．
10) P. Ghosh, S. Katare, P. Patakar, J. M. Caruthers, V. Venkatasubramanian, K. A. Walker：*Rubber. Chem. Tech.*, **76**, 529, 2003.
11) 加藤信子：高分子添加剤の分離・分析技術，p.178，技術情報協会，2011．

4.9 カーボンブラックおよびフィラー（無機充填剤）

4.9.1 カーボンブラック[1)]

カーボンブラックは、無定形炭素質からなる微粒子で、天然ガス、石油系重質油などの不完全燃焼、あるいは熱分解によってつくられ、その製造方法によって、チャンネルブラック、ファーネスブラック、サーマルブラックに分けられる。

カーボンブラックは、ゴム配合剤としては補強材として用いられることが多いが、プラスチック用としては着色、紫外線劣化防止、導電性付与など多様な目的で用いられる。着色用としては通常、13～30 nmと微粒子径のファーネスブラックが、紫外線劣化防止用としては粒子径16～60 nmの銘柄が、また、導電性付与の目的ではアセチレンブラック、ファーネスブラックのほか、導電性用の特殊ブラックとしてケッチェンブラックが用いられる。カーボンブラックの種類と用途の詳細については、参考書[2)]を参照されたい。

a. カーボンブラックの定性

カーボンブラックは種類も多くその基本特性もさまざまであるので、その種別を詳細に判定するのは容易ではないが、通常は、配合物からカーボンブラックを回収して一次粒径やストラクチャーとよばれるアグリゲートの形状からカーボンブラックの種類を判定することが多い。

乾留‐電子顕微鏡観察法では細断した試料を窒素気流中で乾留し、ポリマーなどの有機成分を熱分解により除去する。試料から凍結切片法により10～15 μmの厚さに薄片をミクロトームで切り出し、切片を減圧下で700℃に加熱する方法もある[3)]。残留物を溶媒に分散させ、電子顕微鏡観察用のメッシュにすくい取り透過型電子顕微鏡で観察する。有機物の炭化物が存在する場合などは判定を慎重に行わなければならない。

カーボンブラックの種類により燃焼特性がわずかに異なることを利用して、後述する熱重量分析（TGA）法による加熱重量曲線のカーボンブラックの減量に相当する量の15%が減量したときの温度（T_{15}）によりカーボンブラックの種類を判定する方

表4.33 おもなカーボンブラックの T_{15} [4)]

種　類	粒子径（nm）	T_{15}
HAF	26～30	534～546
FEF	40～48	558～577
SRF	61～100	567～586
MT	201～500	618～624

法もある[4]．表4.33に代表的なカーボンブラックのT_{15}を示す．ポリマーの炭化物が存在する場合は，T_{15}にバラつきが生じる．また，カーボンブラックが2種類以上併用されている場合には，それぞれのT_{15}を示さず，両者の中間のT_{15}を示すため判定は難しい．

b. カーボンブラック定量法

プラスチック中のカーボンブラックに関する一般的な定量法のJIS規格はなく，いくつかの製品規格のなかに含有量の求め方，カーボン濃度試験法が定められている．カーボンブラックの含有量の求め方を定めている規格の例を表4.34に示す．

一般に，ポリエチレンなどの炭化水素系のプラスチックで無機充填剤を含まない場合には，窒素気流中でポリマー成分を熱分解し，残存物の重量をカーボンブラック量とする．無機充填剤を含む場合には，その後，空気または酸素中でカーボンブラックを燃焼させて灰化し，それぞれの重量差から求める．いずれも，プラスチックがハロゲンや窒素を含む場合は窒素気流中で加熱したさいにポリマーの炭化物を生じ，無機充填剤に炭酸カルシウムを含む場合には加熱により脱炭酸するため，カーボンブラック含有量を正確に求めることは難しい．代表的な定量法の概要を以下に示す．

1) 一般用ポリエチレン管のカーボン濃度試験方法（JIS K6761付属書6）：本法は，一般用ポリエチレン管のカーボン濃度試験について規定されたもので，細かく砕いた試料をJIS R1306に規定する燃焼ボートに1.0 ± 0.1g測りとり（W_s），毎分1.7 ± 0.3Lの窒素ガス気流中で10分後に350℃，20分後に450℃にし，30分かけて500℃まで徐々に昇温して15分間500℃を保持する．デシケータ中で30分間放冷後質量を測り（W_r），カーボンブラック含有量CB（％）を次式で求める．

$$CB = W_r \frac{100}{W_s}$$

2) ISO 6964による方法：本法はポリオレフィン管および継手のカーボンブラック含有量の求め方を規定したもので，JISではK6813が相当する．約1gの試料を精秤して（m_1）試料ボートにのせ，あらかじめ550 ± 50℃に加熱した規定の円筒形電気

表4.34 プラスチックのカーボンブラック定量法のあるJISの例

JIS No.	
K6813	ポリオレフィン管および継手—灰化および熱分解によるカーボンブラック含有量の求め方
K6761	一般用ポリエチレン管
K6762	水道用ポリエチレン二層管
K6774	ガス用ポリエチレン管
K6775-1	ガス用ポリエチレン管継手—第1部：ヒートヒュージョン継手

炉の入り口近くにおく．窒素を毎分 200 cm³ で 5 分流したのち，試料を炉の中央におき，毎分 100 cm³ の窒素気流中で約 45 分間熱分解を行う．その後ボートを炉の冷えた場所に移し，さらにデシケータ中で放冷後質量を測定する（m_2）．次に試料ボートをマッフル炉に入れ，900±50℃でカーボンブラックの痕跡がなくなるまで灰化する．デシケータ中で冷却しその質量を測定する（m_3）．カーボンブラック含有量 CB（％）は，次式で求める．

$$CB = (m_2 - m_3) \frac{100}{m_1}$$

以上の方法のほかプラスチックについては規定がないが，(B) 法と同じ原理に基づいて熱天秤を用いてゴム中のカーボンブラックを定量する方法がある．試料量が 10 mg 程度と少なく簡便かつ短時間で測定できることから，ゴムではよく利用されているので，参考までに以下に概要を述べる．

3) 熱重量分析（TGA）法： これは加硫ゴムおよび未加硫ゴム中のカーボンブラックを定量する方法で，JIS K6226 に規定されている．K6226-1 はブタジエンゴム，エチレンプロピレンゴム，イソプレンゴム，スチレンブタジエンゴムのような炭化水素系ゴムの規定である．試料を窒素雰囲気で，10℃/min の昇温速度で 300℃ まで昇温し 10 分間保持後，20℃/min で 550℃ まで加熱，15 分間保持後できるだけ速やかに 650℃ に上げ 15 分間または質量曲線が一定値を示すまで保持する．その後，いったん 300℃ 以下まで冷却してから空気雰囲気に切り換えて，650℃ まで昇温する．炭酸カルシウムを含む場合には，昇温条件を変えてカーボンブラックと炭酸カルシウムの脱炭酸を識別する．K6226-2 にはアクリロニトリルブタジエンゴム，ハロゲン化ブチルゴムに対する方法が規定されている．プラスチックの場合はポリマーの種類も多く，含有量が少ない場合も多いので，適用には十分な注意を払い，適切な昇温条件をみつけることが望ましい．図 4.53 に TGA による加熱減量曲線の模式図を示す．

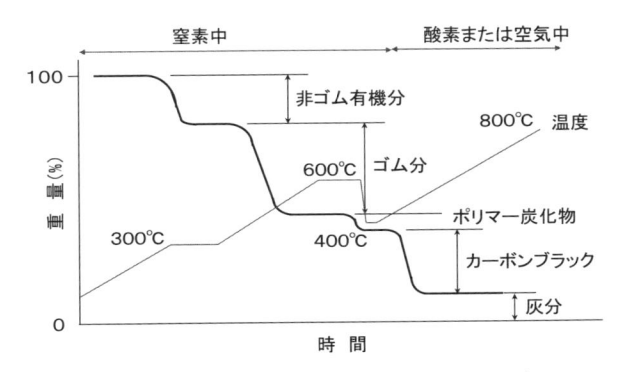

図 4.53 熱重量測定による加熱減量曲線の模式図[1]

4.9.2 フィラー（無機充填剤）[1]

フィラーは，一般にプラスチックの強度向上や，コストダウンを目的として添加されることが多い．フィラーの種類，添加量はプラスチックの性質を大きく左右するため，製品の性能を把握する上でフィラーの定性，定量を行うことは非常に重要である．また，フィラーの分散状態も製品の性能に大きな影響を与える．

プラスチック用フィラーは，大別すると，炭酸塩系（炭酸カルシウム），硫酸塩系（硫酸バリウム），ケイ酸塩系（シリカ，ケイ藻土，ゼオライト，タルク）などに分けることができる．ほかに金属，金属酸化物，ガラス繊維，カーボン繊維なども使われる．

また近年は，フィラーをナノオーダーで分散させたほうが物性を大きく向上できると考えられており，ナノサイズのフィラーとして，従来品をナノサイズ化したものやCNTなども多くの分野で使われ，これまでにない機能を発現させている．

フィラーの分析手順は，一般には分離→同定→定量という流れであるが，プラスチックの種類，フィラーの種類，フィラーの配合量によっては，分離を必要としない場合もある．一般的な手順を図4.54に示す．TGAや電気炉などによる灰化においては，灰化中にフィラーが変化する場合があるため注意が必要である．フッ素や塩素な

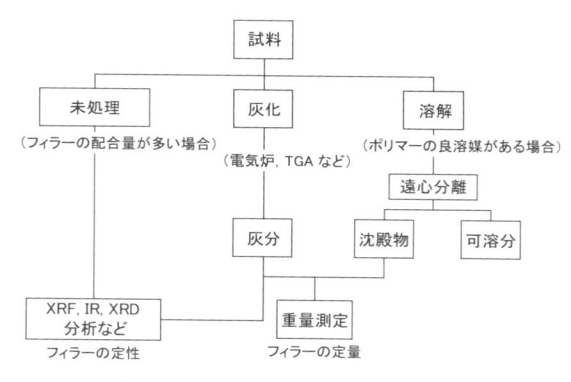

図 4.54 フィラーの一般的な分析手順[1]

表 4.35 プラスチックのフィラー定量法のある JIS の例

JIS No.	
K7250-1	プラスチック―灰分の求め方―第1部：通則（解説収録）
K7250-2	プラスチック―灰分の求め方―第2部：ポリアルキレンテレフタレート
K7250-4	プラスチック―灰分の求め方―第4部：ポリアミド
K7040	プラスチック配管系―ガラス強化熱硬化性プラスチック（GRP）部材―質量法による組成の求め方

4.9 カーボンブラックおよびフィラー（無機充填剤）　239

表 4.36 おもなプラスチックに添加されるフィラーの種類および定性，定量方法[1]

プラスチックの種類	添加目的	おもな添加剤	添加量	定性，定量方法
ポリスチレン系	着色剤，補強剤，電気特性向上剤	金属化合物	数%以上	600〜700℃で灰化後重量分析．灰分または樹脂そのものをXRF分析
ポリ塩化ビニル系	コストダウン，改質，燃焼時の塩化水素ガス捕捉	炭酸カルシウム	10〜100 phr	THF溶解後，遠心分離し沈殿物を重量分析．IR, XRD測定
フッ素樹脂系	強度向上	ガラス繊維，カーボン繊維，カーボン，グラファイト，ブロンズ，MoS_2, TiO_2, Fe_2O_3, Fe_3O_4	—	XRF, XRDで同定．燃焼後の残さより含有量を求める．窒素気流中で熱分解しても発生するフッ化水素と無機充填剤が反応し，ブロンズ，鉛化合物，炭酸カルシウム，酸化チタンは変化する．
メタクリル樹脂系	光拡散制御，光線透過率制御	シリカ，酸化チタン，水酸化アルミニウム，水酸化バリウム	0.1〜1	XRF, IR測定
ポリアミド系	補強剤	ガラス（繊維，粉末，ビーズ），雲母，タルク，酸化チタン，炭素繊維，金属繊維	10〜30	前処理なしで直接IR測定．フェノール，ギ酸，フッ素系溶媒に溶解後，遠心分離した残さ，またはTGAなどで分解した残さをXRF, IR, XRD測定．原子吸光，ICPで金属元素の定量
ポリカーボネート	改質	ガラス繊維，カーボン繊維，金属フレーク，カーボンブラック	—	PC成分を溶解や加水分解によって除去，あるいは灰化して充填剤を単離．ガラス繊維の場合はそのまま放射線により測定時間2分で測定できる市販機器，あるいは比重法で簡易に求める．カーボンブラックや金属粉の場合は溶解希釈して，その濁度や光散乱より含有量を求める．
不飽和ポリエステル系硬化樹脂	表面性能，剛性向上，コストダウン	炭酸カルシウム，水和アルミナ，硫酸バリウム，タルク，マイカ，ガラス繊維	100〜200 phr	未硬化樹脂は，アセトン，クロロホルムなどで溶解後，ろ過や遠心分離でフィラーを分離し，XRD測定
				硬化樹脂は，灰化後，灰分を酸不溶分（ガラス繊維，アルミナ，シリカ，マイカ）と酸に可溶な充填剤を分離し，XRD, XRF, EPMA, ICP測定
フェノール樹脂硬化物	補強剤	ガラス繊維，シリカ，タルク	—	XRF, 加熱残分のXRD, SEM-EDX測定

どハロゲンを含むプラスチックの場合は，フィラーがハロゲン化物となる．また，カーボンブラックの項でも述べたが，フィラーが炭酸塩の場合は温度によっては脱炭酸が起きる．

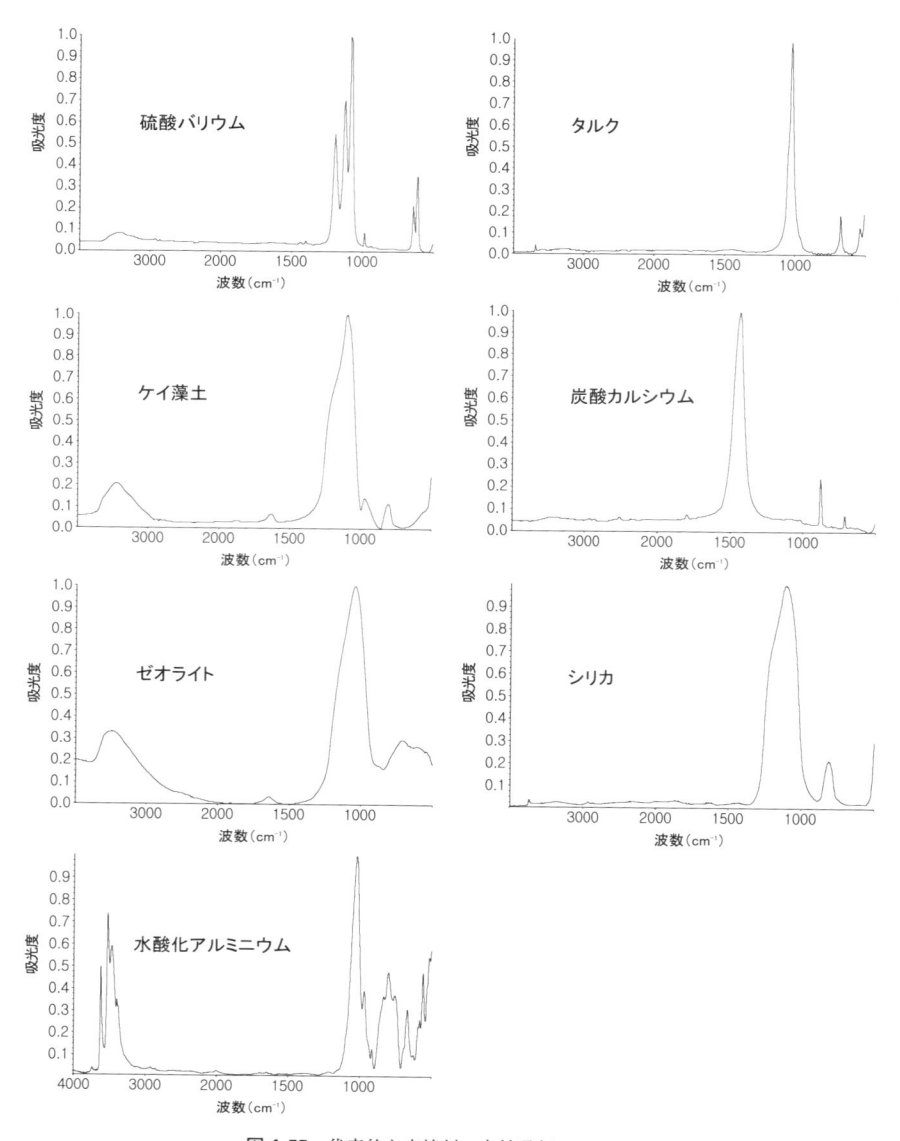

図 4.55　代表的な充填剤の赤外吸収スペクトル

プラスチックのフィラー定量法に関するJIS規格を表4.35に示す．K7250-1は，ISO3451-1を翻訳し作成したものである．有機材料の灰分の求め方には次の3つの方法がある．

① 直接灰化法：有機材料を燃焼し，その燃焼残さを高温で恒量になるまで加熱する方法（A法）．
② 硫酸塩化後灰化する方法（2つの異なる方法）：
②-1 燃焼後硫酸で処理する方法（B法）：これは，"硫酸塩化された灰分"をえる一般的な方法である．
②-2 燃焼前に硫酸で処理を行う方法（C法）：これは，有機材料の燃焼中に気化性のハロゲン化金属が揮発する場合に用いる．また，シリコーン樹脂またはフッ素を含むポリマーには適用できない．

おもなプラスチックに添加されるフィラーの種類および定性，定量方法を表4.36に示す[5]．また，代表的なフィラーのIRスペクトルを図4.55に示す．炭酸塩系は1450～1410 cm^{-1}付近に，硫酸塩系は1130～1080 cm^{-1}付近に，ケイ酸塩系は1100～900 cm^{-1}付近に非常に強い吸収があるのが特徴である．金属酸化物は800 cm^{-1}より低波数領域にブロードな吸収をもつ．定性においては，いずれもXRFなどによる元素分析やXRDの結果などを合わせ，総合的に判断することが重要である．

【西岡利勝】

参考文献
1) 加藤信子，原田美奈子：実用プラスチック分析（西岡利勝，寳﨑達也編），pp. 513-519，オーム社，2011.
2) カーボンブラック協会編：カーボンブラック便覧 第3版，カーボンブラック協会，1995.
3) D. C. McDonald and W. M. Hess：*Rubber Chem. Technol.*, **50**, 842, 1977.
4) R. Pautrat and B. Metivier：*Rubber Chem. Technol.*, **49**, 1060, 1976.
5) 日本分析化学会高分子分析研究懇談会編：高分子分析ハンドブック，朝倉書店，2008.

5

高分子材料成形品の添加剤状態分析

5.1 赤外・ラマン分光法による添加剤状態分析

　高分子材料成形品表面のブリード，スジ，表面荒れ，着色および異物などの外観不良現象の解明には，表面・局所分析（微小部分析）が威力を発揮する．表面・局所分析の手法としては，顕微赤外分光法，顕微ラマン分光法，飛行時間型二次イオン質量分析法（TOF-SIMS）および電子顕微鏡（SEM-EDX）などが使用されている．表5.1に高分子材料成形品の表面・界面，微小部分析のおもな手法をまとめた[1]．
　高分子材料成形品の局所（微小部）分析試料の大きさや，分析個所の存在状態および分析情報として何が必要かによって使用する分析機器を選択すべきである．

5.1.1　ポリプロピレン系自動車材料表面の添加剤状態分析

　ポリプロピレン（PP）は飽和炭化水素のみからなるリサイクル利用や軽量化に適した省資源型樹脂であり，世界で最も多量に使用されている樹脂のひとつである．PPは大きく3種類に分類される．プロピレン単独のホモポリマー，少量のエチレンあるいはブテンと共重合したランダム共重合体およびプロピレンを単独重合したあとでエラストマー状のエチレンとプロピレンの共重合体を反応したブロック共重合体である．ホモポリマーは剛性と耐熱性が高く，透明性に優れているのでフィルムや繊維に多く用いられている．ランダムポリマーは光学特性やレオロジー特性を活かしたヒートシール層やブロー成形品に利用されている．さらにブロック共重合体はホモポリマーの剛性，耐熱性と共重合成分の耐衝撃性を利用して自動車バンパーや電化製品に使用されている．
　ここでは自動車材料表面の添加剤状態分析の例としてPP系樹脂を用いて成形した自動車ドアパネル表面に発生した添加剤ブリード物の定性分析について紹介する．PP系樹脂は酸化防止剤をはじめ種々の添加剤を含有しているが，内部滑剤としてステアリン酸モノグリセライドも添加されている．また着色剤としてカーボンブラックが添加されている．
　自動車ドアパネル表面に発生した微小ブリード物は白色微小物が多数存在し，少数

表5.1 表面・界面, 微小部のおもな分析手法[1]

手法	プローブ	検出信号	情報	測定深さ*	平面分解能*	検出感度*
X線光電子分光法 XPS (ESCA)	X線	光電子	元素・結合情報（分布）	2〜10 nm	10 μm	%
オージェ電子分光法 AES	電子線	オージェ電子	元素・分布（結合状態）	2 nm	30 nm	%
二次イオン質量分析法 SIMS, TOF-SIMS	イオン	二次イオン	元素・分布（構造情報）	1〜2 nm	200 nm	ppm
電子プローブ微小部分析法 EPMA	電子線	X線	元素・分布	1 μm	1 μm	%
顕微鏡 走査型プローブ顕微鏡 SPM (STM, AFMなど)	探針	原子間力など	表面形態, 粗さ局所物性	—	0.1 nm	0.01 nm
顕微鏡 透過電子顕微鏡 TEM 分析電子顕微鏡 AEM	電子線	透過電子・X線	極微小領域分析：（三次元）組成結晶構造電子構造	—	0.1 nm 1 nm	
顕微鏡 走査電子顕微鏡 SEM, FE-SEM	電子線	二次電子	表面形態		10 nm	
レーザーラマン分光法 Laser Raman Spectroscopy	可視光	ラマン散乱光	化学結合・配向結晶性・同定	10 nm	0.5 μm	%
フーリエ変換赤外分光法 FT-IR	赤外光	透過光・反射光	化学結合・配向二次構造・同定	100 nm	8 μm	%
微小角入射X線分析法 （放射光） （回折法・蛍光X線法など）	X線	X線・蛍光X線など	結晶性・配向元素	10 nm	1 mm	ppm
陽電子消滅寿命測定法 PALS	陽電子	γ線 (511 keV)	空孔 (0.1〜5 nm φ)のサイズ分布・深さ分布	表面〜1 μm	10 mm	—
接触角法 （液滴法, Wilhelmy法） Contact Angle	液体	接触角	濡れ性表面自由エネルギー	(1〜2 nm)	1 mm	—

＊「測定深さ」・「平面分解能」・「検出感度」は, 目安の値を示す（測定条件によって変化しえる）.

XPS : X-ray Photoelectron Spectroscopy
ESCA : Electron Spectroscopy for Chemical Analysis
AES : Auger Electron Spectroscopy
SIMS : Secondary Ion Mass Spectrometry
TOF-SIMS : Time of Flight SIMS
EPMA : Electron Probe Micro Analysis
SPM : Scanning Probe MicroScope
STM : Scanning Tunneling Microscope
AFM : Atomic Force Microscope
TEM : Transmission Electron Microscope
AEM : Analytical Electron Microscope
SEM : Scanning Electron Microscope
FE-SEM : Field Emission SEM
FT-IR : Fourier Transform Infrared Spectroscopy
PALS : Positron Annihilation Lifetime Spetroscopy

ではあるが褐色および青色微小物も点在していた．ドアパネル表面外観不良部と外観正常部のレーザー顕微鏡写真を図5.1に示した．ドアパネル表面はシボ加工が施されており，表面凹凸がある．外観不良部は1〜5μm程度の微小板状物（白色，褐色および青色）が凹部分に多数存在していた．一方，外観正常部はこれらの微小物は少数しか存在していない．図5.2にドアパネル表面の顕微赤外全反射吸収スペクトルを示した．スペクトルの帰属から主成分はステアリン酸モノグリセライドであった．すなわちPP系樹脂に添加されていた内部滑剤が射出成形することにより，加熱圧縮され成形品表面に移行したものと示唆される．図5.3にドアパネル表面外観部に存在していた青色板状微小物のレーザー顕微鏡写真を示した．青色板状微小物の大きさは3μm程度であった．青色板状微小物の顕微ラマンスペクトルを図5.4に示した．顕微ラマン装置はサーモエレクトロン Almega を用い，励起レーザー532 nmで測定し

外観正常部　　　　　　　　　　　　　外観不良部

図 **5.1**　自動車内装部品表面のレーザー顕微鏡写真

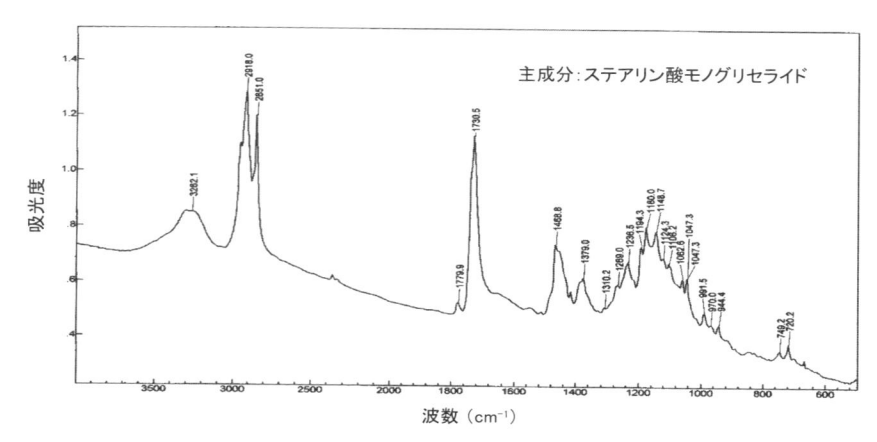

図 **5.2**　自動車内装部品表面の顕微赤外全反射吸収スペクトル

た．青色板状微小物はラマンスペクトルの検索を行った結果，図5.5に示したフタロシアニンブルーのラマンスペクトルと一致した．すなわち青色板状微小物の出所は，黒色顔料として添加されていたカーボンブラックの調色物質の一成分であるフタロシアニンブルーであった．

次にドアパネル表面に多量に存在している白色板状微小物の分析であるが，図5.6に白色板状微小物および微小物近傍の顕微ラマンスペクトル（励起レーザー 532 nm で測定）を示した．両者のスペクトルはPPに帰属されるバンドが観測され，白色板状微小物に由来するバンドは観測されなかった．また励起レーザー 785 nm でも同

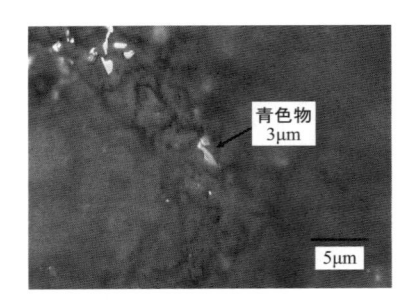

図 5.3　内装部品表面外観不良部に存在していた
青色物のレーザー顕微鏡写真（口絵5）

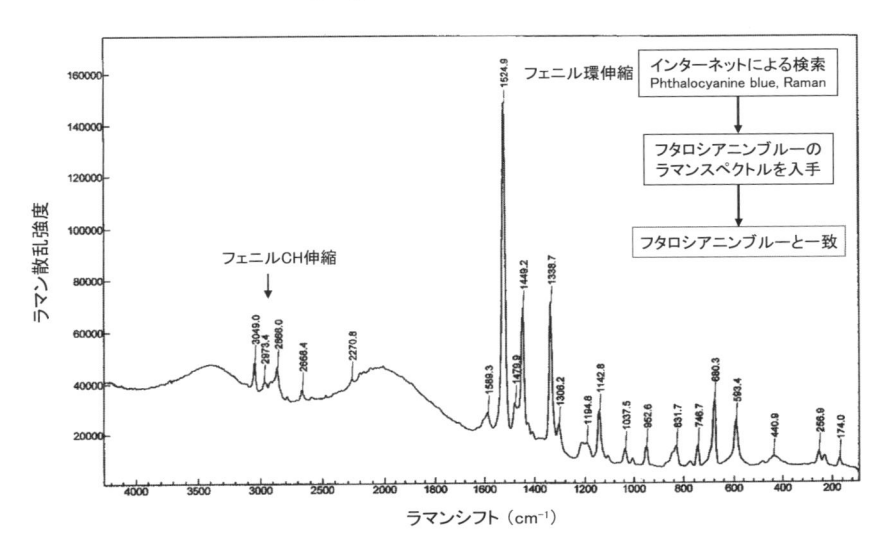

図 5.4　青色板状微小物の顕微ラマンスペクトル
（装置：サーモエレクトロン，Almega, laser 532 nm）

様の測定を行ったが，白色板状微小物に由来するラマンスペクトルは励起レーザー 532 nm と同様観測することができなった．図 5.7 に外観不良部のレーザー（785 nm）照射前後のレーザー顕微鏡写真を示した．白色板状微小物は顕微ラマンスペクトル測定時に壊れたものと思われる．

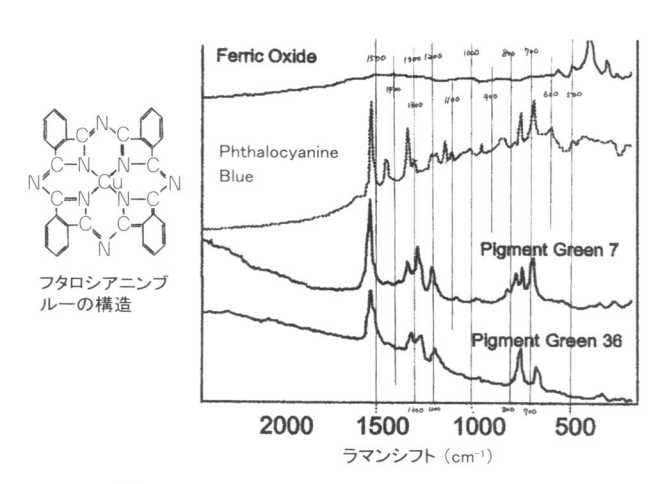

図 5.5 フタロシアニンブルーのラマンスペクトル

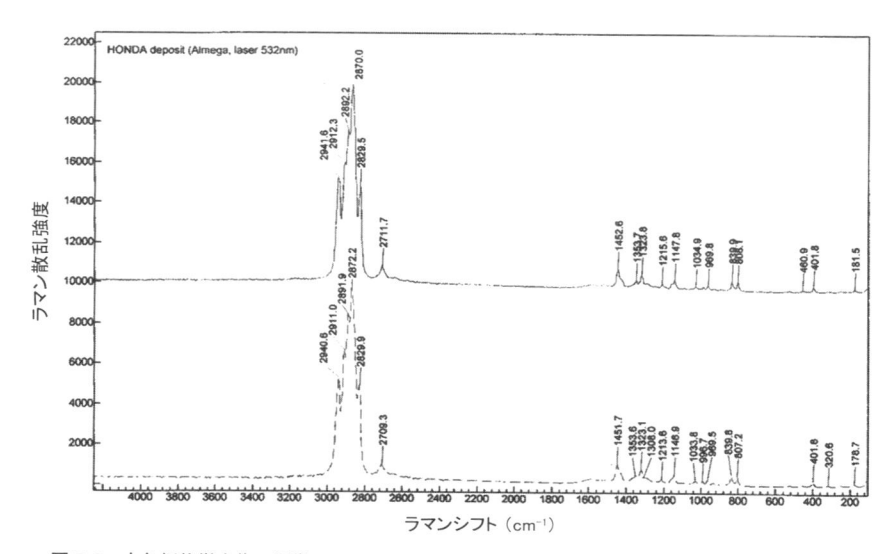

図 5.6 白色板状微小物の顕微ラマンスペクトル（上図：微小物近傍，下図：白色板状微小物）
装置：サーモエレクトロン，Almega, laser 532 nm.

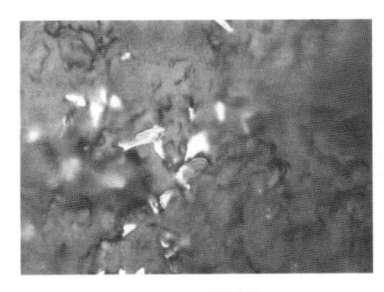

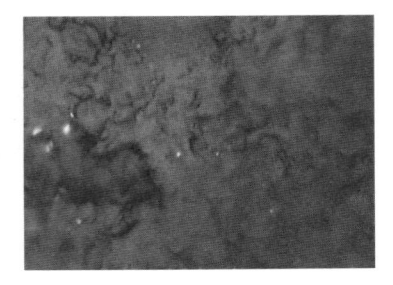

5.1 赤外・ラマン分光法による添加剤状態分析　　　247

レーザー照射前　　　　　　　　　レーザー照射後

図 5.7 外観不良部のレーザー顕微鏡写真（口絵 6）
装置：サーモエレクトロン，顕微ラマン Almega．

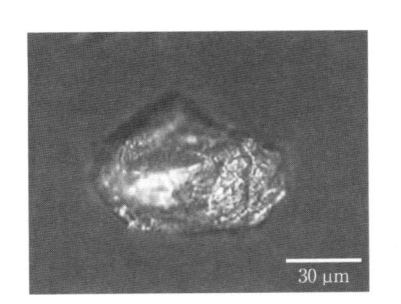

図 5.8 ニードル採取物のレーザー顕微鏡写真（下地は KBr 窓板）（口絵 7）

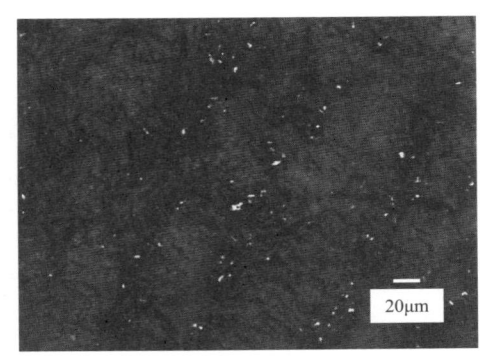

図 5.10 ニードル採取後の内装部品表面レーザー顕微鏡写真

　白色板状微小異物の顕微ラマン測定が困難であることがわかったので，究極的な手段として実体顕微鏡下で，ニードルを用いて 1～5 μm 程度の白色板状微小物をできるだけドアパネル表面の 1 個所に掻き集める試みを行った．多くの労力と集中力を必要とする前処理法（マイクロサンプリング）ではあったが，図 5.8 に示したように 30 μm 程度のニードル採取物をえることができた．30 μm 程度の採取物は KBr 窓板上へ移動させ顕微赤外透過スペクトル測定に供した．図 5.9 にニードル採取物の顕微 FT-IR 透過スペクトルを示した．白色板状微小物は $3280\,\mathrm{cm}^{-1}$ 付近に NH 伸縮振動，$1650\,\mathrm{cm}^{-1}$ にアミド I バンドおよび $1545\,\mathrm{cm}^{-1}$ にアミド II バンドが観測された．これらのバンドの帰属から白色板状微小物は脂肪族第二級アミドと定性された．この脂肪族第二級アミドの出所であるが種々調査した結果，顔料のマスターバッチを製造するさいのポリマーとしてポリプロピレンを使用しており，このポリプロピレン中に脂肪族第二級アミドが添加されていることがわった．

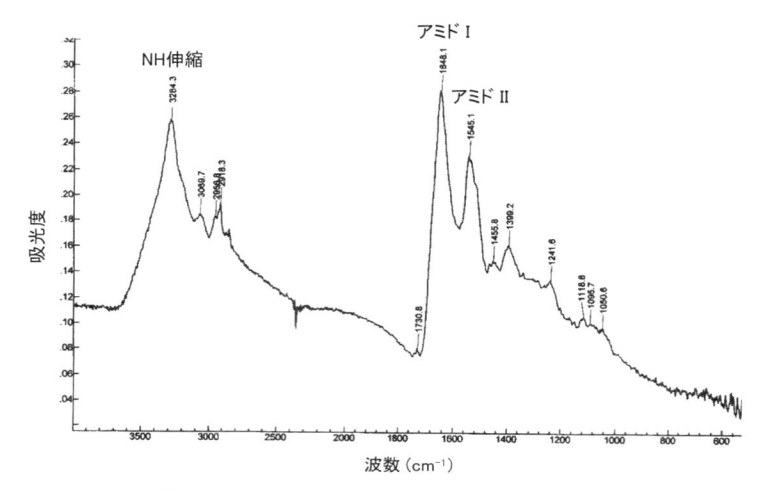

図 5.9 ニードル採取物の顕微 FTIR 透過スペクトル

表 5.2 ポリプロピレン自動車内装部品表面微小物の分析結果

レーザー顕微鏡	白化部と正常部の比較観察	外観不良部には多数の白色板状物 少数の褐色，青色板状物
SEM	白化部と正常部の比較観察	板状物が多い．球状物も観察される
GC	クロロホルム洗浄液を測定	白化部はモノグリが正常部より多い その他ほとんどの添加剤も検出
顕微ラマン	青色板状物の直接測定	フタロシアニンブルー
顕微 FTIR	板状物をニードルで掻き集めて測定 ATR 法（250×250 μm）	脂肪族アミド（第二級アミド） ステアリン酸モノグリセライド
TOF-SIMS	ステアリン酸モノグリセライドを検出したが，面分解能から周りの PP 部も計測している可能性が高い	

　以上の結果からドアパネル表面外観不良の発生原因を究明することができた．ニードル採取後のドアパネル表面のレーザー顕微鏡写真を図 5.10 に示した．ニードル採取後のドアパネル表面は白色板状微小物が少量残ってはいるが，大部分は掻き集められていた．なお上記の微小物分析は表 5.2 に示したような種々の分析手法を組み合わせて行い最終的な結論を導き出した．

5.1.2 アイソタクチックポリプロピレンラミネートフィルムの滑り性低下機構の解析[2]

工業的に製造されている高分子フィルムには種々の機能をもたせるため各種の化学物質が添加されており，添加剤分析は高分子の機能の解析のうえで重要である．高分子薄膜ではその表面物性を明らかにするうえで，加剤の高分子フィルム中での分布状態を把握する必要がある．高分子フィルムの滑り性も重要な研究課題の１つとなっている．

ラミネートフィルムの滑り性はその表面層に存在している滑剤と深くかかわりをもっていることが知られている．一方，フィルムの滑り性に関する筆者らの研究過程で，フィルム中に添加されている滑剤の種類や添加量により滑り性が大きく異なってくることがわかった．ポリプロピレンキャストフィルムの滑剤として不飽和脂肪酸アミドであるエルカ酸アミドを用いたときキャストフィルムの滑り性は良好であった．しかし，イソシアヌレート－エーテルポリオール系の接着剤を用いてラミネートしたフィルムの滑り性は極端に低下した．一方，キャストフィルムの滑剤として飽和脂肪酸アミドであるベヘン酸アミドを用いたときキャストフィルムの滑り性は不良であったが，ラミネートフィルムの滑り性は良好であった．このような滑剤の種類やフィルム作製条件による滑り性の違いは，滑剤の表面への移行性に大きく影響されると考えられる．したがって，高機能性フィルムの開発研究を行うときには滑剤のフィルム中の移行機構を解明することが重要である．エルカ酸アミドを添加したキャストフィルムをラミネートしたときの滑り性低下機構の解明について検討した．

高分子材料の表面や化学種の分布状態の測定法としては赤外分光法（顕微赤外法，全反射吸収法および光音響法），ラマン分光法，X線光電子分光法（XPS），二次イオン質量分析法およびラザフォード後方散乱分光法などが用いられている．また赤外分光法を異種高分子間の相互作用の解析に応用した研究として Coleman らの報告がある．この方法は異種高分子間の極性基間相互作用，例えば水素結合を赤外吸収バンドのシフトとして観測する．フィルム表面の滑剤存在量の測定は高分子材料の表面分析法として多用されている FT-IR 全反射吸収法，XPS を用いた．滑剤と接着剤との相互作用の解析には FT-IR 法を用いた．

a. フィルム表面の滑剤と滑り性との関係

図 5.11 に滑剤としてエルカ酸アミド [$CH_3(CH_2)_7CH=CH(CH_2)_{11}CONH_2$] を添加したポリプロピレンキャストフィルム（上図）と，ラミネートフィルム（下図）の FT-IR 全反射吸収スペクトルを示した．1645.2 cm^{-1} にエルカ酸アミドの C=O 伸縮振動に帰属されるバンドが観測された．図 5.11 の２つのスペクトルを比較すると 1500～600 cm^{-1} 領域のスペクトルパターンはほとんど同一であるが，キャストフィルムの C=O 伸縮振動に比較してラミネートフィルムの C=O 伸縮振動の吸光度が減少

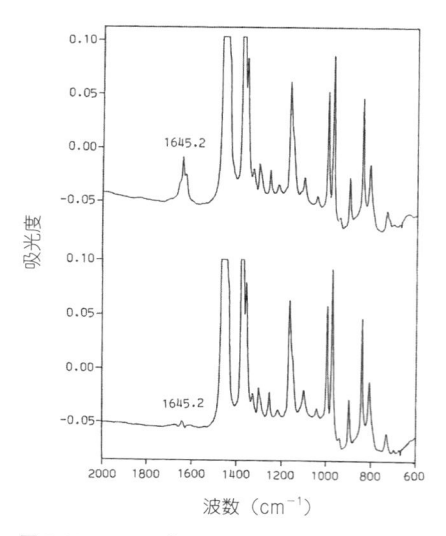

図 5.11 エルカ酸アミドを含有したキャストフィルム（上図）とラミネートフィルム（下図）の FT-IR 全反射吸収スペクトル

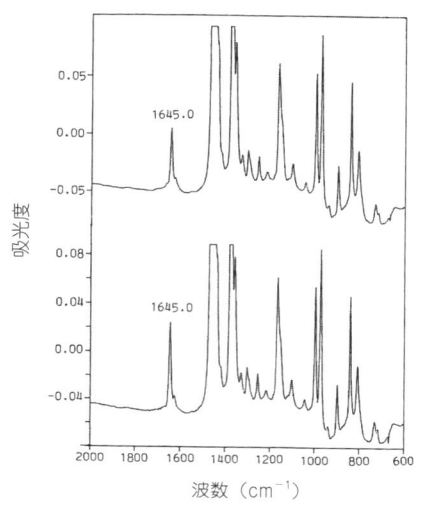

図 5.12 ベヘン酸アミドを含有したキャストフィルム（上図）とラミネートフィルム（下図）の FT-IR 全反射吸収スペクトル

していることがわかる．次に滑剤としてベヘン酸アミド [$CH_3(CH_2)_{20}CONH_2$] を添加した場合を検討した．ポリプロピレンキャストフィルムとラミネートフィルムの FT-IR 全反射吸収スペクトルを図 5.12 に示した．1645.0 cm^{-1} にベヘン酸アミドの C=O 伸縮振動に帰属されるバンドが観測された．この場合も図 5.11 と同様 1500 cm^{-1} 以下の波数領域では2つのスペクトルのパターンはほとんど同じであった．しかし図 5.11 とは逆にキャストフィルムの C=O 伸縮振動に比較してラミネートフィルムの C=O 伸縮振動の吸光度が増加していることがわかった．図 5.11 と図 5.12 に示された結果からエルカ酸アミドの場合にはラミネートフィルムよりもキャストフィルムでより表面層に滑剤が多く偏析し，ベヘン酸アミドの場合には逆にラミネートフィルムで滑剤が多く表面層に存在することが示された．次に表面状態の検討をさらに行うため XPS の測定を行った．図 5.13 と図 5.14 にエルカ酸アミド，ベヘン酸アミドをそれぞれ添加したポリプロピレンキャストフィルムとラミネートフィルム表面の XPS スペクトルを示した．エルカ酸アミドを添加したフィルムの場合では両スペクトルともにエルカ酸アミドの存在に由来する O_{1S}，N_{1S} ピークが観測された．O_{1S} ピークの結合エネルギーは 535.2 eV であり，N_{1S} ピークの結合エネルギーは 403.2 eV である．O_{1S} および N_{1S} ピークともにキャストフィルムのピーク強度に比較してラミネートフィルムのピーク強度が極端に減少していることがわかった．これとは逆に，ベヘン酸ア

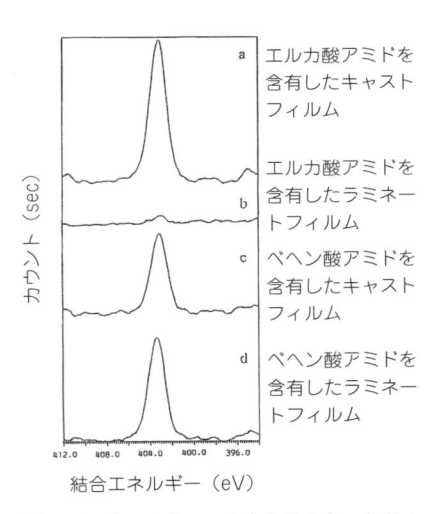

5.1 赤外・ラマン分光法による添加剤状態分析

図 5.13 キャストフィルムとラミネートフィルムの O_{1S} スペクトル

図 5.14 キャストフィルムとラミネートフィルムの N_{1S} スペクトル

表 5.3 フィルムの滑り性と FT-IR 全反射吸収法および XPS からえられた滑剤濃度との関係

	Kinetic Friction Force (g)	FTIR ATR Absorbance Ratio ($C=O/CH_2$, CH)	XPS Elemental Composition		
			C(%)	O(%)	N(%)
Erucic Amide Cast Film	43	1.83	92.7	4.4	2.9
Erucic Amide Laminated Film	205	0.26	99.2	0.6	0.2
Behenic Amide Cast Film	208	0.87	96.3	1.8	1.9
Behenic Amide Laminated Film	80	2.16	94.9	2.7	2.5

ミドを添加したフィルムの場合では O_{1S} および N_{1S} ピークともにキャストフィルムのピーク強度に比較してラミネートフィルムのピーク強度は増加していることがわかった．

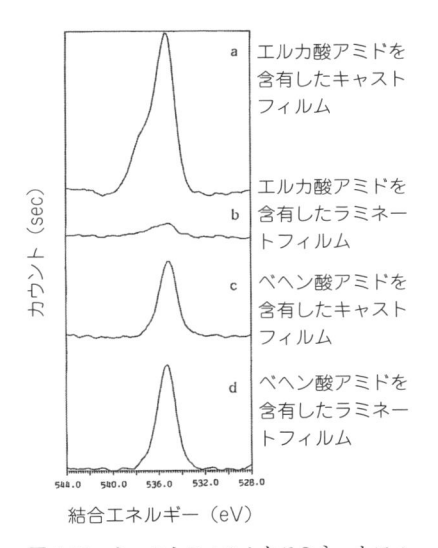

表 5.3 にキャストフィルムとラミネートフィルム表面の動摩擦力，FT-IR 全反射吸収スペクトル測定により求めた滑剤に由来する C=O 伸縮振動とポリプロピレンに由来する CH 変角，CH_2 ひねり振動（$1255\,cm^{-1}$）との吸光度比および XPS 測定により求めた炭素，酸素および窒素の元素組成を示した．エルカ酸アミドを添加した場合

ではキャストフィルム表面の動摩擦力が43gと小さい値であり、フィルム表面の滑り性は良好であった。これに反しラミネートフィルムの動摩擦力の値は205gであり、フィルム表面の滑り性は不良であった。FT-IR全反射吸収スペクトル測定により求めたC=O伸縮振動とポリプロピレンに由来するCH変角, CH_2ひねり振動（1255 cm^{-1}）との吸光度比はキャストフィルムで1.83, ラミネートフィルムで0.26であり、ラミネートフィルム表面のエルカ酸アミド濃度が極端に減少していることがわかり、動摩擦力（滑り性）と対応していた。またXPS測定により求めたキャストフィルムとラミネートフィルム表面のエルカ酸アミドの存在に由来する酸素、窒素元素濃度は、ラミネートフィルム表面ではそれぞれ0.6%, 0.2%であり、キャストフィルム表面に対し極端に減少していることがわかり動摩擦力と相関があった。

これらの事実はキャストフィルム表面に存在していたエルカ酸アミドがイソシアヌレート-エーテルポリオール系接着剤を用いてラミネートフィルムを作製したとき、接着層に引き寄せられることが示唆された。一方, ベヘン酸アミドを添加した場合は、キャストフィルム表面の動摩擦力が208gと大きい値となり, 滑り性は不良であった。これに反しラミネートフィルムの動摩擦力の値は80gであり滑り性は良好であった。FT-IR全反射吸収スペクトル測定により求めたC=O伸縮振動とポリプロピレンに由来するCH変角, CH_2ひねり振動（1255 cm^{-1}）との吸光度比はキャストフィルムで0.87, ラミネートフィルムで2.16であり、ラミネートフィルム表面のベヘン酸アミド濃度のほうがキャストフィルムより高いことがわかり、動摩擦力（滑り性）と対応していた。またXPS測定により求めたキャストフィルムとラミネートフィルム表面のベヘン酸アミドの存在に由来する酸素、窒素元素濃度は、キャストフィルム表面に対しラミネートフィルム表面ではそれぞれ1.5倍, 1.3倍であった。以上の結果からキャストフィルム表面に存在していたベヘン酸アミドはラミネートフィルム作製時にイソシアヌレート-エーテルポリオール系接着剤の相互作用を受けず, ラミネートフィルム表面へ移行するものと推定された。

b. 滑剤と接着剤との分子間相互作用[3]

エルカ酸アミドのラミネートフィルム中での移行機構を解明するためにエルカ酸アミドとイソシアヌレート-エーテルポリオール系接着剤との相互作用について研究した。モデル実験としてエルカ酸アミドと接着剤を組成比1:1で直接混合し、エルカ酸アミドと接着剤との分子間相互作用をFT-IR法により測定した。エルカ酸アミドと接着剤とは相溶した。図5.15に接着剤, エルカ酸アミドおよびベヘン酸アミドのFT-IR透過スペクトルを示した。図5.16に接着剤, エルカ酸アミドおよびエルカ酸アミドと接着剤の混合物のN-H伸縮振動領域のFT-IR透過スペクトルを示した。接着剤のスペクトルには3440 cm^{-1}付近にfree N-H, 3199.2 cm^{-1}に水素結合したN-Hに帰属されるバンドが観測された。エルカ酸アミドのスペクトルには3364.2 cm^{-1}およ

5.1 赤外・ラマン分光法による添加剤状態分析   253

び 3189.3 cm^{-1} に水素結合した N-H, 3395.0 cm^{-1} に free N-H バンドに帰属されるバンドが観測された．エルカ酸アミドと接着剤の混合物のスペクトルには 3357.9 cm^{-1}

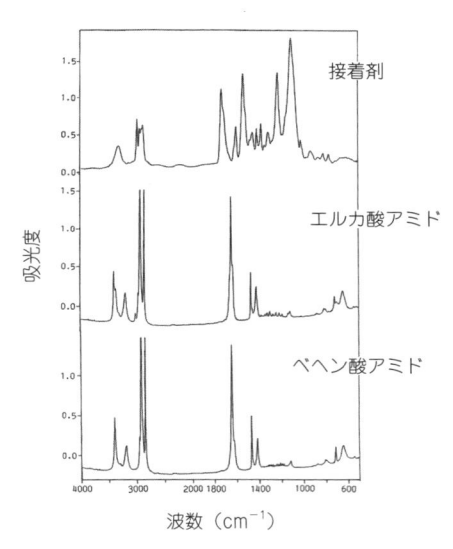

図 5.15 FT-IR 透過スペクトル

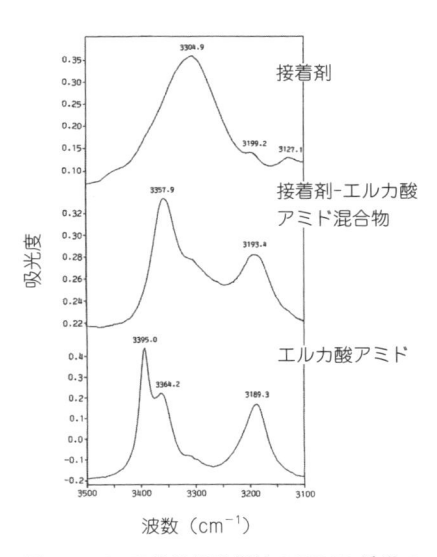

図 5.16 N-H 伸縮振動領域の FT-IR 透過スペクトル

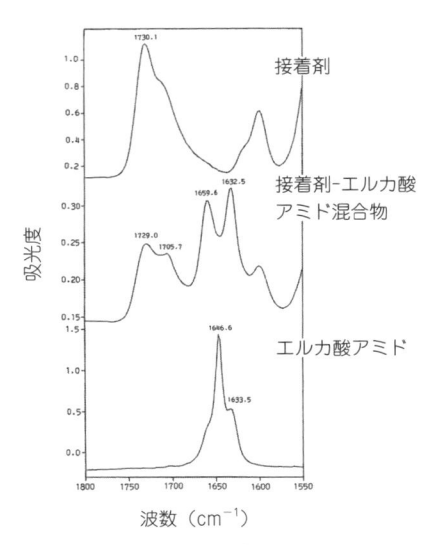

図 5.17 1800〜1550 cm^{-1} 領域の FT-IR 透過スペクトル

および 3193.4 cm^{-1} に水素結合した N-H に帰属されるバンドが観測された．混合物のスペクトルには接着剤に観測された 3440 cm^{-1} 付近の free N-H バンドはほとんど観測されなかったが，3357.9 cm^{-1} の水素結合した N-H バンドはエルカ酸アミドの水素結合した N-H バンドより低波数側へ 6.3 cm^{-1} シフトしており，吸光度も増大していた．図 5.17 に接着剤，エルカ酸アミドおよびエルカ酸アミドと接着剤の混合物の 1800〜1550 cm^{-1} 領域の FT-IR 透過スペクトルを示した．接着剤のスペクトルには 1730.1 cm^{-1} に free C=O に帰属されるバンドが観測された．エルカ酸アミドのスペクトルには 1646.6 cm^{-1} に C=O 伸縮振動，1633.5 cm^{-1} に N-H 変角振動に帰属されるバンドが観測された．エルカ酸アミドと接着剤の混合物のスペクトルには 1705.7 cm^{-1} および 1659.6 cm^{-1} に水素結合した C=O 伸縮振動に帰属されるバンドが観測された．1705.7 cm^{-1} バンドは接着剤のスペクトルと比較するとバンドの吸光度が増大していた．また 1659.6 cm^{-1} に水素結合した C=O 伸縮振動に帰属されるバンドが新しいバンドとして観測された．

以上の結果から，エルカ酸アミドと接着剤の混合物ではエルカ酸アミドと接着剤との分子間相互作用すなわち水素結合が起こっていることがわかった．この水素結合の生成がラミネートフィルム中でも起こり，エルカ酸アミドが接着層へ引き寄せられるものと考えられる．一方，ベヘン酸アミドと接着剤との混合物は相分離を起こし難溶であった．そのため混合物の FT-IR スペクトルには分子間相互作用に由来するバンドは観測されなかった．

【西岡利勝】

参考文献

1) 中山陽一：高分子表面・界面分析法の新展開（西岡利勝, 黒田孝二, 遠藤一央編), p. 4, シーエムシー出版, 2009.
2) T. Nishioka, Y. Tanaka, K. Kume, K. Satoh, N. Teramae and Y. Gohshi：The Slip-Reducing Mechanism in Polypropylene-Laminated Films Studied by FTIR and XPS. *J Appl. Polym. Sci.*, **49**, 711, 1993.
3) T. Nishioka, Y. Tanaka, N. Teramae and Y. Gohshi：Slip-Reducing Mechanism in Polypropylene-Laminated Films Studied by FTIR, *9 th International Conference on Fourier Transform Spectroscopy*, pp. 23-27, Calgary, Alberta, Canada, 1993.

5.2 高分子添加剤の分布状態分析（XPS, TOF-SIMS）

5.2.1 高分子添加剤の種類と分布

高分子材料には多種多様な添加剤が使用されており，添加剤の使用目的も，高機能化や機能付与のため，加工性改良のため，高分子材料の弱点である経時的安定性改良のためなどさまざまである．

これら添加剤の製品中での分布については，均一に分布させたほうが好ましいもの

5.2 高分子添加剤の分布状態分析(XPS, TOF-SIMS)

表 5.4 高分子添加剤の分布について

用途・分類	添加剤例	好ましい分布/混合形態	偏在/移行によるトラブル例
安定剤			
酸化防止剤	リン系,フェノール系,アミン系	均一	変色
光安定剤	ヒンダードアミン系(HALS)	やや表面偏在	
紫外線吸収剤	ベンゾフェノン系,ベンゾトリアゾール系	均一	
難燃剤	臭素系,リン系,アンチモン系,金属水酸化物系	均一	
加工助剤			
可塑剤	フタル酸エステル系,リン酸エステル系	均一	ブリード,ブルーム
滑剤	炭化水素系,脂肪酸およびその金属塩類	均一	
補強剤			
造核剤(透明化剤)	ソルビトール系,カルボン酸金属塩系	均一	
充填剤(フィラー)	シリカ,炭酸カルシウム,カーボンブラック	均一,微分散	凝集/分散不良による異物
機能付与剤			
帯電防止剤	界面活性剤(ノニオン・アニオン・カチオン系),高分子型,導電粒子	やや表面偏在(界面活性剤)	
透明化剤(造核剤)	ソルビトール系,カルボン酸金属塩系	均一	
密着性付与剤	シラン系カップリング剤	表面偏在	
導電化剤	金属粒子,カーボンブラック,CNT	導電パス形成	凝集/分散不良
撥水剤	フッ素系界面活性剤,シリコーン系界面活性剤	表面偏在	
抗菌・防カビ剤	Ag系,イミダゾール系,チアゾール系	表面偏在	
着色剤			
染料	アゾ系,フタロシアニン系	均一	
顔料	酸化チタン,カーボンブラック	均一,微分散	凝集/分散不良による異物
その他			
相溶化剤	グラフトポリマー型,ブロックポリマー型	均一	凝集/分散不良
光硬化性樹脂開始剤	アセトフェノン系,オキシム系,カチオン系	均一	硬化不良
熱硬化性樹脂硬化剤	酸無水物系,多官能アミン系	均一	硬化不良

ばかりではなく，用途によっては表面に偏析しているほうが好ましいものもある．高分子用の各種添加剤を大まかな用途によって分類し，それぞれ好ましいと思われる分布状態および添加剤分布異常による不具合発生例を表5.4にまとめた[1),2)]．

例えば，可塑剤，補強剤などは，一般的に均一に混合されているほうが好ましく，混合不良などで添加剤の分布が生じると，異物，欠陥，物性低下などの不具合が発生することが多い．初期の分布状態ばかりではなく，経時的な移行による偏在が問題となる場合もある．例えば，低分子量の添加剤を使用する場合，高分子材料内部から徐々に表面に移行するブリードアウト現象が起こりやすく，表面のべたつきなどの不具合原因となることが知られている．また，着色用の染料，顔料なども色ムラのない製品をえるためには均一に混合または分散しているほうが好ましい．顔料についてはマトリックスの高分子材料との親和性が低いものが多いため，顔料の凝集による異物発生が問題となることがある．

一方で，例えば帯電防止剤用界面活性剤の場合，帯電防止機能は表面の電荷移動により発現するため材料表面に添加剤が分布しているほうが好ましいと考えられる．ただし，低分子量の界面活性剤の場合，初期に材料表面に存在する界面活性剤は，異種材料との接触による摩擦で消失したり水分との接触により流失し，帯電防止剤層が失われやすい．このため，内部に存在する添加剤が適度にブリードアウトすることで帯電防止機能が長期にわたり保持されるように材料設計されている．これに対し，表面から消失しにくい高分子型の帯電防止剤も開発されている．高分子型の場合も帯電防止機能発現機構は低分子型と同様だが，経時的な表面への移行が起こらないため初期に材料表面に偏在するように設計されている．

その他，撥水剤や，抗菌・防カビ剤も水や菌と接触する材料表面に分布することで機能を発現するため材料表面に分布しているほうが好ましい．また，無機系材料との密着性付与のために添加されるシラン系カップリング剤なども，界面に存在しなければ機能を発揮できないと考えられる．

このように機能付与剤に分類される添加剤は全般に表面偏在させたほうが好ましいものが多いことがわかる．これは，高分子材料に求められる機能の多くが表面で発現していることを示すものであり，実際に表面偏析しやすいように材料設計されていることが多い．積極的に表面偏在させることによって少量で機能付与が可能となるため，コストの観点からも添加剤の分布をコントロールすることは重要であると考えられる．

以上のように，添加剤の分布は高分子材料の不具合発生や，機能発現と密接にかかわっている．このため，トラブル原因究明や，添加剤の効果を最大限に発揮するような材料設計を行ううえで，添加剤の分布状態を調べることは非常に重要である．特に機能性付与添加剤については，表面近傍の添加剤の分布状態把握が重要と考えられる．

5.2.2 表面分析法について

　高分子添加剤の同定は，高分子材料から溶剤などで添加剤を抽出後，GC, LC などで単離し，質量分析や NMR などの分析手法で構造解析する方法が有効である．一方，材料中の添加剤分布を確認するためには成形された材料表面または断面から直接添加剤や指標となる元素，部分構造などを検出する必要があり，各種表面分析手法が用いられる．特徴の異なる多くの表面分析手法が知られており，予想される添加剤の量によって感度の異なる分析法を使い分けたり，マトリックスの高分子材料と異なる金属やハロゲンなどの特異元素の有無，官能基や特徴的な部分構造の有無などによって分析手法を選択する必要がある．このため分析手法の概要と特徴を把握しておくことは効果的な分析を進めるうえで重要である．

　高分子添加剤の分布を分析する場合，まず第一に各手法の検出感度や空間分解能と分析深さを考慮して目的にあった分析方法を選択することが重要である．代表的な表面分析法について，空間分解能および分析深さを図 5.18 に，えられる情報，検出感度，特徴などを表 5.5 にまとめた．

　高分子材料表面の分析には，顕微赤外分光法（顕微 IR），顕微ラマン分光法（顕微 Raman），電子線プローブマイクロアナライザー（EPMA），X 線光電子分光法（XPS または ESCA），飛行時間型二次イオン質量分析（TOF-SIMS），X 線エネルギー検出器付き走査型電子顕微鏡（SEM-EDS）などの各種分析手法が活用されている．

　添加剤の使用量が比較的多い場合や，偏析によりミクロンオーダーの厚さで分布している場合は，分析深さがミクロンオーダーの分析方法が適用可能である．図 5.18 に示した分析手法のなかでは，顕微 IR, 顕微 Raman, EPMA, SEM-EDS などが該当する．さらに，えたい情報および空間分解能や分析範囲を考慮し分析手法を決定する．例えば，顕微 IR, 顕微 Raman では，添加剤の同定や，特徴官能基のピークによる添加剤分布のイメージングなどが可能である．また，マトリックス高分子に含まれない特異元素を含有する添加剤の場合，EPMA, SEM-EDS が適しており，特異元素の分布を指標に添加剤の分布をミクロンオーダーで確認可能である．EPMA は帯電の影響が大きいため Au やカーボン蒸着による表面導電処理が必要となるが，EDS より高感度で条件によってはサブミクロンオーダーの高空間分解能で元素の偏在を確認することが可能である．

　なお，シリカや炭酸カルシウムなどの無機フィラーの分布，分散状態分析には SEM または，透過型電子顕微鏡（TEM）観察が用いられている．SEM 観察の場合，一般的に SEM 像といわれている二次電子像（SE）がおもに表面凹凸を反映するのに対し，反射電子像（BSE）は元素組成による密度差でコントラスト（Z コントラスト）がえられるため，高分子マトリックスと無機フィラーの識別には BSE 観察が適している．さらに，SEM 観察困難な数十 nm オーダー以下のナノフィラーの確認には，

より高分解能の TEM が用いられる．

これらに対し，おもに有機系の添加剤で添加量が微量（ppm レベル）の場合や材料表面にナノスケールで偏析している添加剤を分析したい場合には，上記分析手法では大部分の情報はマトリックス樹脂由来となったりコントラストがえられない場合が多く，添加剤の検出が困難である．

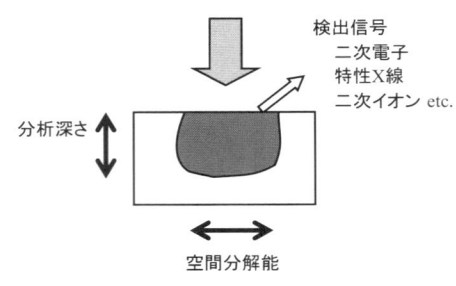

(a) 分析範囲模式図

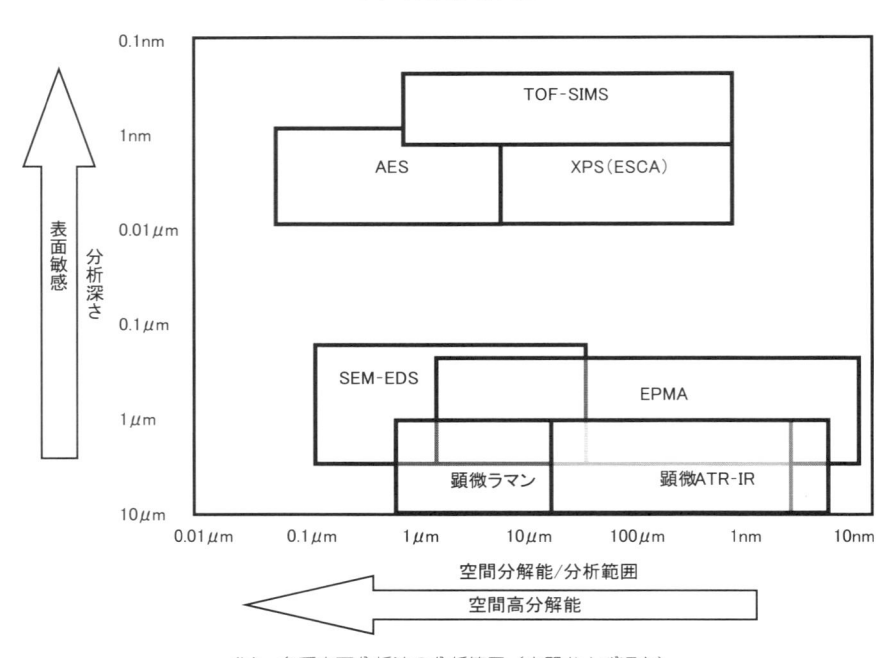

(b) 各種表面分析法の分析範囲（空間および深さ）

図 5.18　表面分析の分析範囲[21]

5.2 高分子添加剤の分布状態分析（XPS, TOF-SIMS）

そこで，表面の微量の添加剤を検出するためには，表面敏感なXPSやTOF-SIMSが非常に有効である．XPSの分析深さは5～10 nm，さらにTOF-SIMSの場合は1分子層に相当する1 nm程度の分析深さであり極表面の分析に適した手法である．なお，オージェ電子分光法（AES）は，分析深さと空間分解能のバランスが良好で，最も微小領域の分析が可能な手法だが，サンプルの帯電による影響を受けやすいという問題がある．また，AESはEPMAと異なり分析深さが数 nmと浅いため導電処理を行うと導電処理層が分析され本来の材料表面が分析できない．このためAESは残念ながら絶縁性の高分子材料の表面分析には適していない．

XPSとTOF-SIMSは，分析範囲が若干異なるとともにえられる情報も異なっている．XPSは元素組成および元素の化学状態，TOF-SIMSは元素以外に，化合物の部

表 5.5 代表的表面分析法の特徴[19]

分析法	高分子材料への適用性	特徴	えられる情報		
			元素	分子	部分構造
TOF-SIMS	○：帯電補正可能	極表面（1 nm深さ）の化学種を数 ppmオーダーで分析可能	○：H～U	○：検出可	○：検出可
XPS (ESCA)	○：帯電補正可能	極表面（数 nm深さ）の化学状態分析を0.1%オーダーで分析可能	○：Li～U	×：検出不可	△：元素結合状態推定可能
AES	×：絶縁体測定困難	極表面（数 nm深さ）の元素組成を0.1%オーダーで分析可能	○：Li～U	×：検出不可	△：元素結合状態推定可能
SEM-EDS	△：条件により表面導電化処理必要	表面（1 μm深さ）の元素組成を0.1%オーダーで分析可能	○：B～U	×：検出不可	×：不可
EPMA	△：表面導電化処理必要	表面（1 μm深さ）の元素組成を0.01%オーダーで分析可能	○：B～U	×：検出不可	×：不可
顕微ATR-IR	○：帯電なし	10 μm φでIRスペクトルを測定．イメージングにより有機物組成分布がえられる．	×：不可	×：検出不可	○：官能基などの分子部分構造
顕微ラマン分光法	○：帯電なし	1 μm φでラマン散乱/蛍光を測定．イメージングにより有機物組成分布がえられる．	×：不可	×：検出不可	○：官能基などの分子部分構造

○：表面処理せずに分析可能　△：表面導電代処理必要な場合あり　×：適用不可

分構造および添加剤によっては分子イオンが検出できる可能性もあり，分析対象やえたい情報によって使い分ける必要がある．例えば，添加剤中に特異的なハロゲンや金属元素を含む場合，元素組成およびそのイメージングが可能なXPSが簡便で効率的に分析可能である．一方，C,H,Oからなる特異元素を含まない添加剤の場合は，XPSによる検出は困難な場合が多く，化学構造を検出できるTOF-SIMSを適用したほうが好ましい．

5.2.3 光電子分光法（XPS）
a. XPSの特徴と分析上の注意事項

XPSは，X線を試料表面に照射することにより発生する光電子スペクトルを測定する手法で，光電子の脱出深さにより分析深さが決まることから，材料によって若干異なるものの，おおよそ5〜10 nm程度の極表面の組成情報をえることができる．

検出される光電子のエネルギーから元素の定性，各エネルギーのピーク強度比から元素の定量が可能である．また，発生する光電子のエネルギーは，その元素の化学状態すなわち結合している元素種によってわずかにシフトする．この化学シフト量から元素の化学状態を推定することも可能である．高分子材料においては，炭素の化学状態測定がよく行われており，水酸基，カルボキシル基など由来の酸素と結合した炭素や，化学シフト量が比較的大きいフッ素が結合した炭素の存在確認に特に有効である．

また，分析深さに対応する光電子の脱出深さは，図5.19に示すように光電子の検出角度によって変化する．発生した光電子が脱出する平均距離 λ_0 は同一材料では一定となるが，実際の分析深さ λ_e は光電子の検出角度 θ に依存し $\sin\theta$ に比例する．この分析深さの角度依存性を利用することで表層数nmの元素分布情報をえることが可能であり，角度分解法とよばれている．実際の測定では，自動でサンプルステージの角度を変えることで光電子検出角度を変えられるため，非常に簡便に深さ方向の組成

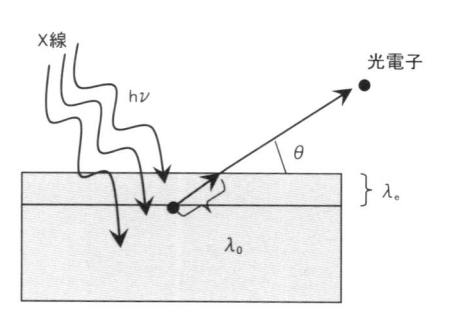

$\lambda_e = \lambda_0 \sin\theta$

$h\nu$; X線 Al K_α 1486.6eV
λ_e : 光電子の有効脱出深さ
λ_0 : 光電子の脱出距離
θ : 光電子の検出角度

図 5.19 XPS分析深さの光電子検出角度依存性
XPSの分析深さは，発生する光電子の脱出深さに相当し，検出角度によって有効脱出深さが変化する．

5.2 高分子添加剤の分布状態分析（XPS, TOF-SIMS）

表 5.6 化学修飾による官能基定量法[4)~8), 20)]

官能基	修飾試薬	XPS 検出元素
カルボキシル基（-COOH）	Trifluoroethanol（TFE）	F
水酸基（-OH）	Trifluoroaceticanhydride（TFAA）	F
エポキシ基（-C−C） 　　　　　\O/	HCl	Cl
カルボニル基（-C=O）	NH_2-NH_2, $C_6F_5NHNH_2$	F
アミノ基（-NH_2）	C_6F_5CHO	F

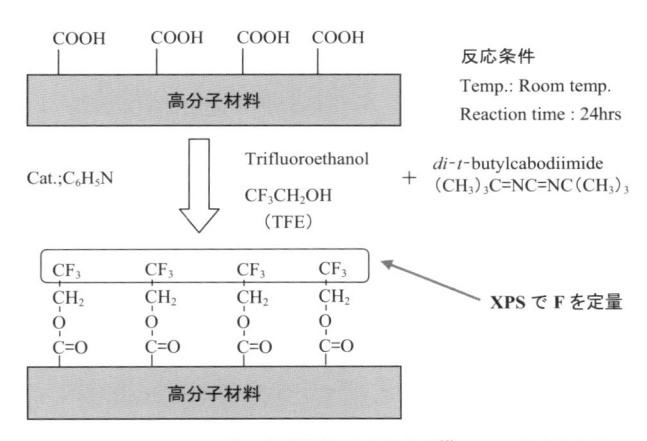

図 5.20 カルボキシル基の化学修飾反応模式図[22)]．高分子材料表面のカルボキシル基に定量的に TFE を付加し導入されたフッ素量を XPS で定量．

情報をえることができる．

X 線は電子線やイオンビームと比較するとビーム径が大きいため XPS の空間分解能は数ミクロンオーダーで SEM-EDS や TOF-SIMS と比較すると高くはないものの，X 線の走査による元素分布のマッピングにより，特異元素を有する添加剤の面内分布確認も可能である．

また，XPS では高分子材料中の官能基をそのまま定量分析することは困難だが，特定の官能基を XPS で測定容易なハロゲンなどの元素を含む試薬で誘導体化する化学修飾法を用いることで官能基の定量も可能となる．化学修飾法の適用によって，定量とともに特定官能基の面内分布確認も容易となるため，高分子添加剤の分布確認にも有効な手法である．

化学修飾の反応法は，反応試薬の溶液にサンプルを浸漬する液相法と，サンプルを試薬と接触しないように密閉容器に入れ気相で反応させる気相法に分けられる．液相

法は，試薬の残留や材料の溶解などが問題となりやすく，気相法の適用例が多いようである．化学修飾による官能基定量法については各種報告されており，代表的な例としてカルボキシル基，水酸基，エポキシ基，カルボニル基，アミノ基の化学修飾法概要を表 5.6 に示す[3)~7)]．また，図 5.20 に示すとおりカルボキシル基の反応例では，カルボキシル基 1 個に対しフッ素原子が 3 個付加するため，検出感度が向上するというメリットがある．

XPS において注意すべき点としてプローブの X 線および帯電中和用の電子線やイオンビームによる変質があげられる．X 線による有機化合物の分解として，PTFE などのフッ素系ポリマーやニトロセルロースなどニトロ基を有する化合物などは影響が大きいことが知られており，X 線ドーズ量による試料への影響を把握しておく必要がある[8)]．

高分子添加剤の分析においては，例えば，撥水性付与などのため使用されるフッ素系界面活性剤を XPS 角度分解法で分析する場合などで注意が必要である．先端の半導体製造プロセスには，ArF レジスト材料の液浸露光という技術が用いられており，レジスト表面と水が接触するためレジスト添加剤としてフッ素系の撥水剤が使用されている．この ArF レジスト表面の撥水剤分布を調べるため XPS 角度分解分析を行った結果，図 5.21 に示すとおり，定法の 1 サンプルで 4 角度測定した場合と 1 サンプル 1 角度で測定した場合とでは異なるフッ素量の角度依存性が認められる．1 サンプ

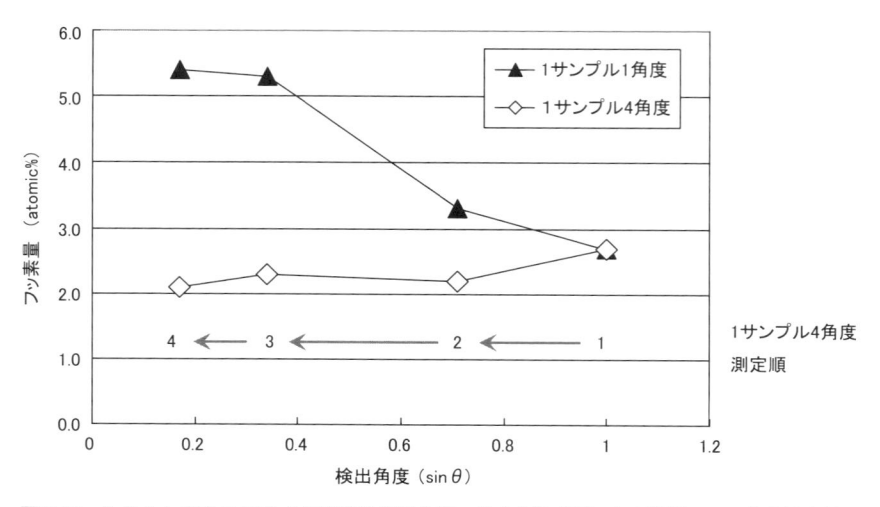

図 5.21 レジスト表面の XPS 角度分解法測定結果：測定条件変更による影響．フッ素系撥水剤の分布はフッ素量の角度依存性から表面偏在傾向と判明．通常の 1 サンプル 4 角度測定では X 線による C-F 分解の影響で角度依存性が確認できないことがわかる

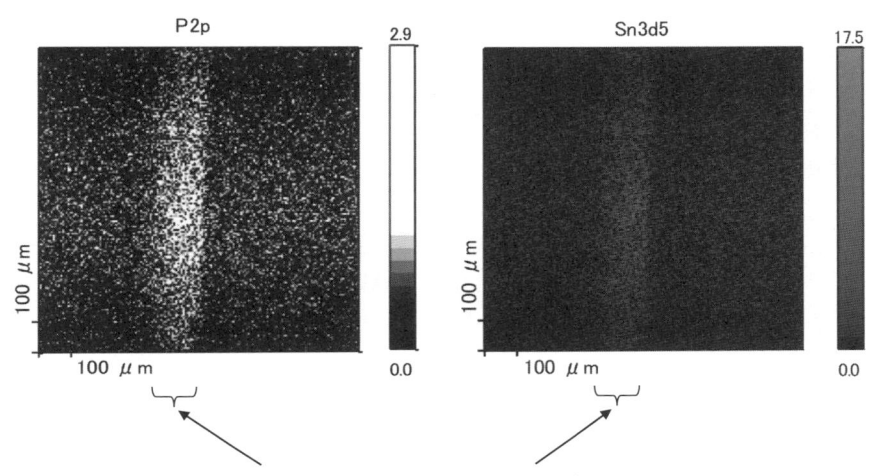

PとSnが約100μm幅のライン状に偏析していることがわかる.

図 5.22 光学用透明フィルム表面の XPS による元素マッピング[23]

ル1角度の測定結果より撥水剤の表面偏析が示唆され真の撥水剤分布を反映していると考えられた．これに対し，1サンプルで4角度測定した場合には測定順にX線によるC-F結合の分解が生じ結果として表層側（低角度測定側）のフッ素量が低下することを示している．このように不用意に角度分解測定を行うと本来のフッ素分布が確認できず誤った結論につながる懸念があり注意が必要である．

b. XPS による高分子材料表面の組成分布分析例

シクロオレフィン系ポリマーは透明性が高く耐熱性も良好なことから光学用フィルムへの利用が進んでいる．光学用透明フィルムの特性異常に対してXPSによる元素マッピングを適用した原因調査例を図5.22に示す．光学特性異常が発生したフィルム表面をXPSにて測定した結果，添加剤由来とおもわれる微量のP, Snが検出され，マッピングの結果P, Snとも特性異常に対応しライン状に偏析していることが明らかとなった．高分子添加剤が偏析し光学特性に悪影響を及ぼしたものと推察された．

5.2.4 飛行時間型二次イオン質量分析法（TOF-SIMS）

a. TOF-SIMS の特徴と分析上の注意事項

TOF-SIMS は，Ga^+, Au^+, Bi^+ などのイオンビームを試料表面に照射し，発生する二次イオンを飛行時間型の質量分析計で検出する手法である．高質量の二次イオンの検出には重元素イオン源を用いるほうが優位なため，近年では高分子の分析にはAu^+, Bi^+ が多く用いられている．XPSにはないTOF-SIMSの特徴の1つに，元素

とともに，分子の部分構造や，場合によっては分子イオンも検出可能というえられる情報の多さがある．添加剤の分子イオンや，特徴的フラグメントイオンの検出が可能なため XPS では困難な添加剤の検出もある程度可能である．一方で，単一成分ではない材料表面の分析では，情報量が多くスペクトルが複雑となることから解析は比較的困難である．一般に，有機化合物の構造決定に用いられる電子衝撃イオン化法による質量分析（EI-MS）については開裂メカニズムの解明が進みマススペクトルのデータベースも充実しているのに対し，TOF-SIMS は歴史が比較的浅くメカニズム検討例やスペクトルデータが少ないことも解析を困難にしている一因である．このため効率的な解析には取り扱う材料に応じ標準サンプルのスペクトルデータを蓄積していくことが重要である．TOF-SIMS による高分子材料および，その添加剤の解析例はあまり多くはないが，脂肪酸や脂肪酸アミド，フタル酸エステル，フェノール系酸化防止剤などのフラグメントイオン解析例や，開裂メカニズムの考察などが報告されている[9)～12)]．

TOF-SIMS は XPS と比較し空間分解能も優れておりサンプルや測定条件によってはサブミクロンオーダーの空間分解能でマッピングを行うことが可能という利点もある．一方，定量性についてはサンプル間の比較はある程度可能だが，イオン化効率の影響を受けるため絶対定量はできないという弱点もある．また，TOF-SIMS は最表面で発生する二次イオンを検出しているため分析深さは 1 nm 程度と非常に浅く，表面汚染には特に敏感な分析法でありサンプルの取り扱いには十分な注意が必要である．

また，TOF-SIMS ではバンチングモードとよばれる精密質量測定の可能な質量分解能を優先したモードによる測定が一般的である．バンチングモードでは一次イオンのパルス圧縮に伴い空間分解能が犠牲になる．このため空間分解能を優先して添加剤などの分布を測定したい場合バンチングを行わないアンバンチモードを使用する必要がある．アンバンチモードでは質量分解能が大幅に低下するため，検出イオンの帰属は困難となる．このためあらかじめ目的成分由来の二次イオンをバンチングモードで帰属しておくとともに，目的ピーク付近に他成分由来の妨害となる大きなピークがないことを確認しておかなければならない．

b. TOF-SIMS による高分子材料表面の組成分布分析例

高分子添加剤として広く用いられているフェノール系酸化防止剤や，滑剤として使用される脂肪酸アミドの分布について，TOF-SIMS による分析例が報告されている．ポリプロピレン（PP）フィルム表面の正二次イオン測定により，フェノール系酸化防止剤由来の m/z = 163, 203, 219, 259 および，ステアリン酸アミド由来の m/z = 284（$C_{18}H_{38}NO^+$）のイオンマッピングを行い，それぞれ数十 μm と 10 μm 程度のドメインを形成し表面に偏在していることが示されている[13)]．

また，D. Briggs らは PVC シートについて TOF-SIMS 分析の結果，印刷特性悪化品はフタレート可塑剤由来の $m/z=149, 167$，ステアリン酸アミド化合物由来の $m/z=282, 310$ が強く検出されており，添加剤のブリードアウトが印刷特性悪化要因であることを明らかにしている[14]．

5.2.5 高分子材料のデプスプロファイル分析法
a. XPS, TOF-SIMS によるデプスプロファイル分析法概要

材料表面近傍の深さ方向組成分析手法にも複数の方法があり，目的に応じて使い分けることで効率的な分析が可能となる．表5.7 に，XPS, TOF-SIMS によるデプスプロファイル分析手法の概要をまとめた．

XPS, TOF-SIMS とも，深さ数十 μm 以上の広範囲のマクロなデプスプロファイル分析を行う場合は，割断，切削，研磨などにより断面加工を行い必要な部分の分析を行うことでデプスプロファイルの確認が可能である．これに対し，半導体，液晶ディスプレイ用の有機薄膜材料や，光学フィルム用途では，数 μm ないしサブミクロンオーダーの極表層の組成変化が材料特性に影響する場合が多く，高分解能デプスプロファイル分析の必要性が高まっている．

XPS では，従来から材料表層部の元素の偏析を確認する手法として角度分解測定が利用されている．5.2.3-a で述べたとおり X 線照射により発生する光電子の検出角度を変えることにより深さ方向の情報をえる方法で，XPS の分析深さである 10 nm 以下程度の極表層の元素組成分析に対し最も簡便な手法である．これに対し 10 nm 以上の厚さでデプスプロファイルを測定する場合は，エッチング用イオンガンの併用および斜め切削面を分析する手法が知られている．

TOF-SIMS についても，エッチング用イオンガンの併用および斜め切削面を分析する手法が適用されている．XPS と比較し，分子構造の検出も含め高分解能，高感度分析可能という TOF-SIMS の特徴がそのままデプスプロファイル測定でも有効で，高分子材料の添加剤分析にも威力を発揮する．

エッチング用イオンとして従来 Ar イオンが使用されていたが，有機物に対しては選択エッチングや，元素のミキシングが生じるため無機材料の分析用に限定されていた．これに対し，近年，有機物に対しても低ダメージのイオンガンとしてフラーレン（C_{60}）や，Ar ガスクラスターイオンガン（ガスクラスターイオンビーム：GCIB）の開発が進められ XPS 用，TOF-SIMS 用としてそれぞれ実用化されている．Ar イオンエッチングと比較し，C_{60}, GCIB とも高分子材料に対し低ダメージであるが，C_{60} は材質による選択性がやや大きいため，高分子材料に対しては近年 GCIB の適用検討が急速に進められている．

イオンエッチング併用の TOF-SIMS によるデプスプロファイル測定法は，図 5.23

に示すようにイオンエッチングと TOF-SIMS による二次イオンの測定を交互に繰り返すことにより組成のデプスプロファイルをえる方法である．深さ方向の分解能は，エッチングの範囲や時間を調整することで 1 サイクルのエッチング量が必要な分解能となるようにコントロール可能である．TOF-SIMS の測定深さは約 1 nm と非常に浅いため，1 サイクルごとのイオンエッチング量が，ほぼそのまま深さ方向の分解能に相当する．例えば，100 nm の膜を 50 サイクルで測定した場合，理想的には

表 5.7 デプスプロファイル測定手法の比較[21]

分析装置	深さ分析手法	分析深さ	特 徴	課 題
XPS (ESCA)	角度分解測定	<10 nm	極表層（〜10 nm）の元素分布を容易に測定可能	光電子脱出深さ以上の深さは分析不可
	Ar イオンエッチング	<数百 nm	無機材料の元素デプスプロファイル分析に有効	有機材料は元素ミキシングの影響大きく適用不可
	C_{60} イオンエッチング	<数百 nm	高分子材料薄膜の深さ方向の元素組成分析	ポリマーによっては変質の可能性あり
	Ar ガスクラスターイオン（GCIB）エッチング	<数十 μm	C_{60} より低ダメージで広範囲のポリマーに適用可能	無機材料のエッチング不可
	斜め切削	<数 μm	高分子材料薄膜の深さ方向の元素組成分析	精密切削に熟練を要す低角切削の再現性に難
	割断，切削，研磨などによる断面分析	>数十 μm	マクロ的な範囲を簡便に分析可能	断面加工のさいのコンタミ 数 μm 以下の薄層は困難
TOF-SIMS	C_{60} イオンエッチング	<数百 nm	分子構造の検出も含め深さ方向の高分解能，高感度分析可能	ポリマーによっては変質の可能性あり XPS 対比，定量性低い
	Ar ガスクラスターイオン（GCIB）エッチング	<数十 μm		無機材料のエッチング不可 XPS 対比，定量性低い
	斜め切削	<数 μm		精密切削に熟練を要す低角切削の再現性に難 XPS 対比，定量性低い
	割断，切削，研磨などによる断面分析	>数十 μm	マクロ的な範囲を簡便に分析可能	断面加工のさいのコンタミ 数 μm 以下の薄層は困難

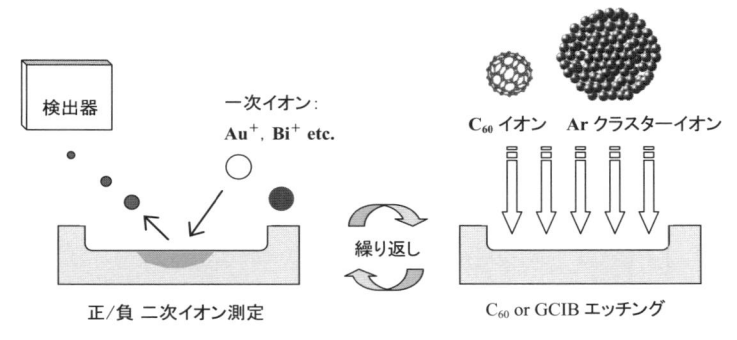

5.2 高分子添加剤の分布状態分析（XPS, TOF-SIMS）

図 5.23 C_{60}/Ar ガスクラスター（GCIB）イオンエッチング/TOF-SIMS による深さ方向測定法模式図．エッチングと TOF-SIMS 測定を繰り返すことで材料深さ方向の組成を分析する

2 nm 程度の深さ方向分解能がえられる計算となる．

b. XPS によるデプスプロファイル分析例

5.2.3-a では，角度分解法によるレジスト表面近傍の撥水剤分析例を示したが，角度分解法の分析深さは XPS の分析深さ（＜約十 nm）に制約されてしまう．レジストの膜厚は数十 nm のため，角度分解法では表層のみの分析となるのに対し，斜め切削面の分析や，C_{60} や GCIB エッチング併用による XPS 分析では，膜全体の深さ方向分析が可能となる．

例えば，C_{60} エッチング/XPS 分析が，レジスト膜全体の撥水剤分布の分析に適用されている．フッ素成分をポリマー中に共重合した場合は深さ方向のフッ素量は一定であるが，フッ素含有ポリマーをブレンドしたレジストの場合，表層にフッ素が偏析するという結果がえられておりフッ素含有ポリマーとベースポリマーの層分離が示唆されている[15]．

また，耐摩耗性付与のためワックスを添加したポリウレタンプラスチックに対して C_{60} エッチング/XPS 分析を適用した例が報告されている．添加剤未添加品は，元素組成一定に対し，ワックス添加品は表層の炭素が多く酸素，窒素が少ない傾向を示し表面へのワックスのブリードアウトが示唆されている．さらに炭素ナロー分析により炭素化学状態のデプスプロファイルを確認した結果，表層 10 nm 程度にワックス由来の炭素が偏析していることを明らかにしている[16]．

c. TOF-SIMS によるデプスプロファイル分析例

ミクロトーム加工断面の比較的広範囲の深さ方向分析例として，耐候性加速試験後のポリプロピレン成形品について表面から 500 μm 程度の添加剤分布測定例が報告されている．TOF-SIMS 分析の結果，フェノール系酸化防止剤由来の $m/z=219$（$C_{15}H_{23}$

O^+）や，リン系酸化防止剤由来の $m/z=647$（$(C_{14}H_{21}O)_3PH^+$）などが検出され各イオンの分布が示されている．これらイオンの分布からフェノール系酸化防止剤は表面から約 300 μm，リン系酸化防止剤は 100 μm 程度の範囲で減少傾向が認められ耐候性試験の影響と思われる表面近傍の酸化防止剤の低下傾向が報告されている[17]．

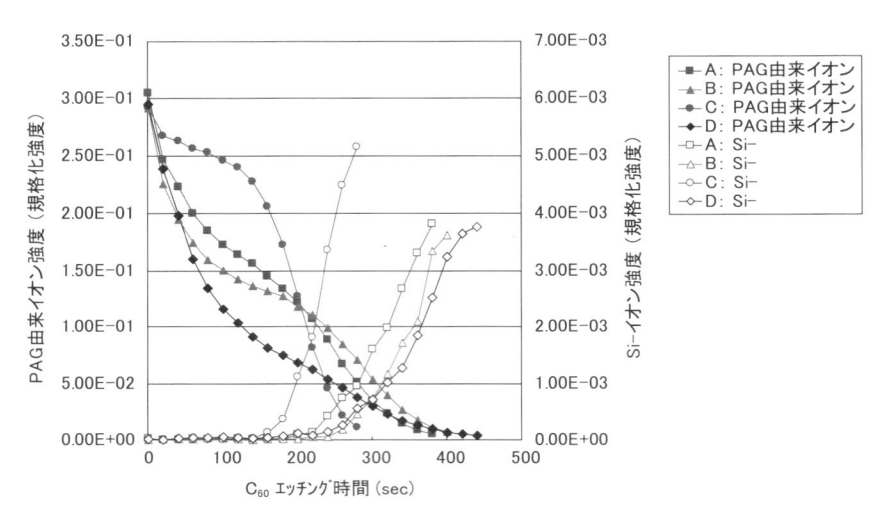

図 5.24 C_{60} エッチング/TOF-SIMS によるレジストの PAG 分布[24]
レジスト A, B, C, D について PAG 由来イオンおよび Si 基板由来の Si- イオン強度変化を測定

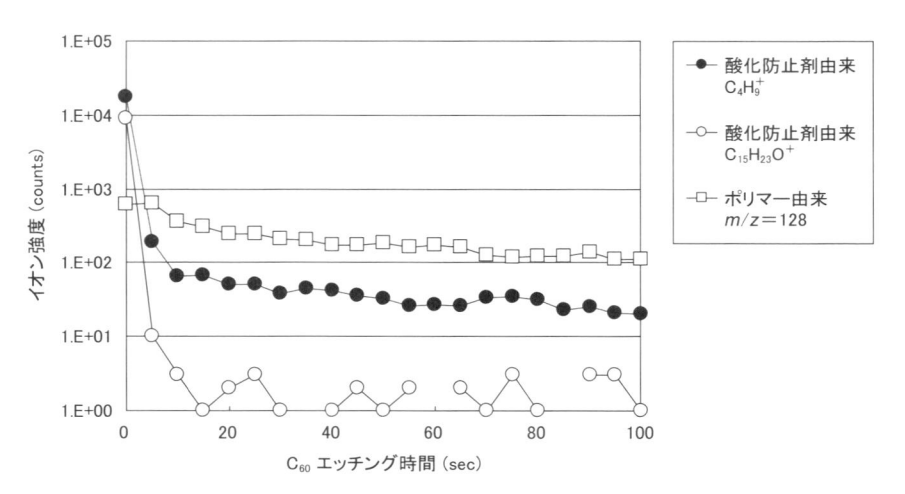

図 5.25 C_{60} エッチング/TOF-SIMS によるポリマーフィルム表面分析[25]．フェノール系酸化防止剤由来のイオンが最表面から強く検出されている

イオンエッチングの併用によるナノオーダーの深さ方向分析については C_{60}, GCIB とも報告例が増えつつある．まず，C_{60} エッチング/TOF-SIMS 分析によるレジスト構成成分のデプスプロファイル分析事例を紹介する．レジストは，UV により露光することで現像液に対する溶解性が変化しパターンを形成する材料で，露光量や露光条件とともにレジストの組成によって，パターンの形状が変化することがあり，形状の制御はレジスト材料開発のうえで重要な課題の1つである．レジスト組成物の基本成分のなかで，光酸発生剤（photo acid generator；PAG）は露光に伴いベースポリマーの溶解性を変化させる酸を発生する成分であることから，最もレジスト形状に影響すると考えられている．そこで4種類のレジストについて PAG の分布測定を試みた結果，図 5.24 に示すとおりいずれも PAG 由来のイオンは最表面に多い傾向だが，レジスト種によって PAG 分布のパターンは大きく異なることが確認された．

同様の分析は GCIB/TOF-SIMS でも報告されており，レジスト膜中の PAG の分布とともに，レジストポリマーの溶解性を制御する極性官能基の保護基の分布も分析可能であることが示されている[18]．

次いでポリマーフィルム表面の酸化防止剤の分布を C_{60} イオンエッチング/TOF-SIMS 分析で調べた結果を図 5.25 に示す．酸化防止剤由来のフラグメントイオンとして，$C_4H_9^+$，$C_{15}H_{23}O^+$ に着目しデプスプロファイル測定を行った結果，ポリマー由来の $m/z=128$ イオンはエッチングに伴う強度変化が小さいのに対し，酸化防止剤由来のフラグメントイオンはエッチングに伴い急激に低下しており，酸化防止剤の表面ブリード傾向が明らかとなった．

一方，GCIB エッチングは，高分子材料のエッチングレートが非常に高いという特徴があり，食品包装用の Nylon-6/低密度 PE フィルムについて 30 μm 程度まで深さ方向分析を行った例も報告されている．Nylon-6 層に含まれるスルホン酸系界面活性剤やベンゾトリアゾール系紫外線吸収剤，PE 層に含まれるリン系酸化防止剤について，深さ方向とともに面内の分布まで分析することが可能である[18]．　【植野富和】

参考文献
1) 遠藤昭定, 須藤　眞：改訂新版プラスチックス配合剤, 大成社, 1996.
2) 春名　徹編：高分子添加剤ハンドブック, シーエムシー出版, 2010.
3) Y. Nakayama, T. Takahagi and F. Soeda：XPS Analysis of NH3 Plasma-Treated Polystyrene Films Utilizing Gas Phase Chemical Modification. *J. of Poly. Sci.*：Part A：*Poly. Chem.*, **26**, 559-572, 1998.
4) F. Fally, I. Virlet, J. Riga and J. J. Verbist：Quantification of Functional Groups by High Resolution X-ray Photoelectron Spectroscopy, Chemical Derivazation, and Infrared Spectroscopy in Plasma Polymerized Allyl Alcohol and Propargyl Alcohol. *J. of Appl. Poly. Sci.*：*Poly. Sym.*, **54**：41-53, 1994.
5) D. S. Everhart and C. N. Reilley：Chemical Derivazation in Electron Spectroscopy for Chemical

Analysis of Surface Functional Groups Introduced on Low-Density Polyethylene Film. *Anal. Chem.*, **53**(4): 665-676, 1981.

6) J. M. Pochan, L. J. Gerenser and J. F. Elman: An e. s. c. a Study of the Gas-Phase Derivazation of Poly (Ethylene Terephthalate) Treated by Dry-Air and Dry-Nitrogen Corona Discharge. *Polymer*, **27**, 1058-1062, 1986.

7) A. Chilkoti, B. D. Ratner and D. Briggs: Plasma-Deposited Polymeric Films Prepared from Carbonyl-Containing Volatile Precursors: XPS Chemical Derivatization and Static SIMS Surface Characterization. *Chem. Mater.*, **3**(1): 51-61, 1991.

8) 當間 肇：XPS分析における有機材料の試料損傷．表面化学, **25**(4): 192-197, 2004.

9) D. Briggs: Surface Analysis of Polymers by XPS and Static SIMS, Cambridge University Press, pp. 146-149, 1998.

10) 高橋元幾, 広川吉之助, 島田晋吾：有機化合物同定のためのTOF-SIMSフラグメントの類推とその再分類．表面科学, **21**(4): 193-202, 2000.

11) 高橋元幾, 星 孝弘, 広川吉之助：Ga^+1次イオンTOF-SIMSによる有機化合物の存在確認．表面科学, **22**(10): pp. 671-678, 2001.

12) 戸津美矢子, 高橋元幾, 広川吉之助：Ga^+1次イオンTOF-SIMSにおける有機化合物の開裂推定．表面科学, **23**(11): pp. 708-719, 2002.

13) 日本表面科学会編：二次イオン質量分析法．丸善, pp. 67-69, 1999.

14) D. ブリッグス, M. P. シーア：表面分析SIMS．アグネ承風社, 2003.

15) 山本雄一, 代田直子, 山本 清：ArF液浸用レジストのC_{60}イオンビームを用いたXPS深さ方向状態解析．表面科学, **28**(7): pp. 348-353, 2007.

16) 石崎逸子, 井上りさよ, 眞田則明, 鈴木峰晴：C_{60}スパッタイオンガンを用いたポリマー表面上の添加剤層の薄膜解析．APPLICATION NOTE ANJ0801, アルバック・ファイ株式会社, 2008.

17) 石田英之, 吉川正信, 中川善嗣, 宮田洋明, 加連明也, 萬 尚樹：ポリプロピレン成形品の劣化分析．表面分析（日本分析化学会）, pp. 154-155, 共立出版, 2011.

18) 東レリサーチセンター：GCIB-TOF-SIMSによるポリマー材料の深さ方向分析．TRCポスターセッション2013, No. VII-6, 2013.

19) 植野富和：高分子添加剤の分離・分析技術, pp. 228-229, 技術情報協会, 2011.

20) 植野富和：高分子添加剤の分離・分析技術, pp. 235, 技術情報協会, 2011.

21) 植野富和：高分子添加剤の分離・分析技術, pp. 229, 技術情報協会, 2011.

22) 植野富和：高分子添加剤の分離・分析技術, pp. 231, 技術情報協会, 2011.

23) 植野富和：高分子添加剤の分離・分析技術, pp. 232, 技術情報協会, 2011.

24) 植野富和：高分子添加剤の分離・分析技術, pp. 237, 技術情報協会, 2011.

25) 植野富和：高分子添加剤の分離・分析技術, pp. 238, 技術情報協会, 2011.

索　引

AFM-IR　22
Ar⁺レーザー　30
BHT　169
Bragg 条件　122
C₆₀⁺ビーム　103
CCD 検出器　30
CNMR　46
DART-TOFMS　232
DNP　98
DOP　98, 189
DOSY 測定　51
dried droplet 法　85
EPMA　134
GCIB/TOF-SIMS　269
HALS　86
He-Ne レーザー　30
HPCL　65
ICP-AES　108
ICP-MS　108
Irganox 1010　168
KBr 錠剤法　10
KED 運動エネルギー弁別法　116
MALDI-TOF-MS　79, 80
ODS　77
PBB　205, 209, 213
PBDE　205, 209, 213
PMMA　97
PPA-Zn　202
PTFE　97
PVC　97
PVdC　97
PVdF　97
RAS 法　17
RoHS 規制　203
SEC 分取法　152
SEC モード　191
SEM　133
SEM-EDS　140
silicon drift detector　142
SIMS　93
Tinuvin 622　63
TMAH　59
TMAH 溶液　201
TOF-MS　82, 83, 93
TOF-SIMS　93, 259, 263
TOR-MS　58
UV ラベル化　221
UV ラベル化剤　221
X 線光電子分光法　127
X 線ポリキャピラリーレンズ　127
XPS　259, 260
XPS 角度分解法　262

ア行

アイソクラティック溶離法　69
青色板状微小物　244
アキシャル測光　110
アジピン酸エステル　191
圧延法　10
アモルファスカーボン　40
アルキルエステル化　153
アンチブロッキング剤　176

イオウ　229
イオウ系　157
イオウ系酸化防止剤　167
イオンエッチング　95, 266, 269
イオン交換クロマトグラフィー　74
イオン付着質量分析法　208
イオンレンズ　112
イソシアヌレート-エーテルポリオール系接着剤　252
一次イオンビーム　94
一軸延伸ポリエチレンテレフタレート　16
移動相　66
イルガノックス 1010　49
インターフェログラム　11

ウルトラミクロトーム　9

衛星ピーク　89
液体金属イオン銃　101
エステル化　54
エチレン-ノルボルネン共重合体　49
エネルギー分散型　122, 125
エネルギー分散型 X 線分光器　134
エネルギー分散型蛍光 X 線分析装置　123
エネルギー分散蛍光 X 線分析装置　131
エルカ酸アミド　15, 249
エレクトロスプレーイオン化法　79

オクタデシル基　71
オクタデシル担持シリカ系　163
オネストメーター　216
オプティカルセクショニング　35
オリゴマー成分　149

カ行

開口数　32
外部滑剤　223
界面活性剤　256
化学イオン化法　79
化学シフト　44
化学修飾法　261
拡散反射法　18
角度分解法　260
ガスクラスターイオン銃　96
ガスクラスターイオンビーム　100, 265
ガスクロマトグラフィー　53
可塑化　187
可塑剤　186

カチオン化剤　81
カーボンブラック　235, 242
カーボンブラック定量法　235
カラムクロマトグラフィー　153, 181
加硫剤　229
加硫促進剤　230
加硫促進助剤　230
カロリーメトリー　142
カンチレバー　22
官能基定量法　262
乾留-電子顕微鏡観察法　235
還流抽出法　149

擬似分子二次イオン　104
機能付加剤　1
機能付与剤　1
逆相クロマトグラフィー　69
逆相モード　69, 191
キャストフィルム　249
キャピラリーカラム　163
吸光度　4
吸光度検出器　70
共焦点光学系　35
共鳴周波数　44
共鳴ラマン分光法　38
鏡面研磨　139
金属石鹸　227

空間電化効果　114
クラスターイオンビーム　94, 99
グランジェント溶離法　69
グループ振動数　5
クロスハッチ　220

蛍光 X 線　121
蛍光 X 線マイクロトモグラフィー　127
蛍光 X 線スペクトル　125
傾斜構造　37
ケイ藻土　238
結晶化度　35, 37
結晶化度分布　37
結晶性解析　34
原子間力顕微鏡　22
原子吸光法　130
顕微赤外法　19
顕微測定法　12

顕微ラマン分光装置　31
高温加圧抽出　149
光音響法　18
光酸発生剤　269
高次構造解析　35
高速液体クロマトグラフィー　HPLC　65
高度反射法　17
高分子量センダードアミン系光安定剤　79
固体高分子型燃料電池　141
固定相　66
コリジョンセル　115
コンホメーション　35

サ行

サイズ排除クロマトグラフィー　71, 73
サイズ排除クロマトグラフィー分取　146
再沈法　150, 162
サテライトピーク　47
酸化チタン　40
酸化防止剤　157
酸分解　117
酸分解法　118, 119

紫外線吸収剤　170
シクロオレフィン系ポリマー　263
示差屈折計　192
四重極型質量分析装置　79
四重極タイプ　211
ジスラノール　85
質量スペクトル　78
3,5-ジ-t-ブチル-4-ヒドロキシトルエン　169
脂肪酸第1アミド　226
脂肪族第2アミド　227
脂肪族第二級アミド　247
重水素化溶媒　47
臭素系難燃剤　203
充填剤　66
順相クロマトグラフィー　72
順相モード　191
シリカ　238
シリカゲル逆相カラム　87

新型検出器　142
水酸化テトラメチルアンモニウム　59, 201
水酸化マグネシウム系難燃剤　64
水素結合　254
スタティック　SIMS　105
スタティック SIMS　96
スチルベンキノン　169
ステアリン酸カルシウム　227
ステアリン酸モノグリセライド　242
スパッタイオン銃　94
スパッタエッチング　102
スパッタリング　102
スピロ環構造　62
スピンカップリング　45
スピン結合　45
スペクトル干渉　114, 120

正反射法　17
ゼオライト　239
切削法　9
前処理　49
全反射吸収法　13

造核剤　195
双極子モーメント　4
走査電子顕微鏡　133
ソックスレー抽出　146, 147, 154, 169
ソックスレー抽出法　209
ソフトイオン化法　78
ソルビトール系　199
ゾーンプレート　127

タ行

大気圧化学イオン化　163
大気圧化学イオン化法　79
帯電軽減効果　139
帯電防止剤　215
ダイナミックヘッドスペース法　56
ダイナミックリアクションセル　115
ダイナミックレンジ　114, 128
ダイヤモンドセル　10

索　　引

多核測定　44
ダブルショット・パイロライザー　57
ダブルショット法　57
タルク　238
炭酸カルシウム　238

チウラム系加硫促進剤　232
遅延引き出し法　83
チオシアン酸コバルト試験　220
窒素レーザー　61
チモールブルー試験　217
着色剤　242
抽出法　162
中赤外線　5
超音波洗浄機　168
超音波分散法　149
超臨界流体抽出　149
直接分解法　118
チロシン　104

低加速電圧照射　138
低損傷一次イオンビーム　96
低損傷深さ方向分析　103
低分子型帯電防止剤　215
デカップリング　45
デカップリングモード　47
デカブロモビフェニル　208
テトラブロモジフェニルエーテル　203
テトラメチルピペリジン　60
テトラメチルピペリジン構造　62, 90
デプスプロファイル　265
電解放射型収束イオン銃　101
電子イオン化法　79
電子衝撃イオン化法　264
電子線照射　138
電子プローブマイクロアナライザー　134

透過法　13
透過率　4
動摩擦力　251
透明化剤　195
特性X線　121　TRUE, 136
トリアジン系紫外線吸収剤　171

トリメチルシリル化　153
トリメリット酸系エステル　194, 195

ナ行

内部滑剤　223, 242
内部標準物質　68, 88
内部標準法　68
ナノ赤外分光法　22
二次元アレイ検出器　19
二次元異時相関解析　39
二次元分布測定　141
二次元ラマン相関分光法　38
二次電子　133
二次電子像　134
二重収束型質量分析計　79
二重収束タイプ　211
ニードル採取　248
ニトロキシルラジカル　62, 91
熱重量分析法　237
熱脱着-熱分解 GC　57
熱脱着（ヘッドスペース）法　55
熱脱着 GC 測定　56
熱プレス　146
熱プレス法　9
熱分解（熱脱着）-ガスクロマトグラフ-質量分析　208
ネブライザー　109

ハ行

ハイインパクトポリプロピレン　20
配向解析　33
配向度分布　37
配向パラメータ　33
白色板状微小異物　247
薄層クロマトグラフィー　153, 176, 181
パージアンドトラップ法　230
波数校正　32
波長分散型　122
波長分散型X線分光器　134
発光分析法　130
撥水剤分布　267

ハレーション　138
ハロゲン系難燃剤　203
反射電子　133
パンチングモード　264
ハンディ型蛍光X線分析装置　124
半導体検出器　123
反応熱脱着 GC　58, 59, 63, 89

飛行時間　83
非スペクトル干渉　114
非フタル酸系エステル　188
ピペリジン構造　62, 91
表面分析法　257
ヒンダードア　22
ヒンダードアミン系光安定剤　170, 173, 181
貧溶媒　150, 211

ファンダメンタルパラメーター法　126
フィラー　238
フィルム回転ステージ　17
フェニルアラニン　104
フェニルホスホン酸亜鉛　201
フェノール系　157
フェノール系酸化防止剤　167
フォトダイオードアレイ検出器　67, 70, 191
複屈折率　33
フタル酸エステル　129, 130
フタル酸系エステル　188, 191, 194
フタロシアニンブルー　245
p-t-ブチル安息香酸アルミニウム　196
フッ素分布　263
フラグメンテーション　97, 100
フラグメントイオン　96, 189
フラグメントフリー　105
プラズマトーチ　109
フラーレン　265
フーリエ変換型赤外分光光度計　11
プリカーサーイオン　234
ブリード　242
ブリードアウト　265
ブリードアウト現象　256

ブルーム　231
ブロックポリプロピレン　13
ブロモフェノールブルー試験　219
粉砕　145
粉砕機　145
分子間相互作用　254
分析深さ　260
分離係数　76

ヘキサブロモビフェニル　203
ベヘン酸アミド　249
偏光ラマンスペクトル　37
ベンゾトリアゾール系紫外線
　　吸収剤　170
ベンゾフェノン系紫外線吸収
　　剤　173

保持係数　75
保持時間　67
ホスファイト系化合物　51
ポリエステル系可塑剤　129
ポリ塩化ビニル　186
ポリ乳酸　199
ポリプロピレンラミネート
　　フィルム　15
ポリマーアロイ　39

マ行

マイクロウェーブサンプル分
　　解装置　116
マイクロウェーブ照射　116
マイクロサンプリング　10
マイクロマニュピレータ　10
マイケルソン型干渉計　11
マッピング測定　31
マトリックス試薬　81, 85

ミクロトーム加工　267
ミン系光安定剤　22

無機系添加剤　144
無機系難燃剤　63

メンブランフィルター　151

モンテカルロ法　137

ヤ行

有機系添加剤　144
有機溶媒溶解法　118, 119
誘導体化　54, 153, 261
遊離イオウ　229

溶液キャスト法　9
溶解分離法　154
四重極質量分離部　113

ラ行

ライン分析　31
ラジアル測光　110
ラマン散乱強度　30
ラマン散乱光　29

ラマンシフト　29, 30
ラミネートフィルム　15, 249
立体配座　38
リーディング　77
リニアアレイ検出器　19
リニアーモード　83
リフレクターモード　84
硫酸バリウム　238
良溶媒　211
理論段数　76
臨界励起電圧　136
リングダウン減衰　22
リン系　157
リン系酸化防止剤　51

励起光源　30
励起波長　32
冷凍粉砕　146
レーザー照射強度　33
レーザーラマン分光法　33
レジスト　269
レジスト膜　267
レーリー散乱光　29
連続X線　121

露光時間　33
ロータリー・エバポレーター
　　149

ワ行

ワイヤーグリッド偏光子　17

資料編

ポータブルラマン分光光度計 Agility

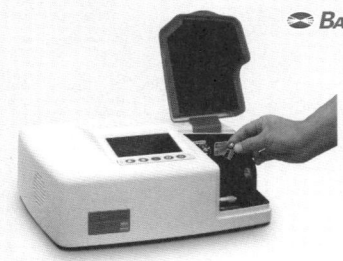

ベンチトップの性能でポータブル
蛍光を発する試料に最適です

- 1064, 785, 532 nm 搭載可能
- 2 波長搭載可能で用途が広がります
- 冷却検出器・透過型分光光学系で高感度

近赤外分光光度計

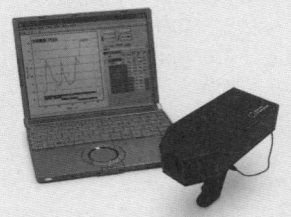

- 軽量ポータブル
- 多機能なソフトウェア
- AOTF 分光方式により高速スキャン

クエスト ATR

- ダイヤモンド, Ge, ZnSe 1 回反射 ATR
- ミラーのみの光学系で広波数範囲
- 結晶ディスクを簡単に交換可能

ミニ油圧プレス

- 超小型 2 トン油圧プレス
- 力をかけず 誰でも簡単に 透明な KBr 錠剤を作成

ダイヤモンドコンプレッションセル

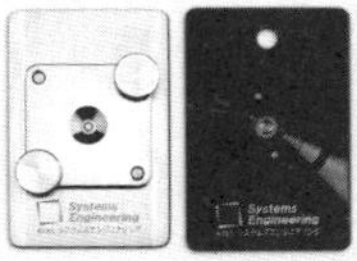

- 顕微に最適な薄型タイプ
- 試料がずれないガイドピン付きタイプ

株式会社システムズエンジニアリング　http://www.systems-eng.co.jp　info@systems-eng.co.jp

東京本社	〒113-0021	東京都文京区本駒込 2-29-24	TEL. 03-3946-4993　FAX. 03-3946-4983
西日本営業所	〒523-0893	滋賀県近江八幡市桜宮町 294	TEL. 0748-31-3942　FAX. 0748-31-3943
大阪サテライト	〒564-0051	大阪市吹田市豊津町 16-10	TEL. 06-6170-5096

Systems Engineering

編集者略歴

西岡 利勝
（にし おか とし かつ）

　　　　　工学博士（東京大学）
　　　　　高分子学会フェロー
　　　　　元・出光興産株式会社 総合開発センター材料研究所
現　　在　（株）日本サーマル・コンサルティング，米国 Anasys Instruments
　　　　　nanoIR のコンサルティング
　　　　　（独）製品評価技術基盤機構 認定制度試験事業者（ASNITE 試験）
　　　　　にかかわる審査員および技術アドバイザー
主な著書　高分子材料の外観不良の原因分析と対策（編），情報機構（2012）
　　　　　プラスチック分析入門（共編），丸善出版（2011）
　　　　　実用プラスチック分析（共編），オーム社（2011）
　　　　　高分子分析入門（編），講談社（2010）
　　　　　高分子表面・界面分析法の新展開（共編），シーエムシー出版（2009）
　　　　　顕微赤外・顕微ラマン分光法の基礎と応用（監修），技術情報協会
　　　　　（2008）
　　　　　高分子分析ハンドブック（分担執筆），朝倉書店（2008）
　　　　　先端材料開発における振動分光分析法の応用（共編），シーエムシー
　　　　　出版（2007）
　　　　　など

高分子添加剤分析ガイドブック　　　　　定価はカバーに表示

2014 年 8 月 25 日　初版第 1 刷

　　　　　編集者　西　岡　利　勝
　　　　　発行者　朝　倉　邦　造
　　　　　発行所　株式会社　朝　倉　書　店
　　　　　　　　　東京都新宿区新小川町 6-29
　　　　　　　　　郵便番号　1 6 2 - 8 7 0 7
　　　　　　　　　電　話　03（3260）0141
　　　　　　　　　F A X　03（3260）0180
　　　　　　　　　http://www.asakura.co.jp

〈検印省略〉

Ⓒ 2014〈無断複写・転載を禁ず〉　　　印刷・製本　東国文化

ISBN 978-4-254-25268-2　C 3058　　　Printed in Korea

JCOPY ＜（社）出版者著作権管理機構 委託出版物＞

本書の無断複写は著作権法上での例外を除き禁じられています．複写される場合は，
そのつど事前に，（社）出版者著作権管理機構（電話 03-3513-6969，FAX 03-3513-
6979，e-mail: info@jcopy.or.jp）の許諾を得てください．

前横国大 太田健一郎・山形大 仁科辰夫・北大 佐々木健・
岡山大 三宅通博・前千葉大 佐々木義典著
応用化学シリーズ1
無機工業化学
25581-2 C3358　　　　　A5判 224頁 本体3500円

理工系の基礎科目を履修した学生のための教科書として，また一般技術者の手引書として，エネルギー，環境，資源問題に配慮し丁寧に解説。〔内容〕酸アルカリ工業／電気化学とその工業／金属工業化学／無機合成／窯業と伝統セラミックス

山形大 多賀谷英幸・秋田大 進藤隆世志・
東北大 大塚康夫・日大 玉井康文・山形大 門川淳一著
応用化学シリーズ2
有機資源化学
25582-9 C3358　　　　　A5判 164頁 本体3000円

エネルギーや素材等として不可欠な有機炭素資源について，その利用・変換を中心に環境問題に配慮して解説。〔内容〕有機化学工業／石油資源化学／石炭資源化学／天然ガス資源化学／バイオマス資源化学／廃炭素資源化学／資源とエネルギー

前千葉大 山岡亜夫編著
応用化学シリーズ3
高分子工業化学
25583-6 C3358　　　　　A5判 176頁 本体2800円

上田充・安中雅彦・鴫田良之・高原茂・岡野光大・菊池明彦・松方美樹・鈴木淳史著。
21世紀の高分子の化学工業に対応し，基礎的事項から高機能材料まで環境の側面にも配慮して解説した教科書。

前慶大 柘植秀樹・横国大 上ノ山周・前群馬大 佐藤正之・
農工大 国眼孝雄・千葉大 佐藤智司著
応用化学シリーズ4
化学工学の基礎
25584-3 C3358　　　　　A5判 216頁 本体3400円

初めて化学工学を学ぶ読者のために，やさしく，わかりやすく解説した教科書。〔内容〕化学工学の基礎（単位系，物質およびエネルギー収支，他）／流体輸送と流動／熱移動（伝熱）／物質分離（蒸留，膜分離など）／反応工学／付録（単位換算表，他）

掛川一幸・山村博・植松敬三・
守吉祐介・門間英毅・松田元秀著
応用化学シリーズ5
機能性セラミックス化学
25585-0 C3358　　　　　A5判 240頁 本体3800円

基礎から応用まで図を豊富に用いて，目で見てもわかりやすいよう解説した。〔内容〕セラミックス概要／セラミックスの構造／セラミックスの合成／プロセス技術／セラミックスにおけるプロセスの理論／セラミックスの理論と応用

前千葉大 上松敬禧・筑波大 中村潤児・神奈川大 内藤周弌・
埼玉大 三浦弘・理科大 工藤昭彦著
応用化学シリーズ6
触媒化学
25586-7 C3358　　　　　A5判 184頁 本体3200円

初学者が触媒の本質を理解できるよう，平易に分かりやすく解説。〔内容〕触媒の歴史と役割／固体触媒の表面／触媒反応の素過程と反応速度論／触媒反応機構／触媒反応場の構造と物性／触媒の調整と機能評価／環境・エネルギー関連触媒／他

慶大 美浦隆・神奈川大 佐藤祐一・横国大 神谷信行・
小山高専 奥山優・甲南大 縄舟秀美・理科大 湯浅真著
応用化学シリーズ7
電気化学の基礎と応用
25587-4 C3358　　　　　A5判 180頁 本体2900円

電気化学の基礎をしっかり説明し，それから応用面に進めるよう配慮して編集した。身近な例から新しい技術まで解説。〔内容〕電気化学の基礎／電池／電解／金属の腐食／電気化学を基礎とする表面処理／生物電気化学と化学センサ

東京工芸大 佐々木幸夫・北里大 岩橋槇夫・
岐阜大 杏木祥一・東海大 藤尾克彦著
応用化学シリーズ8
化学熱力学
25588-1 C3358　　　　　A5判 192頁 本体3500円

図表を多く用い，自然界の現象などの具体的な例をあげてわかりやすく解説した教科書。例題，演習問題も多数収録。〔内容〕熱力学を学ぶ準備／熱力学第1法則／熱力学第2法則／相平衡と溶液／統計熱力学／付録：式の変形の意味と使い方

日本分析化学会高分子分析研究懇談会編

高分子分析ハンドブック
(CD-ROM付)

25252-1 C3558　　　　　B5判 1268頁 本体50000円

様々な高分子材料の分析について，網羅的に詳しく解説した。分析の記述だけでなく，材料や応用製品等の「物」に関する説明もある点が，本書の大きな特徴の一つである。〔内容〕目的別分析ガイド（材質判定／イメージング／他），手法別測定技術（分光分析／質量分析／他），基礎材料（プラスチック／生ゴム／他），機能性材料（水溶性高分子／塗料／他），加工品（硬化樹脂／フィルム・合成紙／他），応用製品・応用分野（包装／食品／他），副資材（ワックス・オイル／炭素材料）

上記価格（税別）は 2014 年 7 月現在